国外建筑理论译丛

包豪斯梦之屋

——现代性与全球化

［英］卡捷琳娜·鲁埃迪·雷　著

邢晓春　译

U0254023

中国建筑工业出版社

著作权合同登记图字：01-2011-5819号

图书在版编目（CIP）数据

包豪斯梦之屋——现代性与全球化／（英）雷著；邢晓春译.
北京：中国建筑工业出版社，2013.10
（国外建筑理论译丛）
ISBN 978-7-112-15758-7

Ⅰ.①包… Ⅱ.①雷…②邢… Ⅲ.①建筑设计-理论研究
Ⅳ.①TU201.1

中国版本图书馆 CIP 数据核字（2013）第214462号

责任编辑：程素荣 董苏华 率 琦 责任设计：张 虹 责任校对：姜小莲 赵 颖

国外建筑理论译丛
包豪斯梦之屋
——现代性与全球化

[英] 卡捷琳娜·鲁埃迪·雷 著
邢晓春 译
＊
中国建筑工业出版社出版、发行（北京西郊百万庄）
各地新华书店、建筑书店经销
北京嘉泰利德公司制版
北京云浩印刷有限责任公司印刷
＊
开本：787×1092毫米 1/16 印张：16 字数：290千字
2014年1月第一版 2014年1月第一次印刷
定价：**52.00**元
ISBN 978-7-112-15758-7
　　　（24540）

包豪斯梦之屋

　　本书将批判社会理论（critical social theory）运用于研究包豪斯的建筑与设计教育思想。这一独具原创性和创新性的研究，追溯了这些思想在全世界的传播和影响。本书不仅关注包豪斯课程体系的传播，同时也关注其思想对文化认同（cultural identity）和现代性带来的影响。

　　包豪斯建筑与设计的原则形成于第一次世界大战后的德国，由其一些领导人物传播到美国的哈佛大学和芝加哥的建筑学校，并且短暂地传播到前苏联和墨西哥。在战后时期，这些理念对于建筑、艺术与设计学院的影响越来越大，范围波及西欧、日本、南美洲、非洲、澳大利亚和中东地区。本书研究了这些发展所带来的社会、文化和空间方面的深远影响，以及对阶级、种族、性别和非西方文化的消解，而这正是设计的"现代化"所包含的内容。

　　本书的写作致力于面对广泛的读者群，不仅仅适合建筑、艺术与设计教育领域，而且从更广泛的角度来说，也涉及建筑史和批判教育学①。本书也适合德国艺术与文化史专业的师生，以及全世界始终为包豪斯理念着迷的众多建筑师、设计师和艺术家。

　　卡捷琳娜·鲁埃迪·雷（Katerina Rüedi Ray）是博林格林州立大学（Bowling Green State University）艺术学院的教授和主任。她曾就读于建筑协会学院（Architectural Association）和伦敦大学学院，担任过伊利诺伊大学芝加哥分校建筑学院主任，在欧洲和美国有着广泛的教学、出版和展览经历。

---

　　①　批判教育学是西方有着重要影响的教育理论，它关注学校教育与政治、社会和经济的关系，对教育问题进行辩证而整体的思考。——译者注

目　录

第一部分　历史与理论

第二部分　魏玛共和国时期，1919~1933 年

第四部分 后　　记

致　谢

　　尽管数易其稿，这个项目始于我在伦敦大学巴特雷建筑学院（Bartlett School）就读时撰写的一篇文章，后来这篇文章成了博士学位论文。我深深地感谢菲利普·泰伯（Philip Tabor）、伊恩·博登（Iain Borden）、亚德里安·福蒂（Adrian Forty）和约翰·沃辛顿（John Worthington）帮助我为这本书奠定了基础。此外，这些年来，克雷格·克里斯勒（Greig Crysler）、乔纳森·希尔（Jonathan Hill）和伊戈尔·马里亚诺维奇（Igor Marjanović）在文化、教育、艺术、设计与建筑学方面给予了我非常宝贵的反馈。

　　金斯顿大学（Kingston University– KU）的学院研究与发展基金（Faculty Research and Development Fund）、伊利诺伊大学芝加哥分校科研副校长办公室，以及博林格林州立大学资助计划与研究办公室（Office of Sponsored Programs and Research）在该项目的经费方面提供了帮助。金斯顿大学建筑学院主任彼得·雅各布（Peter Jacob）、伊利诺伊大学芝加哥分校建筑与艺术学院院长朱迪思·鲁西·基尔什纳（Judith Russi Kirshner）、博林格林州立大学文理学院（College of Arts and Science）的唐纳德·尼曼（Donald Nieman）和西蒙·摩根－罗素（Simon Morgan–Russell）院长，以及副院长伊丽莎白·科尔（Elizabeth Cole）和罗杰·蒂博（Roger Thibault）都提供了重要的支持。我在博林格林州立大学的同事——音乐艺术学院的院长理查德·肯内尔（Richard Kennell）、戏剧和电影系主任罗纳德·希尔兹（Ronald Shields），以及担任科研副教务长助理和资助计划与研究办公室主任的辛西娅·普赖斯（Cynthia Price），还有艺术学院的查尔斯·坎威舍尔（Charles Kanwischer）和坎达丝·迪卡（Candace Ducat）给我的帮助是言语无法形容的。

　　无数档案工作人员都容忍我的问询。在柏林包豪斯档案馆，他们是扎比内·哈特曼（Sabine Hartmann）、埃尔克·埃克特（Elke Eckert）、兰迪·考夫曼（Randy Kaufman）和文克·克劳斯尼策－帕塑尔德（Wencke Clausnitzer–Paschold）；在德绍包豪斯基金会（Bauhaus Dessau Foundation），她们是卡琳·耶内克（Karin Jaenecke）和莫妮卡·马克格拉夫（Monika Markgraf）；在魏玛，是魏玛市图林根总档案馆、魏玛市档案馆以及魏玛包豪斯大学档案馆的职员。哈佛大学的布希雷辛格（Busch-Reisinger）博物馆和霍顿（Houghton）图书馆的职员是专业精神的典范。玛格达莱娜·德罗斯特（Magdalena Droste）给出了她的时间和建议，安雅·鲍姆霍夫（Anja Baumhoff）和基尔斯滕·鲍曼（Kirsten Baumann）奉献了他们的好奇心。在柏林，乌尔丽克·帕斯（Ulrike Passe）、托马斯·克尔贝尔（Thomas Kaelber）和罗斯威塔·蒂勒曼（Roswitha Thielemann），在捷克共和国，小莫伊米尔·基塞尔卡（Mojmír Kyselka Jr.）和伊戈尔·基塞尔卡（Igor Kyselka），以及在阿尔卑斯山南麓的贝亚特·鲁埃迪（Beat Rüedi）、达里娅·鲁埃迪-加恩（Daria Rüedi-Gan）和罗曼娜·施托姆（Romana Storm）都提供了重要的帮助。

我不可能找到比安东尼·金（Anthony King）和托马斯·马库斯（Thomas Markus）更好的编辑了——没有他们，这本书将不可能拥有其广度或聚焦度。Routledge 出版社的助理编辑乔治娜·约翰逊-库克（Georgina Johnson-Cook）是明晰和极具助益的楷模，佛罗伦萨制作有限公司（Florence Production Ltd.）的菲奥娜·艾萨克（Fiona Isaac）、罗伊瑟·怀特（Roise White）和阿曼达·克鲁克（Amanda Crook）也是如此。

本书有些部分先前已经发表过。关于捷克现代主义的部分出现在"盲目的独特形式——捷克现代主义中的国际主义"（A Unique Form of Blindness：Internationalism in Czech Modernism）一文中，收录在《代达罗斯》（Daidalos）① （Rüedi 1991）中。关于专业形成的观点作为"履历——建筑师的文化资本：教育实践和资金投入"（Curriculum Vitae-The Architect's Cultural Capital：Educational Practices and Financial Investments）一文发表，收录在 J·希尔（J. Hill）（编著）的《建筑设计与用户需求》（Occupying Architecture：Between the Architect and the User）中（Rüedi，1998b）。关于包豪斯中的女性这部分出现在"包豪斯主妇——建筑教育中的争战与性别形成"（Bauhaus Hausfraus：War and Gender Formation in Architectural Education）一文，发表在《建筑教育》（Journal of Architectural Education），以及"包豪斯梦之屋——塑造（未）性别化的建筑师的虚体"（Bauhaus Dream-House：Forming the Imaginary Body of the（Un）gendered Architect），收录在 J·M·希尔（J. M. Hill）（编著）的《建筑学——主体是问题》（Architecture：The Subject is Matter）（Rüedi 2001a，2001b）。更近期的一些素材出现在"我们仨（我的回声、我的影子和我）：建筑教育中的伦理和专业形成"〔We

---

① 代达罗斯，希腊神话人物，是一位伟大的艺术家，也是位建筑师和雕刻家。——译者注

Three（My Echo，My Shadow and Me）: Ethics and Professional Formation in Architectural Edcation］，收录在 G·欧文斯（G. Owens）（编著）的《建筑、伦理和全球化》（*Architecture，Ethics and Globalization*）（Rüedi Ray 2009）中。我要感谢《建筑教育》允许我转载部分原论文，以及戴安娜·吉拉尔多（Diane Ghirardo）、乔纳森·希尔（Jonathan Hill）和格雷厄姆·欧文（Graham Owen）充满洞见的编著工作。

还有很多同事和学生都发挥了重要的作用；以下仅仅列出一部分。在英国，萨拉·威格尔斯沃思（Sarah Wigglesworth）向我介绍了专业主义（professionalism）的社会学。伊利诺伊大学芝加哥分校的维克多·马戈林（Victor Margolin）、威特沃特斯兰德大学（University of Witswatersrand）的汉娜·勒鲁（Hannah Le Roux）、海法以色列理工学院（Haifa Technion）的吉尔伯特·赫伯特（Gilbert Herbert）和阿隆纳·尼灿－希夫坦（Alona Nitzan-Shiftan）、加利福尼亚州立理工大学（California State Polytechnic University）的唐乔（Don Choi）（音译）、位于华盛顿大学西雅图分校的小岛坚（Ken Oshima）、皇家艺术学院（Royal College of Art）的萨拉·蒂斯雷（Sarah Teasley）、巴纳德学院（Barnard College）的乔纳森·雷诺兹（Jonathan Reynolds）、乌施达·芬德雷（Ushida Findlay）建筑师事务所的凯瑟琳·芬德雷（Kathryn Findlay），以及博林格林州立大学的凯利·范思政（Kerry Sizheng Fan）（音译）将我导向更多的社会关系，以及开展更深入的研究。迈克尔·米塔格（Michael Mittag）慷慨地给予时间，谈论他的父亲。凯利·范思政、伊娜·考尔（Ina Kaur）、小莫伊米尔·基塞尔卡、伊戈尔·马里亚诺维奇和乌尔丽克·帕斯提供了图片；加利福尼亚大学伯克利分校环境设计学院的视觉资源主任杰森·米勒（Jason Miller）找到了补充图片；斯特凡·孔塞缪勒（Stefan Consemüller）、汉斯－雷蒙德·金克尔（Hans-Raimund Kinkel）、迪尔克·舍佩尔（Dirk Scheper）和罗纳德·施密德（Ronald Schmid）慷慨地给予了使用图片的许可。SCALA 档案馆艺术资源部的瑞安·詹森（Ryan Jensen）和特里西娅·史密斯（Tricia Smith），以及克里斯廷·奥基夫·阿普托威克兹（Cristin O'Keefe Aptowicz）耐心地回答了我关于版权的问题。最后，"包豪斯推动力"（*Impuls Bauhaus*）①项目的延斯·韦伯（Jens Weber），以及魏玛包豪斯大学（Bauhaus Universität Weimar）图书馆的弗劳科·维尔兹希（Frauke Wirsig）使我能够获取重要的数据。我任教的金斯顿

---

① 该项目主要研究包豪斯的社会网络及其全球化的影响。在这样一个研究平台中，将收集广泛的传记性信息。借助于计算机生成的信息图像和展览 N° 1 中的互动平台，第一批成果在魏玛展出。——译者注

大学、伊利诺伊大学芝加哥分校和博林格林州立大学的学生促进了我的思考。但是，他们所有人都不为本书的内容负责，书中的诸多瑕疵都是我自己的。

有一个人所发挥的作用超越了所有其他人。那就是我的丈夫罗杰·雷（Roger Ray）。他不知疲倦地支持我，使得写书这一漫长的旅程终于达到结局。尽管这本书传递的是我的心声，但是，这也是他的爱的产物。

卡捷琳娜·鲁埃迪·雷

俄亥俄州托莱多，2010 年 1 月

导　论

- 设计教育的模式如何在与社会、经济和文化变迁的关联中产生？
- 经济和社会结构、空间和身体的实践（corporeal practices），以及表征系统（systems of representation）如何在建筑、设计与艺术教育中影响认同的形成？
- 建筑、设计与艺术教育的模式如何随时间流逝，在空间内发生变化？
- 批判社会理论如何能够启发建筑、设计与艺术教育？

本书的写作动机源于我发现在以批评理论的视角研究现代主义建筑、设计与艺术教育方面缺乏篇幅可成书的文献。以我的观点来看，这种缺乏会导致对于现代主义教育学不加批判的运用，而这种教育学的历史和地理语境自从产生以来已经发生了根本的改变。从 20 世纪 70 年代以来，伴随着后工业主义和全球化而来的经济变迁，以及伴随着后现代主义和后殖民主义而来的文化变迁，已经产生了研究专业形成和学术机构的新的语境和批评框架，包括艺术、设计与建筑教育方面。随着以英国和欧洲为主导的文化体系地位受到质疑，批判社会理论已经提供了新的工具，不仅仅可以用来研究经济、社会和文化的变迁，而且可以研究视觉和空间教育。后殖民主义和全球化，正如它们已经强化了主导性文化叙事，它们也同时释放出由先前"沉默的"国家和文化所发出的抗拒的力量。对于文化变迁、国家认同和区域认同以及亚文化的批评性分析，使得我对于文化和教育机构在现代化和全球化中的作用越来越感兴趣，并且形成我在本书中提出的问题。

《包豪斯梦之屋》成为第一个从批判社会理论的视角对包豪斯展开研究的篇幅可成书的文献。我吸收了经济学、社会学、文化理论和精神分析理论，探究了包豪斯的体制形成，以及包豪斯如何转型成为视觉和空间艺术的全球化教学范式的过程。这些视角重新构筑了包豪斯的语境——即不仅通过其关注于商品设计的课程的全球性复制，而且通过其对于更为无形的，然而未必更不具影响力的，关于文化认同和现代性理念的再生产和传播，来推动英国和欧洲的父权制资本主义。

封面玻璃球形（在包豪斯大厅内的自我肖像，反映在为金属音乐节而布置的节庆装饰中的球形之一），
1929 年。
图片来源：沃特·丰卡特（Walter Funkat）（摄影）；柏林包豪斯档案馆

我个人对教育学兴趣颇浓。在过去的 20 年里，我曾经担任行政管理职务——先是英国金斯顿大学建筑学文凭课程的主任，然后是伊利诺伊大学芝加哥分校建筑学院的主任，现在是俄亥俄州博林格林州立大学艺术学院的主任。我从一个全球超级大国的边陲，移民到先前的殖民中心，然后再到第二超级大国的腹地，从建筑学领域到艺术与设计，我对包豪斯展开的研究有助于理解自己的实践——关于教育的理念如何影响制度文化，教育课程如何与区域的、国家的和全球性的政策相关，以及学术机构如何与文化网络和思想的流动相联系。这一研究也有助于我在研究殖民主义、资本主义和父权制的逆流时把握好界限。尽管我出生在前东欧集团的一党制国家，在后殖民时期的福利国家——英国接受教育，但是，我现在居住在资本主义的心脏地带；我的研究正在帮助我理解这一"美国的世纪"，并且想象我的学生们的未来。

已有学术成就概览

目前并没有以批判社会理论的视角进行的关于现代主义建筑、设计与教育的篇幅可成书的研究，也没有以这样的视角研究包豪斯的专著。在建筑学话语之内，C·克雷格·克里斯勒（C. Greig Crysler）在其著作《书写空间——建筑学、城市主义和建成环境的话语，1960~2000 年》（*Writing Spaces：Discourses of Architecture，Urbanism and the Built Environment 1960-2000*）（Crysler 2003）中，通过对学术期刊的研究，分析了全球化空间话语的制度形成，但是仅仅触及教育。克里斯勒发表在《建筑教育》（Crysler 1995）的论文"批判性教育学和建筑教育"（Critical Pedagogy and Architectural Education）是关于建筑工作室内社会形态的精准研究，但是，在其篇幅内是不可能将这一研究进行历史化或空间化的。《受到优待的领域——建筑盛名的社会基础》（*The Favored Circle：The Social Foundations of Architectural Distinction*）（Stevens 1998）研究了建筑学专业及其教育领域内的社会整合（social conformity），但是仅仅局限于阶级的形成。《设计的歧视——对于男性建造环境的女性主义批判》（*Discrimination by Design：A Feminist Critique of the Man-Made Environment*）（Kanes Weisman 1994）尽管并不直接谈论教育，但是探究了建筑学内部种族和性别的边缘化问题。《私密与公共——作为大众传媒的现代建筑》（*Privacy and Publicity：Modern Architecture as Mass Media*）（Colomina 1994）将大众传媒的兴起与现代主义建筑的意识形态联系在一起，但是并没有关注建筑教育。最后，《欲望的客体——1750 年后的设计与社会》（*Objects of Desire：Design and Society Since 1750*）[①]（Forty 1992）提供了关于工业设计的重要的社会学历史，但这不是关于教育的。

关于包豪斯的学术研究自身形成了一个不断成长的领域，其浩瀚的著述只允许我对影响本书的关键性文献做一点总结性评价。这一领域直到目前为止都主要着重于艺术史的学术研究，基于形式和经验的方法，或者是对于社会和经济背景的相对狭窄的研究。然而，社会科学和人文科学领域的批评性研究正在产生影响，由年轻一代学者承担的各项近期研究开始使这一争论出现了转向。

有许多关于包豪斯的权威著作对我的研究产生过影响。芭芭拉·米勒·莱恩（Barbara Miller Lane）的经典著作《德国的建筑与政治，1914~1915 年》（*Architecture and Politics in Germany，1914-1915*）（Miller Lane 1968）探究了大众传媒在包豪斯所发挥的作用。马塞尔·弗兰奇斯科诺（Marcel Franciscono）的《沃尔特·格罗皮乌斯和包豪斯在魏玛的创办》（*Walter Gropius and the Creation of the Bauhaus in Weimar*）（Franciscono 1971）一书揭示了早期包豪斯的意识形态冲突。《魏玛时期的包豪斯——德国艺术学校的社会历史研究》（*Das Bauhaus in Weimar：Studie zur Gesellschaftlichen Geschichte einer Deutschen Kunstschule*）（Hüter 1976）研究了魏玛包豪斯的政治和经济；然而，作为东德公民，许特尔（Hüter）不能直接获取柏林档案馆的资料，这限制了他的研究范围。由于他持有经典马克思主义观点，尽管离经叛道得使这本书推迟了 10 年才得以出版，但是，他仅仅关注于阶级关系（Thöner 2005：43）。最后，玛格达莱娜·德罗斯特（Magdalena Droste）撰写的关于包豪斯女性的先锋著作《根塔·丝托尔策——在包豪斯和其个人作坊的织造课程》（*Gunta Stölzl，Weberei am Bauhaus und aus eigener Werkstatt*）（Droste 1987）重新关注于包豪斯针对认同政治（identity politics）的话语。但是，除了许特尔，这些著作既不是理论化的，也不是空间化的。最后一点，许特尔的著作是用德语写成的，无法为全世界的外行读者所分享。

更近期的学者已经开始批判性地研究包豪斯的制度化问题。对我的研究来说最重要的是弗雷德里克·施瓦茨（Frederic Schwartz）的《德意志制造联盟；设计理论和大众文化》（*The Werkbund；Design Theory and Mass Culture*）（Schwartz 1996）。施瓦茨吸收了法兰克福学派、情境主义和法国

[①] 原书中为"*1750-1980*"，系作者笔误，应为"*Since 1750*"。——译者经与作者核实注

后结构主义的理论来研究德意志制造联盟——对包豪斯来说影响深远的机构——在促进工业化资本主义意识形态中发挥的作用，但是，这一文献当然几乎没有讨论教育的问题。保罗·贝茨（Paul Betts）撰写的《日常物品的权威——西德工业设计的文化历史》（*The Authority of Everyday Objects：A Cultural History of West German Industrial Design*）（Betts 2004）是一本关于德国工业设计的批判性历史的优秀著作。《包豪斯之前——1890~1920年的建筑学、政治和德国》（*Before the Bauhaus：Architecture，Politics，and the German State，1890-1920*）（Maciuika 2005）研究了在包豪斯之前形成德国的建筑现代性的社会、经济、政治和文化力量，但是并没有研究学校本身。安雅·鲍姆霍夫（Anja Baumhoff）的《性别化的包豪斯世界——魏玛共和国最重要的艺术学院的政治力量，1919~1932年》（*The Gendered World of the Bauhaus：The Politics of Power at the Weimar Republic's Premier Art Institute，1919-1932*）（Baumhoff 2001）是第一项关于包豪斯女性的篇幅可成书的研究，但是，采用的是一种带有局限性的"两性分离领域的"（separate spheres）理论模型；乌尔丽克·米勒（Ulrike Müller）撰写的《包豪斯妇女——艺术、工艺品、设计》（*Bauhaus Women：Art，Handicraft，Design*）（2009）和西格丽德·韦尔特格（Sigrid Weltge）撰写的《包豪斯织品》（*Bauhaus Textiles*）（1993）也做出了有价值的贡献。对我的研究有所助益的文献包括一篇未发表的学位论文《联邦德国对包豪斯的接纳，1949~1968年》（*Die Bauhaus-Rezeption in der Bundesrepublik Deutschland 1949 bis 1968*）（Heitmann 2001）以及《乌尔姆造型学院——前景之后的视角》（*hfg ulm：The View Behind the Foreground*）（Spitz 2002）。后者研究了冷战语境中的包豪斯遗产，正如《乌尔姆造型学院——不屈的现代性课程的开端》（*Die Hochschule für Gestaltung Ulm：Anfange Eines Projektes der Unnachgiebigen Moderne*）（Krampen 和 Hörmann 2003）一样，但是两者的理论视角是有局限性的。安娜·罗兰（Anna Rowland）撰写的《魏玛包豪斯的商业管理》（Business Management at the Weimar Bauhaus）（Rowland 1998）以及达妮埃拉·迪奇（Daniela Dietsche）未发表的《将包豪斯作为商业企业来研究》（Studien zum Bauhaus als Wirtschaftsunternehmen）（Dietsche 1993）是对于包豪斯商业实践开展的罕见而有用的研究。我尤其要感谢一篇未发表的学术论文《包豪斯的学生们》（*Die Studierenden am Bauhaus*）（Dietzsch 1991），这是迄今为止对于包豪斯学生所展开的最全面（假如说仍然不完整的话）的回顾。最近，两本编著的文献《包豪斯文化——从魏玛时期到冷战时期》（*Bauhaus Culture：From Weimar to the Cold War*）（James-Chakraborty 2006），以及从更次要的程度上来说，《包豪斯构建——塑造认同、话语和现代主义》（*Bauhaus Construct*：*Fashioning Identity*，*Discourse and Modernism*）（Saletnik 和 Schuldenfrei 2009）趋近本书的研究目标，但是由于其形式，并不能够提供一种全面的理论回顾。因此，尽管有着越来越多的修正主义的作品，但是，一部包豪斯的批判社会历史仍然阙如。《包豪斯梦之屋》将开始填补这一空白。

结构和组织

在这篇导论之后，本书以语词意象（word-image）开篇。序言那梦呓般的第一人称叙事，讲述了 1938 年在纽约现代艺术博物馆（Museum of Modern Art-MoMA）举办的"包豪斯：1919~1928 年"展览的开幕盛况。这一叙述抓住了一个关键的历史性瞬间——包豪斯从惹人瞩目的欧洲现象，华丽变身为国际性的瞩目事件——并且引入了本书的主题。本书的结尾是第二幅语词意象——后记，对于此次展览的目录封面的分析，这既是一种预言式的，也是一种压抑进入潜意识（repressive）的梦意象。

接下来的七个章节分为四个部分。在第一部分"历史和理论"中，第 1 章"描图屋"简要地呈现了从中世纪到 20 世纪的欧洲建筑、设计与艺术教育的历史。这一章将建筑、艺术和工艺（以及后来的设计）教育宽泛地分为两个类型——一种是形式主义的，强调艺术 - 历史的关注；另一种是技术性质的，强调材料和制作过程。这一章设定了包豪斯理念的历史语境，概览了建筑、设计与艺术教育如何产生并规诫了知识体系和专业体系。接下来，第 2 章"梦之屋"介绍了成为我的历史性叙事来源的理论框架，对理论无甚兴趣的读者可以跳过这一章。

接下来的四个章节——"藏尸屋"、"商品屋"、"社团屋"和"学院屋"——分为两个部分；它们成为本书的核心。每一章分别研究包豪斯活动的一个特定方面。我用了一种双重的方式来处理这个四重奏。首先，我从空间方面研究包豪斯的教育。我将其诞生描述为一种最初是乌托邦式的"梦之屋"，根植于一个欧洲的民族国家——魏玛共和国——在两次世界大战期间经历了繁荣和衰败——的经济、政治、文化和社会心理的语境中。然后我追随着半个世纪以来，包豪斯作为"学院屋"——一种国际化的教育模式——的传播和巩固，伴随着英美父权制资本主义的殖民扩张和其后的全球化扩张。其次，我从时间方面和理论的视角来研究包豪斯。我的研究重点在于包豪斯的身体、产品、网络影响力和子代机构，描绘出其从 20 世纪初到

20 世纪 70 年代之间的历史及其影响。

因此，第二部分是"魏玛共和国，1919~1933 年"，讨论的是从 1919 年至 1933 年间魏玛共和国时期的包豪斯，在这一时期，这个学校和这一民族国家共同经历了诞生和消亡的过程。在第 3 章"藏尸屋"中，我研究了包豪斯的身体——学生和师傅们（masters）的外表和行为——将包豪斯的诞生与魏玛共和国从帝国到共和国的转变相联系，并且将第一次世界大战所产生的社会心理效应与魏玛共和国在个人身份和社会认同（social identity）方面的改革联系起来。在第 4 章"商品屋"中，我关注于包豪斯的产品——图像、物品、空间和课程——通过包豪斯业务和包豪斯"市场营销机器"（marketing machine）的设计、生产、市场推广、销售和版权政策而实现。

在第三部分"欧洲及其以外地区，1919~1968 年"，我追寻着 1919 年至 1968 年间将包豪斯教学扩张到德国和欧洲以外地区的足迹。这一时期伴随着第一次世界大战、第二次世界大战和冷战而来的是正统现代主义和晚期现代主义时期，以及全球化的权力争斗。在第 5 章"社团屋"中，我呈现了连接起文化组织和个人的人际网络、机构网络和传媒网络是如何塑造着这个学校及其国际化文化资本的。在第 6 章"学院屋"中，我通过案例研究的方法，探寻了将包豪斯理念调整适应于其他后殖民和冷战时期地理政治环境的教育机构。这一章本来可以研究更多的其他案例，并且应涉及更多的细节；我希望这种案例研究的局限性能够起到抛砖引玉的作用，使后继的学者能够开展更为深入的研究，来扩展和挑战我的研究成果。

第四部分"后记"是本书的结论部分。第 7 章"结论：父亲屋"简要地概括并解释了前几章的讨论，而且回应了这篇导论开头所提出的问题。后记中进一步提出这样的问题：为什么艺术、工艺、设计与建筑教育仍然在对那些将文化人造物（cultural artifacts）理解为社会 – 政治产物的实践进行边缘化？而且（与其乌托邦式的开端相反）包豪斯是否成为了资本主义的代理？我得出的结论是，包豪斯那些正式的身体的、空间的、商业的、文化的和课程的实践，并没有致力于改变社会实践；与此相反的是，它们不仅仅为其设计的物品和空间创造文化和经济价值，正如研究包豪斯的史学家所认为的那样，而且更为重要的是，为在父权制资本主义的全球扩张中发挥推波助澜作用的、新一代专业人士和机构创造着这些价值，尽管有时这些推动是不情愿的。

本书跨越了五大洲视觉和空间教育的半个世纪，这是一种过时的主导叙事（master narrative），带有这种方法所包含的所有过于简化和排他性的特征。然而，这种形式在一个经济、政治和文化成就全球化的历史时期，仍然是适用的。但是，很多艺术、设计与建筑学专业人士无法，或者说不能以同样的程度批判性地参与其中。

最后，有必要提到我对图片的使用。线性文本依赖于有序的、缜密推理的论证，是对当代图像的空间同时性和"心烦意乱的消费"（distracted consumption）的一剂"解药"。本书主要是文本的。我将文字既用做梦意象，也用作辩证的手段、表达和诠释。我限制选用照片的数量，从特别的意义上来说，抗衡包豪斯的过分美学化；从普遍的意义上来说，抗衡当代设计教育的这一趋势。因此，图片的选择范围从图标式的到模糊不清的都有，这是寄希望于读者会"生产"他们自己的意义。

序　言

包豪斯 1938 年，纽约

　　1938 年，位于纽约第五大道上的现代艺术博物馆展示了人们所熟知的包豪斯历史文物——多少落了些灰尘，有些磨损——而且，令人感到惊奇的是，那些曾经与之相联系的土生土长的公众人物——如今也年岁老去——也随着展品跨越大西洋，行程达5000公里，被运到此地。弗兰克·劳埃德·赖特臂膀上挽着一位迷人的漂亮姑娘，带着他那大大的墨西哥宽边帽，扣眼里别着一支白色康乃馨。格罗皮乌斯发表了演讲——在德国，我已经聆听过不止一次。

　　在博物馆对面的大街上，达利为邦威特·特勒（Bonwit Teller）时装店设计了橱窗展示：天使的翅膀有着乌鸦一样发亮的羽毛，穿着透明的晚礼服。但是，达利对布置不满，他砸碎了商店的橱窗，造成一片混乱，警车和消防车呼啸而至。这标志着美国第一次具有代表性的包豪斯展览的开幕盛况。我简直不知道自己究竟是梦还是醒。

Ferdinand Kramer，引自《包豪斯与包豪斯人物》
（*Bauhaus and Bauhaus People*）（Neumann 1993：83）

　　"我简直不知道自己究竟是梦还是醒"——费迪南德·克拉默在 1938年纽约现代艺术博物馆举办的"包豪斯：1919~1928 年"展览开幕式上的领悟力的闪现——以及他对于这一奇观的惊诧，正是激发我对包豪斯兴趣的相关瞬间。达利对装扮成天使和乌鸦的商品那充满戏剧性的、似乎有着竞争性的破坏，赖特好莱坞式的入场、以及格罗皮乌斯翻来覆去重复的演讲，这些要素的叠置在我看来，强调了包豪斯正是依赖于奇观和梦意象的生产、复制与传播。达利不想被打败，在他自己的超现实主义橱窗里，用一场戏剧性的表演相抗衡。一般看来作为关注于工业生产原则的教授艺术、设计与建筑的机构的包豪斯，突然之间作为一种传媒现象——经营欲望的"梦机器"——而呈现出来。

　　诚然，尽管"包豪斯：1919~1928 年"展览及目录采用的是功能主义设计，

13

但是,在当时展览一定看上去是梦一样的。第二次世界大战的爆发迫在眉睫、现代主义的艺术和建筑学在德国几乎被全面压制,许多包豪斯重要人物被迫流放,至少对他们来说,一定使这所学校成为了梦中的回忆,那些他们现在想要暂时忘却的力量,曾经将他们从这些梦中惊醒。反过来说,这所学校在困难的政治和经济条件下的创立、发展和得到认可,以及最终在美国的重生,一定强化了这些梦的力量——如果说梦已经被扭曲——以便从历史性创伤中幸存下来。

"……人们所熟知的包豪斯历史文物——多少落了些灰尘,有些磨损——而且,令人感到惊奇的是,那些曾经与之相联系的土生土长的公众人物——如今也年岁老去——也随着展品跨越大西洋,行程达 5000 公里,被运到此地"——克拉默的话语暗示了为呈现包豪斯展览所付出的物质和财政上的努力。现代艺术博物馆提供了推动力和资金,沃尔特·格罗皮乌斯展现其政治悟性,从纳粹手下拯救出展品;其他包豪斯流亡者不仅提供了指导,而且也是这一事件的积极参与者。在这个过程中,这所学校的历史呈现,抹去了许多塑造其成就的历史环境资料。①

"这标志着美国第一次具有代表性的包豪斯展览的开幕盛况"——这句话承认,现代艺术博物馆举办的展览预示着包豪斯在美国新生命的开始。尽管这不是在美国举办的第一次包豪斯展览,从那时起,实际上在那之前,包豪斯就成为了一台文化机器——表征的生产者,通过大众传媒在全球传播和交流。后来的展览和出版物,以及在欧洲、美国和其他地区"子代"机构的成立,就是要证明它所传递的资讯在文化、政治和经济方面的合时性。

因此,费迪南德·克拉默那令人惊叹的观察,无疑引入了包豪斯逐渐栖居其中的世界。它们也确定了本书的主题:在包豪斯的形成过程中,幻想和市场营销以及个人与机构网络所发挥的作用,使之成为一个注重 20 世纪现代性构建理念的全球化教育典范。

---

① 1938 年现代艺术博物馆的展览目录不可能是完全真实的,因为前包豪斯师生还在德国,而组织者担心如果这份目录提到有助于或阻碍包豪斯发展的政治环境的话,他们可能会遭到纳粹政府的迫害。——译者根据作者解释注

第一部分

历史与理论

第 1 章　描图屋

图 1.1　为德绍包豪斯金属音乐节（Metallic Festival）制作的铁轨，桑迪·沙文斯基（Xanti Schawinsky，设计者）。图片来源：罗伯特·宾内曼（Robert Binnemann，摄影），1929 年柏林包豪斯档案馆 © 罗纳德·施密德（Ronald Schmid）

历史

> 新的公共建筑是"梦之屋"。关于所有这一切的生动经验，也就是对于集体主体性（collective subjectivity）的虚假意识，立刻远远地离开，然而也可以说是进入充满乌托邦式符号的商品图景（commodity landscape），带着不加批判的、他称之为"梦意识"（dream-consciousness）的热情。
>
> Susan Buck Morss,《观看逻辑》
> （*The Dialectics of Seeing*）（1989：213）

关于建筑、设计与艺术教育及其与现代性的关系方面的批判社会历史仍然无人书写。然而，艺术、设计与建筑学作为学科与现代性的出现是紧密相连、不可分割的，它们受到其历史的影响，同时也塑造其历史。包豪斯制度实践在建筑、设计与艺术教育的历史和文化变迁中构筑其背景，因此与现代性和全球化产生关联。以下所呈现的历史片段展现了部分这样的背景。就建筑与艺术教育而言，它们概略地描述了现代化之前的中世纪行会、早期现代主义学院派、工业革命时期形式主义/历史主义的巴黎美术学院（École des Beaux Arts）以及技术导向的巴黎高等工科大学（École Polytechnique）模式，最后，是为回应这些历史先例而发展起来的20世纪的模式——工艺美术学派（Arts and Crafts）和包豪斯。

这些历史片段平行于欧洲的建筑理论与写作的两种传统。第一种将建筑与设计视作艺术。其话题就是形式——风格的定义和关联、体量、空间、光影、尺度、韵律、比例、几何形状、色彩和肌理的操作——及其意义，包括比喻、装饰、符号学和语言学方面的理论。第一次有记载的这一传统出现在维特鲁维的《建筑十书》，并且经历中世纪、文艺复兴、18和19世纪，直到包豪斯始终延续着。该传统主导着今天的艺术、设计与建筑学的大部分公共话语。

第二种传统视艺术、设计与建筑为技艺与技术——自然与科学，而不是文化——的产品。这种传统也首先出现在维特鲁维的著作中，经历了工艺专著（craft treatises）到工业理论——以及今天的数字理论——环境和工程理论而延续下来。气候、地质学、材料属性、预制技术、结构和机电理论、施工管理以及最近的信息技术和环境可持续性似乎正在取代形式主义，成为主导的叙事。在建筑学领域，这两种轨迹从18世纪晚期和19世纪早期法国的教育体系分为巴黎美术学院和高等工科大学中最能够显现出来。

从这种两分模式——将建筑、设计与艺术作为生产社会客体（social

objects）的社会实践合并——中产生具有重要意义的沉默。尽管作为社会实践，视觉与空间学科的教学、研究和生产常常独立于社会知识（social knowledge）运作。[2] 在 20 世纪早期和中期出现的例外，至少在建筑学领域内，作为失败的试验被摈弃了。而理由——政治的、经济的、社会的和文化的——是复杂的，这就是本章和接下来的章节努力要阐明的。

行会

中世纪的行会是世俗的组织，掌管教育和生产、管理学徒数量和技艺进展、通过举办满师学徒考试来测试技能，并设定薪水标准。在更高的层面，它受到国家律法——贵族和市政府管理，再往高的层面上，接受教会管理；文化当局与教士并重，成为授权和认可行会的最有权力的社会组织。

行会的出现是为了应对中世纪的经济发展。饥荒、疾病和战争造成劳动力短缺，并导致

> 自从罗马帝国衰退以来的［建筑］职业的转变，从需要文科教育作为基础的知识追求，变为可以在学徒的有限范围内学习的经验技能。
>
> （Kostof 1977：60）

实践技能比抽象知识更为重要。7 世纪之后，"建筑师（*architectus*）这一术语在尚存的中世纪文献中出现得越来越少"（Kostof 1977）。此后，由于欧亚通商导致劳动力供应和财富的增长，角色再一次区分开来：建筑师工匠（architect-mason）再次学习几何学，"建筑师"回归了；师傅工匠（master-mason）继续以实践技能取胜。

艺术与手工艺是一回事，分布在几个不同的行会里。画家属于内科医生和药剂师行会，因为二者都研磨颜料，雕塑家隶属于金匠行会。服装在当时是昂贵而重要的，这意味着裁缝有自己的行会，这是非常少的几个男女会员都有的行会。遇到大教堂这样的大项目，行会之间就会合作，组成教堂公司，常常延续很长的时间（Hauser 1999）。

父权制形成中世纪世界的基础。工匠行会条例将几何学知识与纯正的血统联系起来：

> 行会成员，由于以下的原因和以下的规矩，就此开始了石工

行业。有时会发生这样的情况，大领主没有如此庞大的财产，以至于他们可能无法培养他们的私生子（free begotten children），因为私生子太多。因此他们就征求意见如何才能使他们的孩子受到培养，并要求他们诚实地谋生，然后把他们送到聪明的师傅那里，跟随他们学习几何这门有价值的科学，凭借智慧，就能够有一定的诚实谋生的能力。

（《管理手册旧版》（*Old Books of Charges*），由 Harvey 引用，1972：199）

工匠行会条例是所有行会中最严格的，即便与金匠行会相比，后者以微型建筑的方式运用几何学，锻造圣骨匣，控制钱币的冲压铸造。为了得到师傅的许可，能够接纳他们，学徒工匠不得不拿出来自父亲的证据，以证明合法性："第四条如下：任何师傅都不得为任何利益，接收任何非出生于亲缘或血缘的学徒来学习"（Harvey 1972）。血缘关系受到性道德的保护："第七点：他不得觊觎师傅的妻子或女儿，但是如果结为婚姻则例外，也不得纳为妾，并以此来避免他们之间的冲突"（引文同上）。很多不是工匠之子的学徒通过娶师傅的女儿加入这种血缘关系。这提升了他们的社会地位，有资本来雇佣帮工和学徒；作为小资本家，他们把生产和销售、作坊和店铺结合起来——这就是包豪斯的模式。

为了限制竞争，行会成员不能随意去外地找活干；执业特许是有地域限定的。当一个师傅搬家到了一个新地方，他就成了"外来户"，要支付"镇特许"费（freedom of the Borough），才能执业或者成为师傅：

首先和最重要的是付费获取特许，即他们进行手工业执业和出售产品的权利。费用变化幅度很大，可以通过世袭——作为其荣誉市民父亲的儿子——来获得其权利的情形，只需要支付很少量的金额；对那些曾经做过荣誉市民的学徒的人，需要交更高的费用，而对那些外来户就要交纳非常高的费用。"外来户"这个词还有一层意思，能否讲地方方言——指所有不是本地居民的人。

（Harvey 1975：23）

一个石匠如果未经许可就搬进城来，其标记是会被吊销的，尤其是如果这个标记与一个本地石匠的标记相似的话。这种知识的有限机动性和传播，造成一种垄断，保护了劳动的价值。

也有一些例外。共济会支部（Lodges），而不是行会，实施着特殊建筑项目的建造，例如大教堂；其帮工石匠是机动的：

> 在中世纪很典型的情况是……也有一些逃避的途径。在城镇政府组织的系统之外，也有不隶属于某个镇的自由职业。这些包括德文郡和康沃尔郡的锡矿白铁工（Tinmen of the Stannaries）、迪恩森林的自由矿工（Free Miners of the Forest of Dean）、拥有自己的塔特伯里董事会的吟游诗人，以及最著名的是在其"宪章"构架之下拥有自己的代表大会的共济会。
>
> （Harvey 1975：24）

施工用建筑文件的制作也是受限制的。诉诸文字和计算是很少见的。石匠们通常采用口头的方式进行交流；书面方式仅用于重要的劳动合同、订购材料、记账，以及石匠、赞助人和其他手工艺师傅之间的重要交流。

几何学成为设计的主要组织原则。学徒们是通过不断重复学会的：父亲教授给儿子。缺乏计算能力，以及还没有十进制数字——后者在中世纪晚期才从阿拉伯传到欧洲——意味着只有少数石匠会运用数学计算，而且这些计算也是很简单的（Butts 1955：151）。大多数人运用几何工具——直尺、圆规和直角三角板。不同于文艺复兴时期几何学的抽象系统，几何学在中世纪的形式就是一种现场解决实际问题的工具——可以灵活地适用于半成品建筑的各种尺度。在中世纪，各种建造到一半的建筑物比比皆是。

行会严格限制人们获取几何学知识。只有石匠行会的学徒才能学习几何原理。曾几何时，只有石匠行会会员自己才能学习，除非在行会规则之下，其他情形都不得使用。泄密要受到严厉惩罚："这位叫做朗弗雷（Lanfrey）的诺曼建筑师据称于 1094 年在伊夫里大教堂竣工后被砍头，以防止他再建造一座类似的或者更好的城堡"（Kostof 1977）。在英格兰，行会法庭处理这类违法行为（Harvey 1972）。行会不保存任何记录；知识仍然隶属于私人。

在较大型的建筑场地，需要更大范围地运用几何学，劳动力的空间划分进一步限制了其传播。每一种行业都有自己的工棚（lodge），用于存放东西和制作——包豪斯（Bauhaus）的名字就来源于德语单词 *Bauhütte*，或者叫做建筑工棚（building lodge）。石匠工棚是用来雕刻石材和存放石料的棚屋，也容纳实践性的教学和工作：

> 工棚是对话的场所，也就是业务室。在建筑工地上，工棚里面有雕刻台，或者说一种有顶的小棚子，在这里，切割石匠在工作台上砍石块……带有雕刻台的工棚一般来说必须位于底层，这样便于处理石块。

> （Harvey 1972：114）

另一方面，在"描图者的房子"（domus tracer）或者说描图屋中，石匠师傅制作模板，通常是在地板上制作。地板通常是由白垩板做的，每一次图画被转到木制或亚麻制的模板上之后，就会把地板磨光。因此，建造用的几何图形大多数都被擦掉了；石匠和学徒把这些图形背下来，有模板（如果保存下来的话）或者练习用的石材做参考。模板上面有数层平面或立面的信息，只能由石匠把它们转到石材表面。描图屋通常远离工棚，有时随着建筑的建造，总是比工棚高两层或三层。由于这里有模板和几何工具（圆规、直角尺和铅垂线），出入是受到限制的："描图屋是师傅、其助手和学生的专属之所……而工棚是所有参加劳作的石匠都可以进出的"（引文同上）。描图屋是石匠们的校舍。

设计和施工文件主要实施实践性功能。制作出的少数图画通常是为赞助人而绘的，用以描述一个经过同意的设计方案，或者偶尔为之的工作图或草图（Kostof 1977）。不像宗教性质的文本或图画，描绘建筑的图画或文本仅仅是当口头描述不够清晰时才会用到。尽管有些用黑色铅线绘制的永久性图画也会被保留下来，图画也几乎不会备份或存档，用于研究或展览。主要用来记录图画和文本的皮纸文书是用昂贵的羊皮制作的；在重复使用多次之后，最终被熬得浓浓的，作为胶粘剂来用。因此，由于其象征和实践价值有限，全套的中世纪建筑图画或文本几乎没有幸存下来。

另一方面，建筑中的图案装饰（architectural figuration）有着强有力的公众形象，因为它在维护中世纪宗教信仰方面发挥了重要作用。在小教堂和大教堂中，对大多数目不识丁的百姓来说，彩绘玻璃和雕刻形成了神圣的叙事——视觉意识形态（visual ideology）。在大型教堂中，图案装饰是一位专门的石匠、木匠或画家的工作，有时给这些人起一个拉丁名称，叫做*画像师*（imaginarius）："我们发现在相当早期就发展出一个'图像师'（imager）的阶层。其中一位叫做'托马斯图像师'（*画像师*）的人，在1226年的伦敦记载中不时被提及"（Salzman 1952）。

宗教建筑的重要性并没有将这些建筑物的作者身份与石匠联系上，而是与教士关联起来。设计常常是共同负责的；存在着这样的情形："在赞助机构这一方，主要是教会，不情愿承认负责它所委托的建筑物建造中那些专业人员的特殊身份"（Kostof 1977）。但是，石匠们所掌握的知识的"神秘性"，维护了他们工作的稀缺性和极高的经济价值。为保证肉体纯洁和父系血缘的繁文缛节，赋予了他们的实践以高度的象征价值。石匠的工作对于宗教信仰的核心地位，可以解释为何其所在的行会要对他们绘制的图画、拥有的知识、他们的身体以及实践进行严格的控制，这为未来的建筑职业奠定了基础。

学院派和巴黎美术学院

　　早期现代主义的特征是欧洲的殖民扩张和民族国家的兴起，这个时期产生了一个占主导地位的新阶级——北欧的君主和 15 世纪意大利的商业贵族，例如美第奇（Medici）家族。随着 15 世纪发明了印刷机，印刷出来的纸张开始彻底改变艺术和建筑的知识。关于古迹、关于几何学的哥特时期手稿，以及新涌现的、文艺复兴时期作家撰写的专著，如今得以出版。在建筑学领域，首先是维特鲁威（在中世纪时以手稿的形式），接着是阿尔伯蒂（最开始也是以手稿的形式）、塞里奥（Serlio）以及其他的作者。到后来，艺术和建筑领域的出版物更为丰富多样，有抄本（copybook）、哲学专著和考古学文本，作者群体也是多种多样的，包括建造者、赞助人、建筑师和学者。

　　新的赞助人着迷于古典艺术和建筑，将之作为他们群体内竞争的社会地位标志，采用并精心呈现那些通过专著最新发现的古典形式。在剧院、清真寺、文本、透视法、图像，而不是建筑物中体现出的幻象表征出现了，以证明建筑师、艺术家和赞助人的社会地位的合法性。艺术和建筑以复制品的方式被生产、传播和消费，但是仅仅针对那些能够读得懂，并支付得起费用的人。中世纪礼拜仪式的叙事转变成在建筑、艺术、戏剧，尤其是印刷品中的经典古董的表征。

　　建筑学作为一门学科出现，有别于房屋建造；绘图和施工形成两个不同的，并且越来越独立的领域。绘图成为教育和出版的焦点，其知识关注于理论和美学。印刷出的专著，以及作为知识分子的建筑师或艺术家，现在比石匠师傅或手工艺人承载了更高的文化地位。学徒制仍然存在，但是，为了导向社会地位和任务委托，这种制度中必须包含从专著中获得的"学识"，而且，对于建筑学来说，最理想的是参观古典主义名胜古迹的欧洲文化之旅（Grand Tour）。

在艺术领域，商业贵族赞助人更显赫地控制着艺术实践。科西莫·美第奇（Cosimo I de'Medici）于1563年在佛罗伦萨创办了第一所艺术学院；只有最杰出的美第奇宫廷艺术家才会被邀请加入这个学院，并有权利指导托斯卡纳地区的艺术生产。在后来的20年中，在罗马和博洛尼亚成立了圣路卡学院（Academies of San Luca）。就像建筑师学者一样，艺术家学者比起手工艺人来有着更优越的社会地位。

艺术家和建筑师不论是为教育所塑造，正如在新的学院中那样，或者是通过结合学徒制、自学成才以及文化之旅的方法而造就的，他们都不再是手工业劳作者了。数学、科学、戏剧、绘画和雕塑方面的知识变成有价值的特质。在15世纪晚期和16世纪，里奥那多·达·芬奇和米开朗琪罗·博那罗蒂（Michelangelo Buonarroti）成为这种新形制的典范，其受众中包括王室、教皇、贵族和受过教育的中产阶级，这些群体独占欣赏其专门技能所需的学识。公众仅仅是次一级的受众；欣赏建筑与艺术成为一种精英化的和私人的行为。在英格兰，商业贵族的权势没有那么大，直到1768年皇家学院（Royal Academy）成立之前，艺术家都是自学成才的；克里斯托弗·雷恩爵士（Sir Christopher Wren）、约翰·范布勒（John Vanbrugh）和伊尼戈·琼斯（Inigo Jones）（分别是数学家、剧作家和透视画家）代表了这种新的形制。

建筑师、艺术家与赞助人之间的商业往来也改变了。在英国，通过阅读古典文献而接受设计教育的赞助人实际上扮演者建筑师的角色，挑战行会的垄断（Jenkins 1961：10）。行会抗拒着古典主义建筑的学问和新的施工技术；他们不愿意放弃，但是无法实施劳资双方参加的集体谈判，而且他们的价格也没有竞争力。由于世俗的赞助人并不控制行会会员的精神，不会强迫他们接受新的形式和实践。正相反，赞助人不理睬行会，把任务委托给接受过古典主义艺术训练的、自学成才的建筑师和艺术家，或者就像美第奇家族一样，控制他们之间的联系和拥有的学识。艺术家和建筑师既体验到市场的不安全性，也感受到市场的回报；赞助人可以随时用一位艺术家或建筑师取代另一位，或者取消工作。建筑师和艺术家也常常是作为赞助人的门客而生存的。文艺复兴时期的建筑师现在不再以血缘来获得其身份，而是通过竭力效仿其赞助人的社会地位并渴望成为"绅士"。安德烈亚·帕拉第奥（Andrea Palladio）从农民的儿子一跃成为贵族，这是16世纪其意大利赞助人首创并引导的，这种身份转变成为这一新型关系的代表（Ackerman 1966）。

建筑工作分为设计和施工监管两个方面，每个领域都与实际的房屋建造实践分开了。这种远离建造场地的新情况需要视觉和口头交流的新形式：

> 按照比例的绘图方式的发展，以及为设计建立数学模型，使得这样的控制成为可能……［并且］产生出基于设计的、无须实际建造出来的、全新的建筑逻辑（architectural logics），例如，形式主义，并且进一步使得建筑师能够在设计中从常规走向更具特异性。
>
> （Robbins 1988：48–49）

采用图纸与书面合同——促进关于设计和建造的交流，只需在一个单独的作坊中完成，而不是在建造现场——所体现的劳动分工，现在成为建筑师任务的特色；这也同样服务于新兴的殖民地政府。很多建筑师并不监管施工；设计本身现在已经成为更受尊敬的工作，对于赞助人来说，也更为便宜。

第一所建筑学校，即皇家建筑学院（Académie Royale d'Architecture），于 1671 年在巴黎成立，在 100 多年之后，意大利才成立了几所艺术学院。巴黎的学院保留了行会训练（学徒制）的元素，通过讨论和绘图来教授古典建筑元素的正确运用。学院中针对那些关于"美"的已确立的、记载下来的定义进行辩论；在最开始的第一次会面中，院士们通过讨论和决议解决了一场关于理解美的危机。他们将古典主义当作系统化的语言来运用，其常规定义（由一位历史学家记录下来，即便决议与考古学证据是矛盾的）和绘图本身作为结果［执着地为罗马大奖（Prix de Rome）①而绘制］，这些都表明了视觉意义的系统化——古典柱式的普适法则，能够转移到其他的地理和文化环境中。美的定义如此之重要，以至于君主控制了对于理论与实践的获取，限制了皇家学院的入会资格，否决了将皇家营建管理局（Royal Building Administration）的任务委托给工人阶级、妇女和殖民地居民（只有通过皇家学院的训练才有资格获取），因此，皇家学院的阶层是小众、精英、白人和男性。

法兰西学院（Academy）的后继者就是巴黎美术学院（École des Beaux Arts），它进一步强化了法兰西帝国的象征性野心。在 1863 年，它成为国家

---

① 罗马大奖，是一种著名的法国国家艺术奖学金，旨在提高法国的艺术水平。1663 年，路易十四在位期间创立了该奖。获奖者由法国皇家绘画和雕塑学院在其学员中经过严格选拔而出，共有四个名额，分别给予绘画、雕塑、建筑和雕刻四个方面最杰出的参与者。获奖者将可以前往罗马，接受意大利著名艺术家的指导。——译者注

级机构，训练执业者，从而使得法兰西的疆土上遍布"如此之多的壮观建筑，以至于整个世界都投来惊奇的目光。以后外国人将来到这里学习建筑的原则"（引自 Sutcliffe 1996）。它采用作坊（atelier）的学习体系，即所有级别课程的学生都在同一个作坊里共同工作，保持着严格的劳动分工，折射出阶级的体系；低年级学生像"奴隶"一样为高年级学生工作。巴黎美术学院将效仿的学习方式制度化——低年级学生效仿高年级学生、高年级学生再效仿院士。父权制始终存在着；巴黎美术学院直到 1897 年才开始接受妇女。课程大纲中几乎全部关注于绘图（而不是建造），开始的时候绘制古典建筑和雕塑的石膏模型，最后是为赢取罗马大奖的竞赛绘制极为详细的水彩渲染。这样的学习方式和自我表达（self-representation）依赖于那些能够反映高端艺术和上层阶级的原则，也就是贵族特性，有别于"纯粹的劳工阶层"，不论是本土的还是殖民地的。这种高端文化资本部分地补偿了由于集体谈判造成的经济困境；建筑师和艺术家现在是"灵活的"、机动的，他们的知识既适合于这个殖民中心，也可以输送到各个殖民地。

高等工科大学和工艺教育

到 18 世纪晚期，新的教育机构开始出现。这些古典主义的、常常是自学成才的绅士艺术家 - 建筑师的经济和社会地位日渐式微，因为中产阶级取代了贵族，或者加入了贵族行列，从而成为赞助人。而新兴的职业团体——工程师、测量员、商业艺术家、设计师、承包商和企业家——诉求新的知识领域，这些正是由劳动力的工业化分工、科学发现和殖民政府的需求所创造的。

在建筑领域，各个国家之间的教育体系不尽相同。在整个欧洲和北美，建筑师试图通过职业认证和大学教育重新获得垄断地位。到 19 世纪末，在英国出现了 42 种新职业；皇家建筑师学会（RIBA）在 1837 年获得皇家特许证，其会员成功地阻止了未来 100 年的建筑师头衔的独立注册权（Kaye 1965）。建筑师为了将自身与建造行业的竞争者区别开来，设立了章程，禁止商业和广告活动——这被理解为干扰了这个职业的公平、道德和对美的追求，也干扰了其绅士做派的社会地位。在英国，建筑始终关注于设计，但是古典主义自身再也不能承载文化价值。正相反，一般来说，历史提供了新的建筑语言，这可以从"风格的交战"（Battle of the Style）中看到。从 19 世纪中叶开始，艺术和建筑方面的出版物开始兴盛起来，部分是通过纸张生产、印刷字体和销售的工业化而实现的。这种知识可获取性的扩展，加速了职业的兴盛，以及根植于历史资源的艺术和建筑的相对主义。新的中产阶级客户将建筑服务视作一种商品，其价值取决于自由市场。

新的教育机构出现了——"以应对越来越多的中产阶级对于大学教育的需求，这种教育"比古典的学习方式"更便宜、更适切"（Perkin 1973：74）。在英国，伦敦大学学院（University College London）在 1841 年委任了第一位建筑学教授；在 1847 年，英国的第一所建筑学院——建筑协会学院（Architecture Association）由因知识有限而感到挫败的学徒成立。但是，法兰西和德意志学院以及英国的皇家学院拒绝工业化，继续关注于人体素描、经典先例，以及在建筑领域关注有限范围的建筑类型，效仿贵族理想。与之不同的是，新成立的以技术为导向的学院——法国高等工科大学（École Polytechnique）和德国与奥匈帝国的工业大学（Technische Hochschule）——开始了这一事业；因此，到 1910 年，德国有 25000 名科学和技术专业的学生，而在英国只有 3000 名（Green 1995）。

在法国，高等工科大学在法国大革命之后出现，用来培训军队的工程精英。尽管工程曾经是意大利文艺复兴时期的艺术家 – 建筑师训练的一部分，但是，在法国大革命之前，只有诸如国立路桥学校（École des Ponts et Chaussées）（1747 年）、皇家工兵学校师团（École du Corps Royale du Génie）（1749 年）、皇家军事学院（École Royale Militaire）（1753 年）这样的机构和其他学院提供城市基础设施的设计和施工的职业培训（Green 1995：131）。这些学院被院士们联系到较低等级的活动方面。高等工科大学是在 1794 年大革命之后成立的，提供结构和建筑方面的培训，并且提高其社会地位，这正是越来越庞大的商业资产阶级和不断扩张的帝国所需要的。工程师（Ingénieur）这个头衔最初是用来描述接受过围城和筑城训练的军官的。高等工科大学不同于法兰西学院，它把"纯粹的理论学习与一系列导向工程、建筑学、筑城术、采矿，甚至是舰艇建造的职业课程"结合起来（Benjamin 1999）。高等工科大学以科学知识为重；其主要人物是建筑师让 – 尼古拉 – 路易·迪朗（Jean-Nicolas-Louis Durand，1760~1834 年），他在 1796 年成为该学院的教授。在高等工科大学，设计教育历时很短——两年，而不是法兰西学院的五年；工程专业的学生只用七分之一的课时来聆听迪朗的课程（Szambien 1984）。因此，迪朗依照自然科学的先例，研究出建筑分类的标准化系统，使他的学生无须借助艺术天赋就可以进行各种建筑类型的构图（Madrazo 1994）。他们采用的非传统方法是，利用方格纸绘制标准化模数单元的平面，以及可以改变比例的轴测图，而不是透视图，来进行三维表现。但是，作为回应商业主义、国家的和殖民的愿望，高等工科大学仍然仅仅代表了精英的利益——每年仅招收 100 至 200 名男性。

在 1815 年至 1830 年期间，只有 1500 多名毕业生接受了训练，其中只有三分之一是资产阶级，千分之三是工人阶级（Hobsbawm 1962）。

高等工科大学对于应用知识的关注是具有影响力的，在整个欧洲大陆和美国催生了许多效仿者。由于得到国家律法的支持，工程职业使得关注于技术专门知识的教育得以扩大、受到保护并系统化：

> 美国的大学和技术学院……在经济方面比英国的更为优越，因为它们实际上提供了工程师的系统化教育，这在英国这样的古老国家还没有出现（在英国直到 1898 年，学徒制仍然是进入这一职业的唯一途径）……它们也比法国更为优越，因为它们批量生产拥有足够水准的工程师，而不是生产少数极具智慧的、受过良好教育的工程师
>
> （Hobsbawm 1975：43）

一方面，在法国和德国，技术学校的兴起成为对工业化及其劳动分工的一种回应；另一方面，在英国、德国和奥匈帝国，其他教育改革者既拒绝学院派，也拒绝技术；与之相反的是，他们将中世纪行会制度理想化，将之作为想象力与生产相结合的典范。德国的美术工艺学校（*Kunstgewerbeschulen*）和英国的工艺美术学校（Arts and Crafts Schools）应运而生。瓦格纳学派的总体艺术（*Gesamtkunstwerk*）现在包含了美术、手工艺和建筑学。只有在那个时期，也为了推动着与工业相结合，预示着 20 世纪的改革运动的出现，例如德意志制造联盟（Deutsche Werkbund）。

德意志制造联盟（1907~1938 年，1949 年至今）试图将艺术与工业进行整合；它倡导的"以手工艺为基础的建筑与美术教学计划"就是为了引导"商业产品通过教育、宣传和建议的方式，与艺术、工业和销售进行协作，提升其身价"（Hüter 1976）。制造联盟并不注重艺术家和手工艺人，而是试图改革商人、售货员和橱窗设计师的教育。该机构与商会（chambers of commerce）和一个国家级的商业雇员协会联合起来，为售货员举办了一系列"商人鉴赏能力教育"讲座，赞助关于橱窗设计的竞赛和演讲，并且成立了装饰艺术高等学校（Höhere Fachhochschule für Dekorationskunst）来教授橱窗设计（Schwartz 1996）。

这些理念产生于针对德国工业与文化的辩论。在第一次世界大战之前，制造商、设计师和建筑师就已经争辩，并得出结论，即更优秀的设计能够提升德国商品的国际竞争力。在 1910 年，新成立的制造联盟的成员

格罗皮乌斯写信给德国工业家埃米尔·拉特瑙（Emil Rathenau）："只有通过批量生产的原则，才能实现所有种类产品的高品质"（Wingler 1976）。如果这些工业化的商品能够经由艺术家设计，其品质就能得到提升。以作坊训练（workshop training）为主的教育改革将塑造这种新物品的设计，以及经过教育的、购买这些产品的消费者。包豪斯的商品美学就来自于这一历史。

德意志制造联盟倡导以作坊训练来改进生产技能，这预示了包豪斯的作坊。它提议所有艺术的重新结合，而建筑学应包含其他的艺术形式，在新的教育机构中进行教学。各种艺术要在一种预备性质的试验性学期中进行结合，形成后面学习的基础——包豪斯初步课程（Bauhaus Vorkurs）或者叫预备课程的前身。然而，激进的制造联盟成员，例如布鲁诺·陶特（Bruno Taut）和沃尔特·格罗皮乌斯则担心艺术家会成为工业的奴隶，因为也倡导工业改革，以解决经济和社会的不公平；只有到那时，工业才能提升其地位（Hüter 1976）。当这些理念没有得到支持时，这些激进派就辞职了。

包豪斯不是追求这些理念的唯一的学术机构。诸如位于慕尼黑的奥布里斯特－德布希茨（Obrist–Debschitz）艺术学校、法兰克福艺术学校（Frankfurt School of Art）、哈雷艺术与设计学院（Burg Giebichenstein in Halle an der Saale）、位于柏林的赖曼学校（Reimann School）和（后来的）伊顿学校（Itten School）、位于弗罗茨瓦夫的布雷斯劳工艺美术学校（Kunst– und Gewerbeschule Breslau），以及杜塞尔多夫工艺美术学校（Düsseldorf Kunstgewerbeschule）这样的机构，由艺术家、建筑师和设计师来领导，例如布鲁诺·保罗（Bruno Paul）、彼得·贝伦斯（Peter Behrens）和汉斯·珀尔齐希（Hans Poelzig），同时也进行艺术教育的试验，将工业与手工艺原则整合起来（Wick 1994：58）。很多学校引入职业设计教育，将手工艺、技术和形式结合起来；有些学校在包豪斯之前就将美术与手工业作坊融合起来——布雷斯劳工艺美术学校比包豪斯早了 10 多年。在第一次世界大战之后，德意志制造联盟再度出现；新的组织机构，包括艺术劳工委员会（Arbeitsrat für Kunst），由阿道夫·贝恩（Adolf Behne）、格罗皮乌斯和陶特领导，倡导艺术与日常生活的结合，预示了包豪斯的出现。

包豪斯

包豪斯成立于 1919 年。它是一所小规模的学校，在任何一个学期，最多只有 250 名学生。在其 14 年的历史中，有 13 年都位于省级城市——图林根州的魏玛，以及安哈尔特州的德绍。[3]学校执行相对开放的招生政策：完成高中或职业教育、资金担保、法律和健康证明、一份简历以及一份作品选辑的报告，这些就是录取资格所需要的条件——对于德国大学体系通常入学必备的高中升学考试成绩（录取名额限制——numerus clausus）是不需要的。包豪斯初步课程的作用就是把关——学生必须通过这些课程，才能升入作坊课程。这些初步课程将造型与技术教育结合起来。由于缺乏历史课程，使包豪斯与大多数德国艺术学校区别开来。其他艺术学校的学生则直接进入专业领域，学习先例，由艺术师傅或者手工艺师傅授课，但不是两者同时授课（Dietzsch 1991）。包豪斯的学生主要是中下层阶级（在极度通货膨胀的那些年，他们和蓝领阶层的学生一样贫穷）；许多人同时也接受职业培训（引文同上）。国家资助、学生缴纳的学费、捐赠款，加上后来通过产品许可权以及来自销售的收入，从财政方面支撑着这所学校，但是资金总是不充足，因为不断发生经济危机；只有到了德绍，才专门建造了校舍。学校寿命短暂，仅仅维持了14年——到1933年，迫于纳粹的压力，学校关闭了。因此，其地理、历史和资源都几乎无法提供其未来重要性的线索。

包豪斯教育模式产生于德国从农业经济转变为工业经济、从帝国转变为独立国家的时期。教育是更大范围的改革的一部分，为这个新成立的国家注入了身份认同。早在18世纪的普鲁士，基础教育就是强制性的；在1871年，随着普鲁士统一德国诸邦建立德意志帝国，基础教育就成为中央管辖的。在高等教育的层面，威廉·冯·洪堡（Wilhelm von Humboldt）建立了几所研究性大学，后来被英国、苏联、美国和以色列等其他国家效仿。德国大学专注于学术自由和科学研究，通过研讨和基于实验的研究，使学生对自己的教育负责。然而，在美术方面的教育仍然追随法国学院派；手工艺教育则效仿中世纪行会。总体上来说，工艺学校（Gewerbeschulen）服务于乡村的政治利益，而美术学院则位于大都会市中心。艺术对于国家认同（national identity）是核心的，这一点我们在下文会讨论。在包豪斯成立的时期，在德国有大约15所艺术学校，在册的学生仅仅接近2500名——是德国高等教育学生总人数的2%。不同于德国大学，艺术院校只需要通过作品选辑的评审就可以录取（Dietzsch 1991）。

就像德意志制造联盟一样，包豪斯试图横跨学院派、技术教育和工艺教育，最开始是沿用中世纪的典范，试图整合这些领域。在1916年，就在格罗皮乌斯正在商谈担任魏玛工艺美术学校（Weimar Kunstgewerbeschule）领导之时，被问起关于工艺美术之间的关系，以及与魏玛艺术学院（Weimar

Kunstakademie）合并一事的观点。他在回答中认识到美学、经济和技术价值之间的联系：

> 一件在所有技术方面都完美的事物，必须蕴含智识的理念——蕴含着形式——才能确保在大量同类产品中得到青睐……为了得到更广泛的认可，人们现在必须试图从一开始就保证机器产品的艺术品质，在批量生产的形式产生之时，就寻求艺术家的建议。因此，在艺术家、商人和技术人员之间形成了一个工作团体。
>
> （引自 Wingler 1976：23）

然而，在包豪斯，美术和实用艺术的结合也是一桩巧合。在 1915 年，魏玛艺术学院（Weimar Academy）的主任弗里茨·马肯森（Fritz Mackensen）接洽格罗皮乌斯，请他领导新成立的建筑系，格罗皮乌斯回复说，建筑学是包罗万象的，他不能仅仅领导这个学院的一个分部（Wingler 1975）。魏玛艺术学院和工艺美术学校合并之所以发生，仅仅是因为格罗皮乌斯正在考虑在后一所学校继任亨利·凡·德·维尔德（Henri Van de Velde）的职位，这样前一所学院的主任席位就空缺了。格罗皮乌斯抓住这一机遇，说服图林根州政府把两个职位合二为一，包豪斯由此诞生了。

地点的改变影响了学校的资金、公共接受度和教学实力。从 1919 年至 1924 年的魏玛时期，是一个政治和经济极不稳定的时期。学校有着强大的区域政府支持，但是缺乏市政府的扶持。图林根（Thuringian）政府为包豪斯提供了资金，但是，在 1924 年的大选中失利。从 1925 年至 1932 年的德绍时期，包豪斯的特点是得到了市政府和工业界的支持；有一段时期，包豪斯与德绍商业界有着良好的关系，例如与法本公司（I-G Farben）以及工程和飞机制造方面的容克公司（Junkers），因此能够将学校、政治和工业结合起来。然而，在德绍的右翼压力最终导致 1932 年包豪斯搬迁到柏林。柏林时期只不过是将学校的最终关闭延缓了一年。

尽管地理位置设定了学校各主要阶段的政治和经济环境，但是，这并不是造成教学方面所有变化的原因。其他的影响，包括关键人物的个性、更广泛的文化演变，都发挥着重要的作用。在第一个阶段，即从 1919 年至 1923 年，有时也称作表现主义阶段，学校进行了神秘仪式、性别角色转换和游戏的实验，尤其是在约翰·伊顿（Johannes Itten）以及后来的瓦西里·康定斯基（Wassily Kandinsky）、保罗·克利（Paul Klee）和作为访问教授的特奥·凡·杜斯堡（Theo van Doesburg）教授的初步课程上，他们都强调在基本几何形式和色彩方面的试验。从制度方面来讲，学校采取混合模式，在师资力量中有旧的学院派教授。他们在学院待到 1921 年，当时，在当地抗议活动之后，重新恢复了单独的艺术学院。接下来经历了一个当地政治上的敌对和极端的财政困难时期；包豪斯荣耀的公众时刻是 1923 年"包豪斯周"（Bauhauswoche）展览，当时图林根政府要求学校展出其工业原型。

格罗皮乌斯的名言"艺术与技术——一种新的统一"就是为 1923 年展览而提出的，这预示了包豪斯的下一个阶段。从 1924 年至 1928 年的这第二个阶段处于经济和政治局面相对稳定的时期。然而，在 1924 年大选中，政治的右倾切断了学校的资金来源，导致其在 1925 年搬迁到德绍。在新环境中，学校就专门设计的校舍进行谈判，开始转向市场经营，并且出售设计。拉兹洛·莫霍利-纳吉（László Moholy-Nagy）领导初步课程，奥斯卡·施莱默（Oskar Schlemmer）领导戏剧作坊、赫伯特·拜耶（Herbert Bayer）指导印刷作坊。广告成为作坊课程的一部分。功能主义取代了表现主义，尽管造型练习仍然结合在初步课程和作坊的课程中。学校制作了大部分宣传材料，后来随着格罗皮乌斯一起搬到了美国。学校还创立了一个出版计划，包括包豪斯的书籍、杂志、学校简介和目录，并且通过展览、商品交易会活动和包豪斯乐队的表演和戏剧，打造出强有力的公众形象。

在 1928 年，格罗皮乌斯将主任职位移交给汉斯·梅耶（Hannes Meyer）。梅耶时期从 1928 年延续至 1930 年，形成了包豪斯第三个阶段，也是文献记载最少的阶段，然而却是实践方面最成功的时期。建筑系终于成立，开始接受委托，进行设计工作。包豪斯产品的生产和许可权销售也增加了。学生参与政治活动也越来越多。学校颁发了第一批文凭。客观的、科学的设计方法成为教学核心，关注于产品设计标准化、生产技术的理性化，以及通过为国家建造房屋达成设计实践的政治化。

包豪斯的第四个阶段与经济危机卷土重来和国家社会主义兴起同时发生。梅耶被要求离职，路德维希·密斯·凡·德·罗这个奉行温和主义的人在 1930 年接替了该职位。内部政治活动主动压制下来，商业活动也减少了。教学回归形式主义。最终，区域政府在 1932 年关闭了这所学校。包豪斯搬迁到柏林，度过了短暂的时期，在 1933 年关闭。先前的包豪斯师傅现在依赖于个人的工作、展览和出版物为生，为着个人荣誉和学校声誉而奋斗。艾尔伯斯（Albers）、拜耶、格罗皮乌斯和莫霍利-纳吉在国外——主要是英国和美国——出版书籍和发表文章，其他包豪斯师傅追随其后。

在梅耶时期和密斯时期，包豪斯所获得的学术方面的关注比不上格罗皮乌斯时期。梅耶移民到了苏联，之后去了墨西哥；格罗皮乌斯与他公开敌对，批评他导致学校的状况衰落。与此同时，冷战时期对共产主义的"恐惧"，导致后来在包豪斯的出版物中几乎没有给予梅耶应有的地位和认可。密斯不情愿地在困难时期接管包豪斯这个烂摊子，他调整了策略，以外交手段与德绍的政客进行斡旋，同时追求独立的建筑实践。无论从政治方面还是从个人方面来讲，提升包豪斯的公众知名度、设计和建造成果都不是他的兴趣所在。

但是，在其 14 年历史中，包豪斯教学的基本结构始终相对稳定。它包括初步课程，接下来是选择一个工艺作坊，之后（从 1927 年开始）在建筑系学习。初步课程是由约翰·伊顿于 1919 年创立的，在 1921 年由格罗皮乌斯正式确立下来。课程一共有半年，在梅耶时期，课程持续一年。它由两部分组成："为初学者开设的、在作坊中对形式问题的基础教学，以及利用不同材料的实际试验"（Bayer 等 1975）。只有伊顿在初步课程中还包括了一些对历史先例的研究。

初步课程是这所学校对全世界艺术、设计与建筑教育真正最持久的贡献。它担当着几种重要的功能。首先，初步课程独立于作坊，发挥着关口的作用；学生必须通过这门课程，才能进入包豪斯正式的课程体系。它将学生已有的先见剥除，代之以新的理念。学生并不是"复制"生活（就像在艺术学院那样），而是对超现实主义和达达主义的拼贴、装置，进行即兴联系，借助随手可得的材料——工业文化的残渣碎片，包括报纸、刀片、闪光装饰片、铁轨枕木等——进行工作。各种材料拿来就用，去除关联意义［类似于超现实主义的间离（estrangement）］，重新装配起来，成为新的形式和意义（Buchloh 1982；Bürger 1984）。研究不仅仅是视觉的，也包括触觉。被蒙住眼睛的学生用双手来画图，以便"重新看"和"重新理解"。每堂课开始的时候要做体操和呼吸练习，使心灵和身体平静下来，做好准备，这样就能产生"新人"。伊顿还使色环的使用和对大师作品的几何分析广为人知（尽管这不是他发明的）。后来的初步课程师傅拉兹洛·莫霍利－纳吉和约瑟夫·艾尔伯斯（Josef Albers）继续用形式和色彩进行工作，但是删除了伊顿的体育锻炼和先例研究。

学生通过初步课程之后，就注册进入作坊——在整个包豪斯历史中，注册人数是不断变化的。作坊阶段持续三年。和初步课程一样，也分为两个相关的部分：形式教学（Formlehre）和工艺教学（Werklehre）。形式教学包括观察、表现和构成：观察关注于大自然和材料的形式研究；表现包括画法几何、构造技术和平面设计以及模型制作；构成包括空间、设计和色彩理论。工艺教学将实践知识和经验结合起来：在材料、工具、簿记、估算与合同，以及实际手工艺方面的教学。工艺和形式最初是由一位具有技术资质的工艺师傅（专长于技术）和一位艺术家（专长于造型）分别教授的——试图整合他们的教学工作。学生通过相关的行会合法地成为一位师傅的学徒。在 1924 年之后，包豪斯开始雇佣本校毕业生，将技术导师和艺术家合为一个人。作坊训练三年（在梅耶时期改为两年半）之后，可以获得熟练工资格，通过行会考试获得认证。

包豪斯课程的最后阶段包括建筑教学。包豪斯后来作为建筑学校的声誉，是由于格罗皮乌斯在学校的成立宣言中将建筑学（Bau 的意思是建筑）提升为所有其他课程领域的理想和实践目标——艺术创作的综合（总体艺术）（Bayer 等 1975）。然而，实际上，建筑系直到 1927 年才成立。即便在梅耶时期，它也只是少数最具天赋的学生的最终去向；大多数学生是男性（如果说不是所有都是男性的话）。

对学术自治、历史主义和唯美主义的拒绝是包豪斯课程中的重要部分。包豪斯将历史看作不值得信赖的，将艺术家、设计师和建筑师的任务看作从"白板"（tabula rasa）——清白的历史——开始，并且无视艺术、手工艺和建筑学之间的旧有等级。然而，对历史的拒绝，以及将高端艺术和低端艺术的结合遭到了反对。几乎在包豪斯刚成立之后，就有纷纷攘攘的要求，希望关闭包豪斯，重新恢复艺术学院的地位。这些呼声赢得了如此之多的公众支持，以至于到 1920 年对学校的稳定造成了真正的挑战。当地的媒体这样写道："我们无法负担同时扶持两所学校，魏玛的命运取决于我们的艺术学院……我们的未来发展不能站在使我们的历史如此辉煌的事物的对立面"（Miller Lane 1968）。艺术学院刚刚恢复，抗议声就停止了。包豪斯没能说服魏玛市民看到其远景；在德绍再次经历同样的失败。然而，尽管在14 年中三易其址，包豪斯的教育模式仍然再度呈现，并扩展到全世界各个角落。

第 2 章　梦之屋

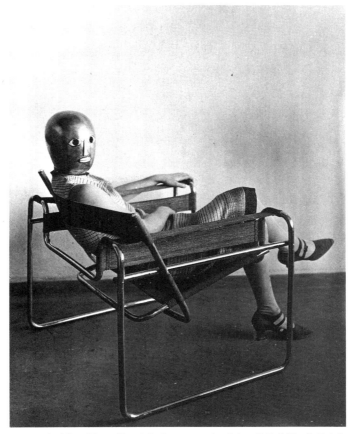

图 2.1　包豪斯一景：丽兹·拜尔（Lis Beyer），也有可能是艾斯·格罗皮乌斯（Ise Gropius），带着戏剧面具坐在马歇·布劳耶（Marcel Breuer）设计的 1925 年钢管扶手椅上，德绍包豪斯，大约 1926 年。
图片来源：埃里希·孔塞米勒（Erich Consemüller）（摄影）；柏林包豪斯档案馆 © 斯特凡·孔塞米勒（Stefan Consemüller）

理论

批评理论一直是本书潜藏动机的核心，本书吸取了关于专业形成、精神分析、女性主义、商品美学、意识形态、现代性和全球化方面的批判性文章，从而在更广泛 的历史和空间语境下来理解包豪斯。然而，同样，这种批评性框架显然主要根植于欧美历史，带有它所包含的所有固步自封的特点。欧美理论的历史，正如其历史一样，本身也可以被理论化；将之联系到资本主义、现代性、殖民主义和全球化的兴起，它所提供的（常常是宏大的）叙事，质疑并巩固了某些文化超越其他文化这一现象的合法性。[1] 本书尽可能地将这样的理论进行情境化。

为了将包豪斯作为文化商品来理解，本书吸取了卡尔·马克思关于资本和商品拜物教的著作（Marx 1961/1962）；为了探查包豪斯在视觉和空间形式方面的消费，本书吸取了瓦尔特·本雅明（Walter Benjamin）关于梦的意象（dream-images）、梦的空间（dream-spaces）和梦的意识（dream-consciousness）的著作（Benjamin 1968a，1968b，1999）。关于专业形成的社会学研究有助于探讨包豪斯在建筑、设计与艺术教育作为职业生活预备方面的各种（妥协和商品化的）形式（Burrage 和 Torstendahl 1990；Dingwall 和 Lewis 1983；Geison 1983）。弗洛伊德关于梦、性欲和文明的著作（Freud 1953a，1953b，1961，1964，1975）、拉康关于语言和认同形成（identity formation）的文章（Lacan 1968,1975,1977,1979）以及西尔弗曼（Silverman）关于认同形成和历史创伤的工作（Silverman 1992），扩展了对于与父权制相关的包豪斯身体认同（corporeal identity）的理解。包豪斯的意识形态再生产部分将通过论述文化资本的文本（Bourdieu 1977，1986a，1986b；Bourdieu 和 Passeron 1990）进行研究。更晚些的学者阿尔君·阿帕杜莱（Arjun Appadurai）、安东尼·霍普金斯（Anthony Hopkins）和简·内德韦恩·彼得斯（Jan Nederveen Pieterse）关于现代性和全球化所开展的研究性工作（Appadurai 1996；Hopkins 2002；Pieterse 2009）以及安东尼·金关于建筑学中的全球化和认同的研究，有助于将包豪斯置于全球化的经济、政治和文化动力中。关于现代性、殖民主义和全球化方面的学术成就所存在的讽刺意味，正如爱德华·萨义德（Edward Said）（Said1979）和其他作者（Spivak 1988，1993）所写的那样，在于——就像其商业和媒体对应物一样——西半球之外的各民族文化成为英美知识分子的殖民疆土这方面。本书也面临着同样的问题。

梦的意象

梦的意象、梦的空间和梦的意识的理论化最初起源于精神分析这一学科。精神分析渐次延伸到经济学和政治学领域，根植于马克思关于商品拜物教的经济理论，但是将精神分析运用到视觉和空间实践，则首先出现在法兰克福学派（Frankfurt School）——批评理论的发源地，时间就在魏玛共和国成立和包豪斯创办之后几年——的著作中。法兰克福学派和包豪斯在差不多同一时期随着纳粹势力的增强而关闭，在第二次世界大战后重新恢复其地位。从那之后，法兰克福学派的跨学科方法，跨越了社会科学、人文科学和艺术领域，提供了以批判性视角研究文化变迁的宽广平台，尽管这一平台仍旧是基于欧洲的。

在《拱廊计划》（Das Passagenwerk）（Benjamin 1999）中，法兰克福学派的理论家本雅明描述了 19 世纪巴黎的购物拱廊，其中充斥着由本土和殖民地劳动人民创造的商品，城市消费者的无意识空间行为（没有目的的漫步）和感知（没有目的的观看）如何将生产和交换的社会与政治矛盾置换到商品设计和建筑上。他把拱廊命名为"梦之屋"（dream-houses），栖居拱廊的人们叫做"做梦的集体"（dreaming collectives），其白日梦的对象叫做"梦的意象"。他相信，沉睡的集体能够在关键的"进入意识"之际醒来；到那时梦意象就成为辩证意象，其负面的内容（对劳动力的剥削和对资源的剥夺）以及乌托邦的潜在可能性（世界性的富足）释放出来，为政治行动所用。本书认为，就像拱廊的栖居者一样，包豪斯人（Bauhäusler）创造出他们自己的"梦空间"，在其中他们学会生产和消费图像、商品、建筑——还有他们自己。

尽管本雅明写的是关于建筑学，但是他受到了当代文化发展的影响，尤其是通过照相、电影和大众娱乐的方式形成的图像的批量生产。在《机器复制时代的艺术作品》（The Work of Art in the Age of Mechanical Reproduction）（Benjamin 1968a）中，他提出，就像建筑一样，新的大众意象（mass-imagery）是由不具批判性的公众通过漫无目的的感知来消费的。在他第一本，也是唯一完成的书《德国悲剧的起源》（The Origin of German Tragic Drama）中［本书受到贝托尔特·布莱希特（Bertolt Brecht）[①]的启发］，他不仅将戏剧创作视为梦的意象，而且将其看作辩证意象，用来"震撼"观众，使其清醒过来。他提出的拱廊（在此大众消费着空间和商品——作为梦的意象）与大众娱乐（在此大众消费着表演、照片和电影——同样作为梦的意象）之间的平行对应，使

---

① 德国戏剧家和诗人。——译者注

得建筑（拱廊）、工业设计（商品）、平面设计、广告和电影（大众传媒），以及戏剧（认同形成）联系了起来——所有这一切都是包豪斯的课程领域。

这些新的发展出现在本雅明时期的历史和地理语境中，即两次世界大战之间的魏玛共和国；因此，他的理论是在与包豪斯同样的文化、政治和经济环境中产生的，同时也试图解释这些环境。尽管本雅明敬重格罗皮乌斯，尤其是他那摈弃装饰的玻璃和钢铁建筑，但是，本雅明的理念主要来自犹太神秘主义、马克思主义、超现实主义和达达主义。其观点更接近西格蒙德·弗洛伊德，而不是亨利·福特（Henry Ford）。本雅明相信，工业资本主义的空间、客体和意象包含着一种无阶级的乌托邦表征；纳粹的独裁主义（导致本雅明本人的自杀）及其将大众场面（mass-spectacle）用作宣传，表明在当时这是一种天真的梦想。

但是，或者说，我甚至更为坚持地认为，本书所论证的是，将视觉和空间的学科批判性地理解为梦的意识——和觉醒的工具，以及维持、发展和改造这些学科的学术机构的工具，对于促进一个公平的社会和教育是极为重要的，这样才能够对抗空间和视觉环境的不加批判的生产，并对抗其生产者。

那么，从本雅明出发，可以将包豪斯比照于梦之屋。接下来的讨论概述了其他批评理论的框架，在此框架内探讨下述议题：将包豪斯及后来成立的学院作为"梦之屋"，将包豪斯的职业团体作为"做梦的集体"，其产品作为"梦的意象"，其网络作为"梦的涌流"。我们用这些框架来表明，在视觉和空间教育领域内，我们也可以从睡梦中醒来。这就涉及不仅与有形的历史和地理格格不入，而且也与无形的、无意识持有的理念背道而驰。

职业教育

做梦的集体不局限于本雅明所说的闲逛的购物者和泡电影院的人——或者说仅仅是包豪斯。教育，包括职业教育，通过学生和教师无意识地吸收集体认同（collective identities）的过程而生产出做梦的集体。正规的艺术、设计与建筑教育是作为职业生活的预备而开展的。为了理解这一点，我们有必要将职业及其教育体系作为社会创造物（social creations）来研究，也就是在不同的历史阶段和场所服务于特定目的社会的片段。

尽管人们认为职业不是自利（self-interested）的，但是情况正相反："职业试图通过市场封闭（market closure）来控制市场条件……那些尤其成功的，就是我们最终称之为'职业'的"（Burrage 和 Torstendahl 1990）。垄断取决于稀缺，这就提升了该职业的市场价值。标准化考试和认证维护着同质性，而高失败率则产生稀缺。垄断也需要得到强有力的社会团体的支持。在为职业工作提供合法性方面，社会——通过一定历史阶段的优势社会团体——提供了价值观，随后职业再生产这些价值观（Scott 1985）。因此，职业并没有如其常常所宣称的那样确定其知识或实践的自主性。

专业知识对于优势团体是有价值的，因为它既代表着权力的利益，也威胁着这种利益：

> 职业必须得到许可，才能执行某些我们社会的最危险的任务——介入我们的身体，为了我们未来得救的希望而说情，调节社会利益之间的权利与义务的冲突。然而，为了做到这一切，他们必须拥有犯罪的知识——神父是关于原罪方面的专家，医生是疾病的专家，律师是犯罪的专家——以及比较而言，当然也是相对而言，审视这些事物的能力。这就是职业的神秘性。其拥有特权的社会地位是一种激励机制，以便在揭露社会黑暗面，以及忍住不去利用其知识服务于罪恶的目的时，维护职业的忠诚性。
>
> （Dingwall 和 Lewis 1983：5）

正因为医生或律师不会主动产生生病的人或者有罪的囚犯，所以创意专业人士不会有意去实现视觉和空间的噩梦。正相反，职业垄断的权利形成了不言而喻的社会契约的一部分，依据这种契约，职业获取合法性，接着通过保护危险的知识而保护使其具有合法性的当局。

建筑、艺术与设计也不例外。建筑象征性地代表了财产法，这是经济和社会秩序构筑的基础，建筑通过无意识地为空间行为设定秩序而置换了社会冲突。建筑和设计两者都对庞大的全球材料和劳动力资源的使用产生影响。最重要的是，所有这三种职业都通过象征性的表征对意识形态进行操作化，并且绕过口头语言，协助调节着文化认可（cultural consent）。

如果优势社会团体需要保证专业人员能够保护危险的知识，接下来专业人员也需要维护垄断，那么，所有各方都必须确保知识和垄断两者都是得到控制的。这是通过一个专业人员的生产过程来实现的。垄断是通过稀缺来保护的——入学考试和高失败率，我们已经对此进行过讨论。危险的知识是通过职业道德规范来保护的。为了确保所有专业人员都能遵守，这一过程也依赖于同质性——标准化考试、技术培训、学术方法、资格认证、一致的实用技能和社会责任规范（Geison 1983）。那么，专业知识就不再是危险的知识了。一种职业越是接近权力，培训的同质性、道德规范，以及准入和认证过程就越严格，这一切形成了保护危险知识的铜墙铁壁。

然而，如果这些是专业知识仅有的类型，职业垄断是不能维持的。专业人员并不出售物质性的货品，而是知识，这是一种大部分能够在信息市场通过书籍、培训以及越来越流行的在线方式自由获取的商品。因此，为了维护垄断和价值，专业知识必须成为不可复制的，也就是私人化的，"与专家这个人是无法分开的……［并且］因此逐渐构成一种独特的财产"（Larson 1984：34）。在更早期的文本中，拉森解释说：

> 专业工作，就像任何其他形式的劳动力一样，仅仅是一种虚构的商品；它"不能与生命的其他部分分开，被贮存，或者被移动到其他地方……"所以，［由此而］得出的结论是，生产者本身也要被生产，如果其产品，或者说商品，要被给予一种独特形式的话。
>
> （Larson 1977：14）

知识必须被编码进专业人员的身体中。这就赋予职业社会契约以重要的身体组成部分。

因此，这些职业的价值依赖于"自然"状态的某些特质的提升，而不仅仅是有意识的学习。拉森断言道：

> ［职业教育］效果是以公认定义的非物质性限制条件，或者说内化的道德和认识论准则来衡量的。从一种意义上来说，这是不受个人影响的，因为它提出了最具一般性的知识诉求；然而，它也深受个人的影响，因为个人内化了他或她自己的文化的一般性和特定性话语，将之体验为他或她自己的意愿或理由的自然表达或延伸。
>
> （Larson 1984：35-36）

通过将某些职业特质结合，成为在无意识层面运作的个体行为和外在表现，专业主义就成为"沉睡的梦境"（dream-sleep）。接着就是专业自治的幻象；它们来自于将专业知识"自然化"为个人的"意愿"。这就能解释将关键的专业特质命名为"天生的"（natural）的原因——在建筑、设计与艺术领域，就是创造性和幻想之类的，也就是所谓的天分。

不像伦理道德，天分（及其具有的幻想和创造力机制）的实践至少从一开始就"不属于道德范畴"。它取决于持续不断的、常常是故意的、带有直觉性的、对公认理念的挑战、回避和颠覆，剥除旧的意义的形式，创造新的意义形式。因此，天分、幻想和创造性成为危险的知识，必须得到保护，以免遭到不具资质的团体的"偷窃"和"挑战"。它们被无意识地——一个人不能有意识地知道的东西，是不能教授给其他人的——传播到一种基于效仿的、直觉的、一对一的关系中，天分、创造性和幻想成为视觉和空间职业教育的"神秘"和"危险"之所在。

天分是建筑师、设计师和艺术家最重要的职业特质。它通过对于技术的、创造性的、实践的和社会的知识的类似神秘主义的整合，形成了关于权威的最强大的象征性度量。然而，这不是一种知识类型，而是一种特质，通过效仿受尊崇的英雄人物那些公认的、受尊重的行为方式而获得，这些人成为整合性与创造性的典范。因此，天分常常被视作是"天生的"——你要么有天分，要么没有——沃尔特·格罗皮乌斯相信这是没法教授的。它免除作为可复制的文化建构（有着社会经济的血统和功能）以及一种商品（有着市场价值）来进行检验。因此，包豪斯对于创造性过程的改良，成为社会经济和政治的行动。

认同形成

如果正规教育保护了职业垄断和同质性，而且如果其最危险的知识是通过无意识方式学到的，那么教育变化如何发生呢？

在弗洛伊德的精神分析中，自体是身份的三位一体。粗略说来，它由超我、本我和自我组成，超我是有俄狄浦斯情结的、审查梦的、高度道德的；本我是做梦的、直觉的、不受道德影响的；最后一个自我，是抚慰性的、有意识的调节者（Freud 1953a，1961，1964）。弗洛伊德提出的梦工作的主要机制是凝缩、置换和象征（从想法转换为图像）。因为文明的力量都包含着某些压制和否认。弗洛伊德将无意识视作创伤和审查机制的产物；梦是被压抑的愿望经过扭曲的满足，因为这样的愿望梦太具有威胁性，以至于不能直接表达（Freud 1953a：160）。然而，弗洛伊德的无意识允许"被压抑的内容的回归"；被压抑的愿望在意识层面被理解，重新回到意识中，将其从最初的创伤中释放出来，从而改变了过往的体验。法兰克福学派的理论家认为，批评理论也有着这种救治的潜力。

精神分析理论认为，自我的欲望客体——完整性和满足的状态——

永远都是无法得到的，因此，替代的方式是，通过否认最初的丧失将之压抑，继而寻找承诺给予虚幻的整合和满足的迷恋物。弗洛伊德的理论将"缺失"——寻找母亲，作为丧失了的完整性的客体——视作个性形成的核心。后来的精神分析理论家增添了形成自体的制度性力量，例如语言（拉康）和父权制（女性主义精神分析）；拉康通过创立"父亲之名"（Name-of-the Father）的术语，将语言和社会秩序在性别差异的基础上联系起来，巩固了文化和父权制之间的关联，为女性主义精神分析铺平了道路。

就像个体的身份认同一样，建筑师、设计师与艺术家的集体职业认同在更广泛的制度语境（语言和父权制）中形成，这些语境改变了其与权力之间的关系。当教育和职业经历以无意识的方式被经历的时候，它们就被动地再生产了这种制度语境。在强烈的社会创伤发生时，例如战争、革命或自然灾害，当创伤被整个文化有意识地经历时，这些语境就会发生改变。这就导致对认同的根本性的重新评估；在与男子气相一致的父权制社会中，权威性就会失稳（Silverman 1992）。文化再也不能维系旧的信仰；这些文化经历着根本性的改变，而且集体无意识得到了彻底的转变。这对于父权制来说是有问题的，其文化权威性取决于男子气的整合："原型男性主体无法在祈求男子气十足的咒语中识别'他自己'，在这样的历史性时刻，我们的社会就遭受深刻的'思想疲劳'（ideological fatigue）感之苦"。

在集体创伤期间，弗洛伊德的个体的"被压抑的内容的回归"就获得了强有力的社会和文化维度。共同的创伤（阶级、性别、民族、国家或种族的压迫、战争或自然灾害）释放了社会的梦——仍然是经过扭曲的——用于精神分析和转变。旧的"主导性虚构"（dominant fiction）破碎了：

> 虚构强调了意识形态的意象性（imagery）的特质，而不是其虚妄特质，而"主导性"与一种文化的图像、声音和叙事性细节的整体截然分开，常规的主体正是通过这些细节与象征秩序在精神上结盟。
>
> （Silverman 1992：54）

这种重新结盟是通过幻想发生的，通过在某些表征中指定和识别出愉悦，构建出新的客体和实践——图像、空间、声音和叙事——"那么，通过幻想，我们学会了如何去渴望"（Silverman 1992）。这暗示了在集体创伤的时刻，教育机构，例如包豪斯，能够利用幻想将社会文化变迁进行表征和上演。

文化资本

　　幻想是如何在视觉和空间教育中出现并发挥作用的呢？在职业环境中，无意识的认同形成服务于权力和专业人员的利益。社会学理论提出，专业特质必须被无意识地整合起来，以获取高价；精神分析理论指出了这是何时以及如何发生的，将创伤和幻想视作运转的机制。结构主义社会学家皮埃尔·布迪厄（Pierre Bourdieu）最透彻地研究了教育在联结认同形成和价值方面发挥的作用。结构主义就像法兰克福学派一样（它们有着共同的学术根基），产生于两次世界大战之间的时期，成为二战之后欧洲和北美主导的知识体系。它关注于调节意义和价值的结构，也倡导社会科学、人文科学和艺术之间的跨学科分析。尽管因其过于简单化地强调结构而遭到批评，但是结构主义仍然是有用的，尤其在设计教育领域，在这些领域，实践常常是在无意识层面运作的，逃避了检验。

　　布迪厄将教育视作权力的实践，在此，互为竞争的团体试图通过象征资本来占有、维持和增进权威性。象征资本包含经济的、社会的和文化的形式，对布迪厄来说，是根植于社会关系的；其功能是积累象征性的社会特权。他在"资本的形式"（The Forms of Capital）一文中引入和发展了这些概念，确定其三种主要类别。经济资本包括金钱和财产；社会资本由社会关系和影响力网络组成；然而，文化资本

> 　　能够以三种形态存在：身体化的（*embodied*）形态，也就是说，存在于长期形成的、心灵和身体的性情倾向中；客体化的（objectified）形态，以文化物品的形式（图片、书籍、字典、工具、机器等等）存在，它们是理论的线索或实现，或者是对这些理论、问题等等的批判，以及制度化的（*institutionalized*）形态，一种必须单独列出的客体化形式，正如在教育资质的情形中将要看到的，它为假定要得到保证的文化资本赋予了最初的全部属性。
>
> （Bourdieu 1986b：243）

　　尽管经济资本和社会资本易于理解，就像客体化和制度化的文化资本一样，但是，身体化的文化资本并不是那么直接显见的——因为其获得是无意识的；这是一个自我完善或自我修养的直觉性过程。

　　布迪厄将个体获得身体化的文化资本的空间描述为惯习（*habitus*）。这个术语源于古典时期和中世纪哲学，巧妙地将气质或状态（一种特质）的

拉丁语释义与习惯（无意识行为）的概念和身体的外形（外表）结合起来。惯习调节着身体和实践的生产，以及文化资本的再生产，而"无须以任何方式成为服从规则的结果"，并且"无须成为管理者精心策划的行为的结果"（Bourdieu 1977：72）。它将社会价值赋予身体的符号，例如身体语言、肤色、性别、着装、说话方式、口音和其他构成认同的要素。

教室——在视觉和空间教育中，以及在包豪斯，可以理解为作坊——就是惯习的一个例子。教育——在此之前是家庭①——通过对于以无意识方式赋予价值的身体和行为的社会品质进行选择、分阶层和确认，对惯习进行再生产。在资本主义社会，经济资本（财富）的获得，以及在较少的程度上，社会资本（阶级地位）的获得需要金钱。以其客体化（事物）和制度化（教育）的形式获得文化资本，则需要品味。品味是身体化的文化资本（优雅高贵的举止、教养、性格）的一部分，其获得需要时间和努力；只有有闲阶层才有这样的时间和精力，也支付得起时间和精力。尽管象征资本的几种类型是相互联系的，但是身体化的文化资本是最难拥有和保持的，因为它是以无意识的方式获得的。

教育提供了必需的时间，而且当教学以效仿的形式进行时，也提供了身体化的文化资本的传播和整合的无意识过程。它提供制度化的文化资本，构建社会资本的网络；视觉和空间教育也不例外。客体化的文化资本产生于"高端"的艺术、设计与建筑产品，以及艺术、设计与建筑市场。组成身体化的文化资本的要素（外表、行为、言论）形成了戏剧和时尚的核心关注点。幻想有助于认同、文化客体、空间和事件的创造。总体上来说，它位于视觉与空间教育的核心。它不仅塑造个体和集体的认同，也塑造着社会特权、权威性和舆论；这是危险的知识。所有这些就形成了包豪斯教育的要素，并在其文化遗产中传承下去。

商品拜物教

幻想对于工业资本主义是重要的，因为它为批量生产的商品创造出意义。马克思在《资本论》第一卷中引入了商品的概念，他认为这是"一个外界的对象，一个靠自己的属性来满足人的某种需要的物"；本书通篇所使用的商品概念是马克思理论所讨论的，而不是更狭义的商业所理解的。马

---

① 我们所经历的第一个"惯习"是家庭，这就是我们开始建立身体化的文化资本的环境。学校成为接下来的环境，身体化的文化资本的建立是通过我们与玩伴的互动。——译者根据作者解释注

克思将资本主义经济看作取决于劳动分工和对劳动力的剥削，以创造出商品；将其属性分割为使用价值和交换价值，抽取出交换机制；由工人阶级为中产阶级创造剩余价值。创造商品的劳动是通过商品拜物教——创造出虚构的联想，赋予批量生产的物品以独特性的"氛围"（auras），以维持对其消费的渴望——来揭示出的。他将从 15 世纪以来的生产的现代资产阶级形式（资本主义）看作取决于生产过程中几次重大的变迁：本土劳动力的扩散和竞争；通过殖民获取剩余劳动力和材料；通过工业化以机器劳动取代人工。

罗杰·斯克鲁顿（Roger Scruton）在其《政治思想辞典》（*A Dictionary of Political Thought*）中，将马克思关于商品拜物教的观点概括为

> 商品的天性，以揭示其生产过程中的社会属性。通过看上去似乎是自动的市场法则，交换价值似乎是商品的一种客观而固有的属性，引诱想要获取它的人付出劳动。然而，事实上，这种价值本身（根据劳动力理论）也是通过人类劳动生产出来的。因此，人类的劳动似乎不是人类的特性，而是人类所生产的东西的一种虚幻的力量。
>
> （1982：76）

因此，商品拜物教是通过创造出批量生产物品的独特性幻想而运作的。它揭示了生产出商品及其价值的社会（今天也包括环境）生产和交换的不公平。然而，马克思最初忽略了商品消费和拜物教，认为它们对于资本主义来说是"无关紧要的"；与此相反，现在显然这两者对于资本主义的生存来说是核心的——相反的观点是，"商品的问题……在所有方面都［是］资本主义社会的核心的、结构性的问题"（Lukács 1971）。

法兰克福学派对于商品深感兴趣，其成员研究了资本主义的一个新领域——文化产业，包括电影、图文并茂的杂志、音乐录制等等。曼德尔论述了"劳动力的机器化、标准化、过度专业化和切割化（parcellization），在过去，这仅仅限定在实际工业的商品生产领域，而今渗透到社会生活的所有领域。"他对教育得出的结论是"大学、音乐学院和博物馆的'盈利能力'开始以砌砖和螺丝厂同样方法来计算"。文化和教育活动变成了商业。布迪厄在描述创造身体化的文化资本所需的时间和努力时，实际上在描述文化劳动力的类似形式："资本就是劳动力的累积（以其物质化的形式或'法人组织的'、身体化的形式）"（Bourdieu 1986b）。专业人员和学生成了商品，

创造其身体化的文化资本的劳动通过拜物教被抹去或取代，就像批量生产的物品一样。尽管专业人员和学生主要是通过智力工作，并在社会中具有社会特权的层面生产其自身，并被生产出来，但是，他们的身体和实践遵循着商品拜物教编织出的谎言。就像工业品一样，专业人员也是商品，在全球市场上进行交易。

现代性与全球化

专业主义的出现不仅与工业资本主义相关，而且与现代性、殖民主义和全球化相关。尽管现代性这一术语在西欧思想中有着漫长的历史，但是在艺术、建筑与设计史中的用法是不一致的。"现代"（modern）这一术语在 16 世纪已经出现，这个时期现在称之为"早期现代"时期（King 2004）。金关于这一术语的历史表明，取决于这一术语使用哪一种定义，以及在哪一个学科群体（人文学科或社会科学）中使用，其历史是不同的。直到最近，在建筑、设计与视觉艺术领域，现代性——或其更经常使用的术语，即现代主义——的历史要短得多。这一历史与工业化相关，大约从 19 世纪晚期持续到 20 世纪中叶。在这个更狭窄的时间跨度内，包豪斯预示着（在当时也预示着）不仅是艺术的、设计的与建筑的现代主义路标，而且也预示着现代性的独特缩影。

在社会科学领域，现代性的含义是不同的。它与中世纪的结束，以及资本主义、殖民主义、帝国主义、民主、科学和工业化的出现相关联，这里只列举了这些包罗万象的术语中的一部分，它们所引发的时间跨度达四个世纪，影响遍及全球。作为一个术语，直到最近，它还没有被空间化，因此，在欧美思想中，仍然在很大程度上无视其自身产生的假设以及先占观念①。殖民主义和资本主义是交织在一起的，一个地方的人力和物质资源

---

① 我所使用的关于现代性的观念大约是 20 世纪由西欧和北美知识分子提出的。大多数理论家没有意识到他们的观念是西欧和北美文化辩论（非西方的理论家没有积极参与到关于现代性的这些理念的提出过程中）的产物（出身），并且也聚焦于现代性的西方优先考虑之中。总的来说，西方理论家希望将其提出的理论放之四海皆准，并且忘记了关于生活、艺术、社会、文化等的观念是具有地域特殊性的。这是一种殖民的姿态，这类西方理论家没有意识到这一点。所以我说，读者可以跳过这一章，这是非常以欧洲为中心的。以我作为作者的思考方式，对于中国读者来说，如果想要理解西方文化理论，阅读这一章可能是有用的。但是其中没有一种理论是由远东知识分子提出的，这一点我认为是个问题。但这个问题我无法解决，因为我不知道在哪里能找到关于现代性的非西方理论，假使有这样的理论存在的话，因此我也不曾读过这样的著作。——作者在此处针对中国读者作的解释

注入到另一个地方。在文化领域内，现代性与殖民主义之间的关联也是很重要的；两者都取决于基于普遍进步和空间透明性（被殖民的领土作为现代性剧本的"白板"）而提出的认同和线性历史的中央化的（主导的）和普遍性的（占优势的）理念。因此，随着后殖民主义的出现，主要的理论家将现代性的概念根植于帝国主义和殖民主义的语境中，并在此语境中展开批评（Appadurai 1996；Spivak 1988）。

全球化这一术语尽管在更近的时期才使用，但是，它也类似地被延伸到涵盖广泛的现象，从经济、政治和文化理论到商业实践。它在 20 世纪 60 年代产生于社会科学领域，在 20 世纪 90 年代得到普遍的学术性使用和大众使用（作为一个商业术语，解释全球化的生产过程）。它也仍然在进行着空间化和历史化。最近的历史研究指出了全球化的早期中国形式和伊斯兰教形式，以挑战目前的欧美先占观念，并且表明，资本主义的后帝国扩张就是其历史表现之一，包含了古老的、原型的、现代的和后殖民的模式（Hopkins 2002）。后两个时期——第一个时期与工业化、民族国家和殖民的白热化相关，而第二个时期与超地域的（supra-territorial）（后帝国的）组织相关——是本书的研究重点。这类研究表明，全球化不仅仅是政治和经济方面的不平坦的过程，也是地理和文化方面的不平坦的过程。全球化使得空间和时间崩解，导致了全世界的连接性、文化去地域化（de-territorialization）以及混杂的亚文化群——媒体和通信技术爆炸的结果。全球化的特征是大众传播和移民，以及由此产生的混杂的认同，在全球性的生产和消费中，全球化以差异为给养，并且压制着差异（Pieterse 2009）。全球化延伸到日常生活的无数方面，包括空间、生活消费品和服务的设计，其独特的流动性和复杂性为分散化（decentralization）和世界主义（cosmopolitanism）提供了给养，为文化创意和抵制提供了机遇。论辩还在继续演进；因此，全球化不仅还在定义的过程中，而且（就像现代性一样）也是"金杯毒酒"（poisoned chalice），深受在其历史和空间范畴内成问题的浮夸的影响（King 2004）。然而，在学术界内外，这一术语越来越得到运用，反映了其作为知识体系的重要性，以及作为商业、政治和媒体，以及艺术、建筑、设计和城市发展的过程，越来越具有重要的意义。

在《漫谈现代性》（*Modernity at Large*）中，阿尔君·阿帕杜莱（Arjun Appadurai）基于"断裂理论"将现代性与全球化联结起来，该理论"将媒体和移民作为其两个主要的，并且是互相关联的变音符号"（Appadurai 1996：3）。阿帕杜莱引用了拉什和乌利（Urry）的文献，强调了全球化的、无组织的资本主义的空间非特异性方面，明确了全球化文化流（cultural flows）的五个维度："a）种族景观，b）媒体景观，c）技术景观，d）金融景观；e）意识形态景观"（引文同上；Lash 和 Urry 1987）。其他学者增加了"建成景观"（builtscapes）的概念。这些术语分别（以及在我下文的解释中粗略地）指的是：a）人——难民、游客或者外来工；b）大众媒体及内容，尤其是以其数字形式；c）技术——不论是工业技术、数字技术还是智能技术；d）金钱——货币市场或股票市场；e）意识形态，紧密联系着媒体景观，因为它们是由媒体和通过媒体传播的。就像全球化一样，这些都是概括性的表述，然而，对于本书的部分主题提供了有用的联结。种族景观将人口的流动与认同形成和突变联结起来；媒体景观指向全球化的文化产业和本土的反主流文化；技术景观明确了科学、工业和知识的核心地位；金融景观指的是商品交换和金钱的商品化，而意识形态景观试图确保舆论——意识形态中"所有事情真的便是如此"仍然真的便是如此（Althusser 1984）。

文化流的概念解释了现代性所呈现的人、观念、物体和图像的机动性，强调了文化作为全球化资本主义引擎的核心地位。这些概念将全球化模式进行了理论化和空间化，它们还需要进行重新政治化——作为全球化权力的流动（或表现）。约瑟夫·奈（Joseph Nye）撰写的《软权力——在世界政治中获胜的途径》（*Soft Power：The Means to Success in World Politics*）（Nye 2004）中，以及马修·弗雷泽（Matthew Fraser）撰写的《大规模消遣武器——软权力和美帝国》（*Weapons of Mass Distraction：Soft Power and American Empire*）中，都探讨了与美国在 20 世纪的支配地位相关的消费主义、流行文化以及媒体带来的"软"诱惑，如何常常比军事占领和经济胁迫这样的"硬"权力——"软"诱惑所取代的，或者说使之隐形的——更为有效。软权力也引发隐含的意义，将资本主义和消费主义与男性认同联系起来——为二战中的战败国呈现一种便利的男性偶像化，即他们是（日用消费品）的提供者，而不是一个在政治上难以消化得多的（战败的）武士形象。

本书的组织结构部分地来源于这些概念的形成。在第二部分"魏玛共和国时期，1919~1933 年"，主要是研究了魏玛德国语境下的包豪斯，这两个章节分别研究了包豪斯的认同形成和经济结构，这也是魏玛这个民族国家的动力，其历史、经济和文化与包豪斯是平行相关的。第三部分"欧洲及欧洲以外地区，1919~1968 年"，研究了包豪斯作为跨越国界的现象，最终与美国的"软"权力结盟；因此，这两个章节以批评的视角探究了在这所学校的全球性扩张中信息流动和移民的模式。

在《全球文化的空间》（*Spaces of Global Cultures*）中，金将社会科学对于全球化的研究与文化认同的形成联系起来，包括媒体和移民的影响，将之与历史和地理环境中城市与建筑建成形式的特定案例联系起来，其范围从英帝国时期的印度到当代的中国（King 2004）。他的案例研究形式深入到特定的空间和历史瞬间，从内部和底层①考虑全球化的范围。因此，尽管全球化的理论构架有助于对于将包豪斯的演化作为一种全球化的现象展开分析，但是，案例研究，有时甚至特定的瞬间或事件，作为标记，也被用来尽可能特定地研究其历史和地理、其社团的形成和改变，以及其观念与创作的生产、流通和消费。

---

①　来自上层的全球化，就是被主要力量——国际化的企业、政府、媒体批发式营销等——所驱动的全球化。来自底层的全球化是由个人的经历，有时是最穷困的人的经历所加诸的。所以一个印度尼西亚的村民从一个德国亲戚那里接受金钱的救济或衣物，这就改变了这个村民的生活方式（买了一台电视机或者再也不穿传统的裹裙了），这就是经历了来自底层的全球化。坦率地说，我也不确定本书里这样描述是不是最佳的方式，因为"上层"和"底层"在实践中难以区分。——作者在此处针对中国读者作的解释

第二部分

魏玛共和国时期，
1919~1933 年

第3章　藏尸屋

身体

> 当我第一次看到包豪斯张贴的公告，上面装饰着费宁格（Feininger）的木刻画，我就问包豪斯是什么样子的。有人告诉我，"在入学考试时，每一位申请者都被关进一间黑屋子。对他施以电闪雷鸣，使之处于一种兴奋而焦虑的状态。他是否能被录取，取决于他如何精彩地描述他的反应。"
>
> 摘自一封学生的信，包豪斯 1919–1928 年（Bayer 等 1975：18）

包豪斯的历史或多或少地与魏玛共和国的历史是同义的。包豪斯在1919年成立，比德意志帝国的下野、魏玛共和国的成立及其新宪法的设立晚一年，包豪斯也随着1933年魏玛共和国的解散以及希特勒被任命为总理而关闭。魏玛共和国的成立和结束都处在巨大的变化之中，其14年的历史曾经被称作"现代性的实验室——政治、经济和社会范式的一套盛装。"魏玛共和国激发了包豪斯的许多教育理念，然而也阻止了其实现（Kaes 等 1994：xvii–xviii）。

魏玛共和国，就像我们今天所称之的那样，在1919年成立时，其正式名称是德意志帝国（Deutsches Reich），通常就称为德国。它是以1917年的苏维埃革命为模板，产生于德国1918年的十一月革命；这个不稳定的联合政府由社会民主利益集团担任领导，签署了1918年的停战协议，终止了德国的战争。在1919年1月大选之后，政治动荡仍然持续，国民议会搬迁到魏玛这座城市。不久之后，包豪斯就在此成立。这个新成立的民族国家根据其新首都被非正式地称作魏玛共和国，其正式名称太接近战前声名扫地的德意志帝国（German Empire）。尽管原来的德意志帝国成立于19世纪，作为一些小国家的联合体，围绕着一种共同的德意志认同的浪漫主义概念而确立，但是魏玛共和国作为一个国家的地缘政治边界，与作为一个民族的文化认同并不一致。有些操德语的领土，如法国的阿尔萨斯，被割让给了第一次世界大战时的协约国；说德语的奥地利，也被类似地瓜分了，仍然是与德国分开的。民族性的愿望和作为一个国家的愿景之间的冲突，最终导致希特勒上台和第三帝国的崛起。包豪斯在这种文化和政治氛围中诞生是极为重要的，因为这所学校成为这个新兴民族国家的认同试验的一部分。

第一次世界大战的后果是产生前所未料的政治、经济和社会巨变。德国在停战协议中几乎没有得到什么让步。这份协议取消了德国军队，在莱茵河地区建立了法国占领区，并且要求非常严苛的赔偿，最终摧毁了君主制、贵族和普鲁士政府在百姓心中的信任（Heiber 1993）。这一危机在十一月革命和魏玛共和国时期达到顶峰；不久之后，帝国就垮台了。再隔9个月，凡尔赛协议正式认定了德国在法国、波兰、立陶宛、比利时及其非洲和太平洋岛国殖民地领土的丧失。该协议明确了德国应对战争负责，正式确定了巨额赔偿。这个新兴的民族国家的第一年在贫困、绝望和被强加的内疚中结束了（引文同上）。

然而，魏玛共和国议会最初在政治上是温和的，后来才成为极端主义。共和国出现在政治融合的时期，没有任何一个党派占主导地位（Kaes 等 1994：35-6）。帝国声名扫地；其对立面——俄国社会主义——使很多德国人感到怀疑。轰轰烈烈的斯巴达同盟运动引发了十一月革命，但是其规模小，寿命短，成为德国布尔什维克主义“恐怖”的象征，而不是其效力。其领导卡尔·李卜克内西（Karl Liebknecht）和罗莎·卢森堡（Rosa Luxemburg）在1919年1月被暗杀，就在魏玛共和国宪法正式宣布的几天之前。在政治右翼中，是同样轰轰烈烈但小规模的德国国家人民党，它支持君主制、种族纯粹和国家主义。同时还存在着其他政治影响有限的党派；魏玛议会中的主要团体是中间派，包括德国社会民主党、天主教中央党和德国人民党。

中间派政治来自于战前的中央集权倾向，在第一次世界大战中得到由工人阶级赢得的特许权的进一步巩固：

> 因此，当政府发现有必要动员所有可能的人力，并在1916年通过了《预备服务法案》（Auxiliary Service Act）时，这实际上将整个平民工作人口都推向了战争的边缘，参加工会的工人赢得了重要的特许权。

（Reich 1938：22）

　　此外，"军事当局通过满足战时订单，对雇主施加压力，与工会代表谈判，这些雇主已经准备好集体来应对劳工"（Reich 1938）。参照俄国苏维埃的工作委员会从战时工人与国家之间的社会契约开始起步，逐渐发展起来。这些组织包括成立于 1918 年的艺术劳工委员会；格罗皮乌斯就是一个创办委员。战前成立的其他组织将熟练工人聚集在一起，类似于中世纪行会。不同于工会的是，它们不是革命的，而且还得到中产阶级的、中间派的支持。

　　中间派政治好景不长。社会民主党在十一月革命中号召过军队，失去了选民信任。魏玛宪法是在匆忙之下写就的，留有许多有问题的条款，最终成为温和派政党的灾难（Kaes 等 1994）。按比例分配的代表造成多个小党派。由于极左派和极右派的权力相当，政治领域变得极化。这使魏玛共和国成为政治和文化实验的温室，同时也阻碍了永久的政治稳定，最终导致共和国的分裂。

　　柏林与普鲁士政权有牵连，而且在 1918 年仍然政治不稳定，所以，取而代之的是，省级城市魏玛被选中成为宣布宪法和国民议会开会的场所——一个底蕴深厚的传统小镇，并且是歌德和席勒的故乡，以及学院派绘画的发源地：

　　　　魏玛在物质上充斥着公爵历史的遗泽，它那由公园、花园和宫殿组成的错综复杂的景色，使其成为德国最迷人的历史城镇之一。魏玛对于传统艺术形式的依恋……得到公爵创办的艺术学院所在地的强有力促进。成立于 1860 年的学院，到 20 世纪初，已经拥有闻名全国的声誉，令人难以忘怀……因此，魏玛因其漂亮的新古典建筑、重要的学院派绘画学校，以及与宗教文学传统的关联而闻名于德国。其市民的自豪感很大程度上取决于这些与历史的关联。

　　　　　　　　　　　　　　　　　　　　　　　（Miller Lane 1968：70-71）

　　国民议会出现在魏玛很快就成为一个问题。它加剧了该市的住房短缺，迫使主张进步的国家、区域和大都市的政治活动落户在一个保守的地方行政机构。魏玛市议会由"君主政体的公务员、退伍军人、领取退休金的公务员以及被吸纳进新政府的大公的官员"组成（Droste 1993）。就像地方新闻界一样，其观念是守旧的、国家主义的，害怕布尔什维克主义、知识分子、种族多样化和文化变迁。因此，将包豪斯设在魏玛从一开始就是有问题的，尽管当学校搬迁到德绍时，这个模式再次重演。市政当权派和国家政治之间的张力，以及随后的主张进步和反动的政治头面人物之间的紧张状态，导致不断重复的试验和压制的循环。

第一次世界大战对人们造成的身心影响加剧了社会动荡。战争造成200万德国人丧生，400万人残废或患有心理疾病（Kaes 等 1994）。政客和知识界人士这样看待这次灾难：

> 一个人体验到的、对于他有意识的内心来说太强烈或太恐怖，以至于难以理解和修通的任何事物，都下沉到他的精神世界的无意识层面。就像矿藏一样，等待着整个精神结构的爆发。
>
> （Kaes 等 1994：8）

战争扰乱了德国的社会心理凝聚力。由极端主义社会团伙进行的政治和文化活动填充了意识形态领域的真空。由于社会关系脱离了帝国的历史，这些活动提升了对于德国的国家主义、有感召力的领袖、神秘的浪漫主义以及由仪式化的男子气为典范的肉体的纪律——准军事性质的自由军团（Freikorps）这样的组织——不加评判的信仰（Kaes 等 1994）。德国的国家主义中伤犹太"他者"；大约 75 个国家主义组织倡导种族和文化纯粹性，这一点在保守的省份如魏玛，比在主张进步的大城市要表现得更为强烈（引文同上）。甚至一些左翼政党也有反对外国移民的条款。以哲学家，如赫尔曼·凯瑟林公爵（Hermann Kayserling）为代表的种族主义，将现代社会大众的物质欲望与"黑鬼"的懒惰联系在一起（引文同上）。

犹太种族成为显然最受嘲弄的对象。大批犹太人逃离俄国和波兰，来到德国，以躲避迫害（Kaes 等 1994）。公众觉察到这些异族新移民，以及其他的外国犹太人（其中有些人曾经参与十一月革命），使这些"跨国"犹太人成为对德国的国家性的象征性威胁。国立教育机构，例如包豪斯，被不断要求提供统计数据，以证明其国家主义和种族纯粹性。国家主义与神秘主义结盟：神智论者、人智论、裸体主义者、拜火教徒、佛教徒和素食者（包括希特勒）都颂扬肉体的纪律、精神和种族的纯粹性、自然、手足情谊、男子气概和为母之道。神秘主义在音乐、戏剧和艺术中滋长着：

> 先前的表现主义剧作家阿诺尔特·布隆内（Arnolt Bronnen）在 1913 年提出要建造一座国家主义的剧场，这表明对于一种神话

般的、狂热崇拜的旨趣的渴望是非常强烈的，而不是理性的公众旨趣。19 世纪的作曲家理查德·瓦格纳（Richard Wagner）极力颂扬通过恢复公共的、去个性化的、不要理性的庆典，来复兴德国文化，这一点在魏玛得到回应，在 20 世纪 30 年代的纳粹阅兵典礼中得到实现。

（Kaes 等 1994：331）

对身体的狂热崇拜，例如体操、节食、卫生、日光浴以及有组织的体育活动变得非常流行，对抗着德国人的心理耗竭：

> 到 20 世纪 20 年代中期，运动和对身体的新感觉（Körpersinn）重新给予德国人的生活以能量，甚至只要匆匆浏览一下带插图的报纸杂志，就会发现有无数描绘人们从事各式各样运动的例子，例如，跳跃、跑步、在空中飞翔、跳舞，以及做体操。
>
> （Kaes 等 1994：675）

这一危机也挑战了性别传统。很多妇女在第一次世界大战期间就已经进入工作场所，接受高等教育，形成众多妇女组织。宪法提出人人都有选举权，111 位妇女进入新议会（Kaes 等 1994）。到 1925 年，"1150 万妇女——超过劳动力总数的三分之一——参加工作，养活自己"（引文同上）。新成立的魏玛共和国 妇女活在"当下"，"并且按照自己的意愿"来生活（引文同上）。妇女结婚年龄推迟，或者根本不结婚；开放婚姻不断增加。表面上看，性别角色和外表处在不断变化之中。就像在欧洲其他地方一样，妇女穿男人的服装，剪短了头发，过着独立于男人的社交生活。女性学生成群结队地涌向包豪斯，因为这里不需要高中升大学的成绩，她们满心欢喜地赞颂包豪斯的创造性，正如根塔·施塔德勒 – 斯托尔策（Gunta Stadler-Stölzl）的艺术作品所展现的那样（见图 3.1）。

然而，妇女对其身体、愿望和社会角色的控制既不全面，也是短暂的。魏玛法律准则禁止堕胎；德国刑法认为女同性恋（和同性恋）是非法的。妇女成为白领工人中的大多数，但是报酬比男人少 10%~15%。很多人居住在家里，常常与父母或者兄弟姐妹共享一间住房（Kaes 等 1994）。随着 1929 年之后的经济危机日益加剧，她们威胁到男性的就业和社会地位。纳粹党（德国国家社会主义工人党）为分娩提供资金激励；许多妇女对工作不再抱有幻想，回归家庭。到 1933 年，很多妇女组织都解散了，妇女加入

图3.1　根塔·施塔德勒－斯托尔策（Gunta Stadler-Stölzl），自画像，选自"包豪斯9年——纪事"（9 Jahre Bauhaus-Eine Chronik）小册子，1928年。
图片来源：马库斯·哈夫利克（Markus Hawlik，摄影）。柏林包豪斯档案馆 © 2010 纽约艺术家权益协会（Artists Rights Society–ARS）/ 波恩 VG 图片艺术博物馆（VG Buid-Kunst）

右翼党派，在传统角色中寻求满足（引文同上）。

魏玛共和国设法解决作为一个德国人（*Volk*）的民族认同和作为一个民主国家的国际声誉之间的矛盾。战争、经济和社会危机造成的影响，导致对文化和行为的深刻的重新评估。在旧秩序转变为新秩序的过程中，经济、社会和文化的冲突骤然加剧，有些是第一次出现的。新的大众媒体使国家和工业界对于艺术、建筑与教育产生特殊兴趣，将它们作为表达新的意识的工具。大众娱乐、先锋文化活动和新媒体快速增长。经济灾难与繁荣时期轮番到来，工人阶级的贫困与机会主义的投机行为相对峙。在政治方面，民主制度的起落导致左翼和右翼之间的极大张力。战争创伤，失去全球领土，以及大量移民加剧了失业、饥饿和无家可归这种实实在在的痛苦，在最根本的层面上挑战了社会认同。这样的艰难困苦撼动了传承下来的信仰及其掌握舆论的能力。因而就出现一个对政治、社会和文化认同进行试验的时期，造成种族、阶级和性别方面的长期影响。

在整个欧洲，第一次世界大战造成的巨大损失已经摧毁了集体无意识，无论战胜国还是战败国都体验到战争的创伤，并且拒绝这一段历史。然而，德国作为最大的战败国，在第一次世界大战结束时死伤无数；三分之一的德国人战死，另外三分之一成为身体或心理上的残疾。劳动力大量减少，领土缩减，殖民地消失，德国的经济和社会问题比战胜国的问题要严重得多。德国武装力量的毁灭关涉到一个时代的终结（Miller Lane 1968）。因此，毫不奇怪的是，对于旧的社会秩序的不信任，以及对于引领社会革命的精神力量的神秘信仰，形成了对于危机的某种回应。

包豪斯也经历了信任危机，囊括了从社会认同到艺术、设计与建筑学的领域。旧的形式与旧的社会秩序关联起来；先锋团体，包括格罗皮乌斯和陶特，都拒绝这些旧的形式。陶特后来写道：

> 不可能利用任何战前的传统，因为那个时期被预先认为是造成历史不幸的原因，并且因为那些日子的所有成就似乎都或多或少地与战争起源有牵连。
>
> （Taut 1929：92–93）

格罗皮乌斯是在战争中受伤的士兵，他承认这种断裂：

> 今天的艺术家生活在一个没有教条、分崩离析的时代。他在精神上是独自一人的。旧形式土崩瓦解，僵化的世界正在松动，

旧的人类精神正在废止，摇摇晃晃迈向新的形式。我们在空间中
漂浮，然而还不能感知到新的秩序。

（Gropius 1919b：32）

神秘的、精神上的重生是新社会关系的前提条件。格罗皮乌斯写道：
"只有在精神革命中，政治革命完成时，我们才能成为自由的"（Gropius 等
1919a）。对认同危机的解决方案就是生产出一种全新的人。格罗皮乌斯继
续写道："首先，人必须被构建出来；只有到这时，艺术家才能给他制作漂
亮的新衣服。当前的人类必须开始更新，使自己恢复活力，实现新的人性，
即普适的人的生命形式。"

幻想

现在非常著名的 1919 年包豪斯创立宣言封面上，莱昂耐尔·费宁格
（Lyonel Feininger）所画的一座哥特式教堂木刻画，以及内页中格罗皮乌斯
对于手工艺人和集体创作的新时代的颂扬，暗示出建筑代表了新社会：

让我们一同构想和创造未来的新建筑，用它把建筑、雕塑与
绘画组合在一个单一的统一体里，终有一天，它将从上百万的工
人手中耸立于天际，这是新信念的明晰的象征。

（Bayer 等 1975：16）

对新信仰的渴望是对于战争的直接回应。很多包豪斯学生和一些师傅
"直接从现役来到这里，希望有机会迎接一个新开端，给予他们的生活以
意义"（Droste 1993）。T·勒克斯·费宁格（T. Lux Feininger）注意到："几
乎所有人都曾经在军队中服役，这是一种新的类型、新的一代"（Neumann
1993）。[1]

转变首先在于重新上演了战时认同的瓦解。在伊顿的初步课程中，他
倡导学生追求身体的放松，这样他们的心灵就能够释放出全部的创造潜力：
"请起立。你们必须放松，彻底放松，否则你们就无法工作。转动你们的头。
就这样！再转！你们的颈子还在睡大觉呢！"（Neumann 1993）。学生们放
弃了身体的自主性，将控制的丧失制度化，以此作为对半军事化纪律的服从，
重新排练了战争体验。他们的身体象征性地被摧毁了，然后在新的包豪斯
认同和信仰中重建：

　　巨大的需求建立在我们的自我克制之上，如果当条件太艰苦，或饥渴太强烈，我们偶尔犯错的话，因我们有信条的强力支持，知道合适的方法，这样我们就不会像其他人那样在巨大的混乱中崩溃，这样大体上我们还是感到愉快，并具优越感的。

（Neumann 1993：48）

殖民和战争的隐喻被唤起，来引领一个无法控制的世界：

　　包豪斯理念的无与伦比的突击行动，来自于一群人目标的统一，他们使自己强健来应对混乱。在这种隔离中不存在什么象牙塔。这是一个先锋在其堡垒中必要的防御：他想要在这片土地中建立自己。

（Neumann 1993：186）

　　通过身体和精神的训练来解决创伤有着多种多样的形式。制服、姿势和颂歌是关键的元素："设计了（一件）包豪斯罩袍，发明了包豪斯口哨和包豪斯式的敬礼"（Neumann 1993）。在第二次世界大战结束后很久，罗塔·施赖尔（Lothar Schreyer）写道："我还留着包豪斯的旧罩袍，还会穿它"（引文同上）。学生们为"解读"身体构建出精巧和准确的规则：

　　当我们握着某个人的手时，我们能够从握手方式、皮肤的干燥或潮湿程度，以及其他迹象，看出比他所感到的舒适更多的关于他的信息。他的语调、走路的姿态、每一个无意识做出的姿势都泄露了他。我们认为我们可以看穿任何人，因为我们的方式使我们比那些从无怀疑的人更有优势。

（Neumann 1993：49）

　　伊顿的教学尤其有意识地利用教育来改革客体及其创造者。在初步课程中，他要求学生把战争画出来；他高度赞扬了一位从来没有参军的学生的抽象画，而拒绝真正退伍军人的作品。学生们欣然加入对于那些试图将其经历表现成栩栩如生图画的人的谴责。

　　对创伤的重演能够释放其无意识的、被压抑的，以及神经症的表征，将其带入意识中，从身体中分离出来，如此产生治愈的效果。随之而来的是对战争神经症的标准治疗。精神分析师恩斯特·西美尔（Ernst Simmel）在 1918 年写道："只有自我保护机制，伴随着对情感涌动的释放，并将其联系到单独的器官、外部表现症状和表达症状的行动方面，才能阻止对内心平衡状态的永久扰动。"（Kaes 等 1994）。

然而，战争神经症太具有威胁性了，因此，它只能通过对分裂、被动的身体以及幻想完整性的梦意象的扭曲间接地表达，这些都包含在服从的体制中。尽管有这种受虐狂式的，有时是同性爱式的元素，这些体制依赖于传统的、稳定的认同，以及师生之间的等级关系。

如果说心理创伤是战争的一个遗产，那么，饥饿是另一个。经济危机和极度通货膨胀使德国人难以获得甚至最基本的食物，导致半饥荒状态。保罗·西特罗昂（Paul Citroen）注意到："在德国，由于经济通货膨胀造成的崩溃，充足而体面的食品只能以极其昂贵的价格获取……其结果是造成普遍营养不良，肠胃疾病成了家常便饭……"（Neumann 1993）。不仅是穷人，中产阶级也深受其害。包豪斯也未能幸免。有些学生因为战争受伤而成为残废；其他学生由于营养不良和缺乏药品而生病："均衡饮食是我青少年时期最基本的关注点。那是多么糟糕的岁月啊！通货膨胀急速扩大，而我们总是担心每天的面包在哪里"（引文同上）。新的神秘主义信条宣称能恢复精神完整性。最具影响力的是玛兹达教派（Mazdaznan），这是由伊顿在早年引入并使之半制度化的。[2] 作为一种与拜火教相关的古代波斯宗教，这个教派倡导素食的饮食规则、深呼吸、肠道和肉体的清洗，承诺这样就能恢复身体的完整性。除了玛兹达教派的艺术体操和呼吸训练以外，学生们也模仿伊顿的外表，包括他的着装和光头："当有一天伊顿宣布头发是罪恶的符号时，他那些最热情的弟子们全都剃了光头。然后我们就这样在魏玛走来走去"（Neumann 1993）。学生们写了一首包豪斯之歌，开头是提问"伊顿、穆希（Muche）还是玛兹达？"接下来是回答"玛兹达、玛兹达"，并且用一种古老的德国曲调哼唱；玛兹达足够重要，才会出现在"包豪斯：1919~1928 年"展览的目录中（Bayer 等 1975）。

玛兹达教义尤其吸引那些付不起基本医疗费的人："它自然会吸引所有有着身体缺陷或常规医疗途径无法缓解的疾病的人……我们大多数人都不那么健康"（Bayer 等 1975）。包豪斯厨房也遵循着玛兹达教义的原则。包豪斯副业生产地和果园供应蔬菜和水果，用这些基本的，尽管几乎是不充分的营养避开通货膨胀的经济形式。玛兹达教义对素食和禁食的推崇，使得一种必要性——既是经济上也是实际上不可避免的——具有一种正式的形式。然而，玛兹达教义也将实际的食品短缺提升到一种积极的象征短缺层面（通过禁食和严格饮食规则的自我克制，引导到更高的灵性层面）。就像创伤重演一样，禁食使学生能够接受不可避免的饥饿，通过幻想来补偿。它"打开了未知的感受领域……最终，离开这种崇高的、几乎是超自然的状态，真是一种遗憾"（引文同上）。学生们会服用强烈的泻药，并且根据个人情况不同，在一到两周内不吃任何食物："斋戒是我们训练的最精彩部分……我们尝试，并且实际上获得了一种彻底的、内部的身体清洁，假使能够严格遵守指示，最重要的是，以明智的方式结束斋戒"（引文同上）。

其他仪式包括高温沐浴（在其中一次沐浴中，一位半饥饿的学生晕厥过去，这是可以理解的）、泻药，以及用灰或木炭用力擦洗身体，以清洁心灵。其中有些是怪诞的：

> 其中有一种小型针状打孔机，我们要用它来刺皮肤。然后要用同样辛辣的油来摩擦身体，这种油是作为泻药来用的。几天以后，所有的针眼就会破溃、结痂或者长出脓疱——这种油将皮肤深层的废物和杂质吸到了表面。现在，我们已经准备好可以用绷带绑扎起来了。但是，我们必须卖力工作，流汗，然后再持续断食，溃疡就会干结。至少书上是这样说的。实际情况是，针刺并没有按照计划或我们的愿望进行，之后的几个月，我们就要受搔痒的折磨。
>
> （Bayer 等 1975：51-52）

禁食、沐浴、流汗、锻炼以及在身体上留下伤痕这些方法，将生活的匮乏转变为愉悦的事情（见图 3.2）。受虐狂式的仪式将对分裂的恐惧置换到身体的物理运动上，使这些恐惧更加能控制。伊顿的"放松"训练、光头（消解了多毛与男性性征之间的基督教联结）和玛兹达教派的仪式，使得从属关系的生活体验色情化，用珍贵的表扬和社会归属感回报他们的服从。

放荡

身体控制的机制解决旧有的、过时的价值体系，包括阶级和性别。埃里希·利斯纳（Erich Lissner）写道："我属于学徒和熟练工，对很多包豪斯成员来说也是如此，他们就像我一样，穿着一种俄罗斯的罩袍和

Masdasnan-kuren

图 3.2 "玛兹达教派疗法"（Mazdaznan cures），保罗·西特罗昂（Paul Citroen），大约 1922 年。
图片来源：柏林包豪斯档案馆 ©2010 纽约艺术家权协会（ARS）/ 波恩 VG 图片艺术博物馆

凉鞋。这是对中产阶级常规习俗的抗议"（Neumann 1993）。尽管罩袍实际上曾经是俄国战犯穿的，但这是能够买得起的最便宜的衣服，它们使学生将其半旧不新的衣服重新构想为反对资产阶级的象征，而取代了自身的贫穷。

很多魏玛市民做得截然相反——试图恢复战前资产阶级的贵族生活方式，如果说不能恢复其实质的话，至少是恢复符号象征。对旧学院的普遍支持就是一个例子，在市民和学院师生之间产生了冲突。费利克斯·克利（Felix Klee，保罗·克利的儿子）写道："我们在魏玛过着非常隔绝的生活。我们常常遭到这个城镇居民的全然抵制"（Neumann 1993）。图特·施莱默（Tut Schlemmer，奥斯卡·施莱默的妻子）回应了克利的观点："有人惹恼了市民，他们觉得受到伤害——我相信这些庸人在很长时间内会记得我们"（引文同上）。到 1924 年，师生们面临着来自当地的激烈批评。魏玛市民将他们对于社会分裂的恐惧象征性地投射到了包豪斯这个团体上。大众媒体、地方政客、文化要人以及旧学院的职员都拒绝包豪斯的教义,他们因对学校的恐惧而联合起来。米勒·莱恩引用一位叫做康拉德·诺恩(Konrad Nonn)的当地杂志记者的言论,他发誓说:"包豪斯教学的主观主义只不过是释放导致混乱的本能"(Miller Lane 1968)。

更为强烈的恐惧是关于性别的。师生们利用外表来颠倒男性和女性气质的刻板印象。图特·施莱默写道:"起先人们都不修边幅。男孩子留长头发,女孩子穿短裙。人们穿没有硬领的衣服或者不穿长袜,这在当时是令人震惊和放肆、越轨的"(Neumann 1993)(见图 3.3)。[3] 老师们也操弄着性别认同。包豪斯的戏剧和庆典颠覆了性别角色:"在埃尔姆施罗斯琛饭店的舞台上,施莱默设计了两段场景,角色都是无头的。男孩子演女人的角色,反过来也是一样"(引文同上:43)。魏玛市民将这种性别游戏解释为简直就是性犯罪——男女乱交。一篇刊载于 1924 年 6 月 13 日《魏玛新闻》(Weimarische Zeitung)的关于包豪斯的文章声称,淫乱是包豪斯的普遍现象,并宣称有一个学生怀孕了,另一个学生与老师有染。这篇文章警告说"必须阻止人

图 3.3 希尔德·兰茨(Hilde Rantsch)和马里亚姆·玛丽–路易斯·马努奇安(Myriam Marie–Louise Manuckian)双人肖像,大约 1927 年。
图片来源:格里特·卡林–菲舍尔(Grit Kallin-Fischer,摄影),柏林包豪斯档案馆

们将他们的儿女送到那里去"（未署名 1924c，引自 Miller Lane 1968：81）。当然也有一些辩解理由。E·迈克尔·琼斯（E. Michael Jones）这样描写格罗皮乌斯："到他在包豪斯第一年的第二个学期，他也已经与一位年轻的、有吸引力的学生寡妇有了性关系"（Jones 1995）。格罗皮乌斯与玛丽亚·贝内曼（Maria Beneman）的绯闻不是一次性的越轨差错。在他与阿尔玛·马勒（Alma Mahler）离婚的时期内，平行发生的是与他的情人莉莉·希尔德布兰特（Lily Hildebrandt）的关系；其他包豪斯人也有类似的行为。

魏玛市民对于包豪斯的拒斥，并将其视作堕落腐化的温床，将性道德与政治品德联系起来。《魏玛新闻》中的这篇文章继续写道："所有这种后果，都可以在包豪斯这个社区的生活中看到！！！……我们不需要去命名每一个单独的情形，在这些事情中［不道德］……被学生们公开地颂扬"（未署名 1924c，引自 Miller Lane 1968：81）。一方面性犯罪威胁着政治稳定；另一方面，学校反常规的教学方式被认为等同于对卫生的威胁。米勒·莱恩引用了一份魏玛当地出版的、批评魏玛包豪斯的文章："它罗列了学生和教职员工中不道德行为的种种情形……而且描述了学生中不卫生的例子，据说是由学校的教学方法造成的"（未署名 1924b）。包豪斯社团的这种自我选择的"他者性"，不得不经由重新构建为"疯狂"进行控制。罗塔·施赖尔观察到："很多魏玛人（Weimaraners）［原文如此］①叫我们包豪斯人，听上去就像罪犯一样——充满恐怖和惧怕的味道"（Neumann 1993）。

新闻界对学校的批评最终延伸成为种族主义者的话语。米勒·莱恩写道："总的来说，反犹太主义在魏玛的公开辩论中仅仅发挥了非常小的作用，但是，它竟然出现了，这一点是具有预言性的"（Miller Lane 1968）。魏玛的杂志声称，包豪斯包容了具有"颠覆性"的犹太布尔什维克，并提到一些教师的国籍，如康定斯基。这种批评延伸到了包豪斯的建筑。在 1922 年，随着在魏玛右翼观点的兴起，包豪斯的建筑设计在当地的一份耶拿报纸中被忽略，不再进行评论，将之视作"试图回归劣等种族的原始艺术形式"（Buschmann 1922）。这样的攻击迫使包豪斯公布统计数据，以表明几乎所有的学生都是德国人，或者具有德国血统。[4] 然而，《来自魏玛包豪斯》（*Vom Weimarer Bauhaus*）刊载了一篇匿名的反犹太观点的文章，对此进行了回应，反驳了这些统计数据，声称，正相反，德国身份是一个种族问题，而不是一个国籍问题（未署名 1919，引自 Miller Lane 1968）。

---

① 一般来说 Weimaraner 这个单词指的是一种狗，即魏玛伦纳猎狗（狗的名字的确来源于魏玛），这个词不常用来描述魏玛市民。在此处，原文献的确这样将魏玛市民描述为魏玛伦纳，就像狗的名字一样。——译者根据作者解释注

魏玛市民通过将包豪斯视作"外来"实体——淫乱、疯狂、劣等民族，控制着包豪斯对他们无意识信仰的威胁。包豪斯试验在当地几乎得不到任何接纳，导致学校在政治和文化方面越来越隔离。其对认同的建构越来越成为关注于内部，以及国际化的，而不是关注于当地的。

庆典

学校对社会规范的挑战不仅仅涉及那些半受虐的仪式。其他认同通过包豪斯庆典和戏剧这两种途径表现出来。从一开始，庆典就成为创造能量的主要出口。伊顿写道："为了建设包豪斯——为了宣扬它——为了联合——不同的力量——为了把不同的力量联合起来——为了组织起不同的力量——将不同的力量打造成为一个统一的有机体——使这些力量的自由运动达到和谐，达到节日的欢庆。游戏变成庆典——庆典变成工作——工作变成游戏"（Itten 1972）。

展览会开幕式、生日或音乐会上的会演和舞蹈，或者就是展演和舞蹈本身，在早期是尤其受欢迎的。一个学年中跨越了四个主要的节日。格罗皮乌斯在 5 月的生日与传统的灯节（Lantern Festival）碰巧在一起。一个月以后，就要过仲夏夜节（Midsummer-night Festival）。费利克斯·克利写道："篝火被点燃了，我们勇敢而大胆地在火苗上方跳来跳去"（Neumann 1993）。在 10 月，学生们会组织龙节（Dragon Festival）（风筝节（Kite Festival）），只有一次，穿越魏玛的游行队伍使市民感到愉悦（见图 3.4）。最后一个庆典，是在圣诞节人们庆祝圣诞季。庆典与包豪斯戏剧是相关联的。"每个人都以极大的热情为之［庆典］而工作。奥斯卡·施莱默尤其为之准备他的戏剧"（引文同上）。庆典比戏剧更具有影响力，因为人人参与其中：

> 我亲爱的朋友，你简直不知道在包豪斯庆典有多重要——常常比课堂重要得多。它们使得师傅、熟练工和学徒之间联系更加紧密……师傅以更为积极的方式向学生释放其影响力。他们能够更自由地发展，因为有足够的时间，而且在其个人发展中，不受到过于严格的日程表的束缚。而且反过来，学生对老师也是如此。人们可以把这称作"鲜活的平等交换"（living give and take），我再也没有经历过如此的场面。
>
> （Neumann 1993：44）

图 3.4 魏玛的风筝节，1921~1922 年。
图片来源：柏林包豪斯档案馆

　　"鲜活的平等交换"直觉性地描述了通过这种协商性游戏产生的集体认同。这种仪式看上去似乎是无足轻重的，但是却形成了社团，展现了幻想，通过这样的幻想，学校学会如何去渴望和实施新的认同。

　　庆典是自愿的，然而，人人参与其中。由于它们是放松的时刻，其内容不需要在意识层面进行检查。桑迪·沙文斯基（Xanti Schawinsky）写道："在即兴的舞蹈和业余的戏剧演出中，身体偶然撞击在一起，并且因此以放松的心情，参与到诙谐，然而却是准确的思想交流中，使得在与世隔绝的工作中，心灵忙碌起来"（Neumann 1993）。庆典中也鼓励以材料和形式做试验：为灯节而制作的纸灯笼、为圣诞季而制作的礼物、为龙节制作的风筝等。学生们乐于制作和分享这些精心准备的物品；老师们也参与其中。一件在格罗皮乌斯生日那天送给他的礼物尤其说明问题，这是一组抽象画组成的画册，这些绘画基于一张照片，照片上是一个对着大众讲话的喇叭。

　　庆典提供了展现即兴创作的着装和行为的机遇——包豪斯学生在白日梦的瞬间中发现了认同——通过戏剧服装、面具和舞蹈："而且我们还跳我们的包豪斯舞。这种舞蹈有着严格的规则：这是一种充满激情的顿足，为此我们需要更多的空间。我们成双成对地跳舞，并不拥抱在一起，而是分开的——今天的舞蹈常常让我想起这些往事"（Neumann 1993）。不同于传统舞蹈，每一个跳舞的人可以短暂地与其他人配对跳舞，这是对社会流动性的一种形式化表达。演出服装也很重要。学生们花了大量的时间，用珍贵的材料来制作服装；没有穿着适当的派对服装的师生常常要支付更昂贵的会演入场费。不同于伊顿课上"那些不可思议的练习"，师生们才是认同的缔造者。

很多庆典是公共事件，包括游行、啤酒馆表演、乡村聚会以及在学校举办的庆典。最显眼的就是风筝节，在魏玛上方的小山丘上进行庆祝，"在那里，我们放飞我们制作的抽象的龙，让其随风飘荡，这对于山下的市民来说，真是极大的惊奇"（Neumann 1993）。图特·施莱默（Tut Schlemmer）还增加了一些描述："它们［风筝］……被骄傲地举着，穿越整个城市，因此，与一些愤怒的市民和解了，使他们成为我们的朋友"（引文同上）。庆典作为连接着魏玛市民和包豪斯人和活动的少数成功瞬间之一，是充满戏剧性的、玩闹性质的，甚至是超现实的：

> 在一片喧嚷声中，一名学生装扮成天使的模样，把一只封口的洗衣篓拖到门口，撕开封口，简直就是把礼物抛向了我们中间。都是些大大小小的包裹，上面写着名字。我们充满期待地打开一个，发现里面还有一个小一点的包裹，写着另一个名字。每个包裹都传来传去，直到最后，真正的最后一个才是装的礼物……施莱默夫妇刚刚拥有两个女儿，卡琳（Karin）和贾娜（Jaina），她们是在美景宫（Belvedere Palace）的马车房出生的。那天晚上，奥斯卡得到了另外 13 个拥有奇妙的、充满想象力的名字的女儿。
>
> （Neumann 1993：43–44）

玩闹的精神有时取代了庆典最初的功能："每年秋天，人们都要以充满幻想的创意来庆祝风筝节，有时这些风筝的创意如此美妙，以至于甚至都不能飞上天"（Neumann 1993）。当"传统"与"游戏"联结起来的时候，庆典就成为不那么具有威胁性的梦意象，而保守的市民也可以从中得到乐趣。它们是集体欲望的非正式舞台，形成了惯习的基本形式，迎接学校的正式改革。

戏剧

包豪斯庆典中体现的非正式幻想，直接对应着在戏剧中体现的正式的课程试验，当时，戏剧是在戏剧作坊里教授的。包豪斯戏剧的地位非常重要，所以被挑选出来，作为一种"更高层面的统一"的体现。仅仅建筑能够与之相提并论，之后不久格罗皮乌斯在那篇现在非常著名的、1923 年论述《包豪斯的理论和组织》(The Theory and Organisation of the Bauhaus)的文章中对此做出了结论。这是 1923 年"包豪斯周"展览和 1938 年现代艺术博物馆举办的"包豪斯：1919~1928 年"展览的核心组成部分：

> 戏剧表演有着一种交响乐般的统一性，与建筑紧密相连。正如在建筑中，每一个单元的特质都汇集在整体的、更高层次的生命中一样。所以，在戏剧中，大量艺术问题根据自身法则形成了一个更高层面的统一体……其节目由与舞台特定相关的所有问题的新的和清晰的构成而组成。空间、身体、运动，以及形式、光线、色彩和声音的特殊问题得到探索；训练则在于身体运动、音乐声和话语声的调和方面；舞台空间和形象是给定的形式。
>
> 包豪斯戏剧寻求恢复所有感官的原始愉悦，而不仅仅是审美愉悦。
>
> （Bayer 等 1975：29）

在当时，施莱默对于德绍包豪斯舞台作坊的描述，成为展览目录中格罗皮乌斯、阿尔弗雷德·巴尔（Alfred Barr）以及亚历山大·杜尔纳（Alexander Dorner）的文章之后最长的文本（Beyer 等 1975）。

正如初步课程和作坊训练学生将造型和技术整合起来一样，包豪斯舞台将人的外表和行为转变为审美形式。将戏剧和建筑一起置于课程的核心，就是认识到包豪斯教育延伸到课程之外，从而通过幻想（戏剧）和现实（建筑）来重构空间行为（见图 3.5）。实际上，因为学生在第二年和第三年才进入戏剧作坊，然后才能进入建筑系，而后者直到 1927 年才成立。因此，戏剧成为包豪斯第一个、也是持续了很长时间的空间和程序的试验。空间和形象的梦意象产生在建构性和程序性的创造之前；戏剧产生于建筑之前。

尽管在 1919 年，学校没有地方容纳戏剧作坊，但是，戏剧如此之重要，以至于能够找得到的空间都被利用起来。罗塔·施赖尔从 1921 年到 1923 年间领导这个作坊，但是作坊获得国际声誉是在奥斯卡·施莱默领导之下，他在 1923 年接替了施赖尔。这个作坊制作了演出的方方面面用品，从服装和面具到场景、机械系统，以及灯光；施莱默亲自写了其中的很多剧本。戏剧在魏玛和魏玛以外的地方上演，成为学校具有影响力的招牌面孔。在到包豪斯执教之前,施莱默曾经教授绘画以及石雕和木雕课程。因此，

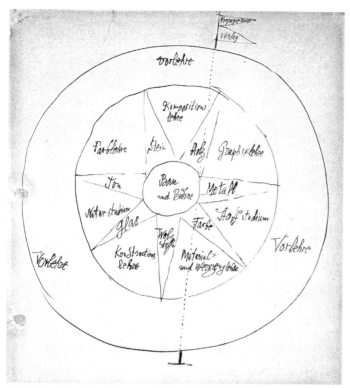

图 3.5 国立包豪斯学校的理念和结构，保罗·克利，1922 年。
图片来源：马库斯·哈夫利克（摄影），柏林包豪斯档案馆 © 2010 纽约艺术家权利协会（ARS）/ 波恩 VG 图片艺术博物馆

他用来探索人体形象和空间的工具是绘画性的和雕塑性的——形式、色彩和空间。他的雄心在于"制造白板，放弃所有先前的既定因素，然后重新开始，不带偏见的，从 ABC 开始，也就是说，从基本元素开始"（Neumann 1993）。他将从初步课程和其他作坊中发展而来的抽象形式改造成空间中的身体。这样一种总体艺术是包豪斯设计原则的合法制度化延伸，形成包豪斯社团最清晰的、最有意识操作的镜像。包豪斯戏剧利用学生的身体来扮演，以及身体按照学校的要求来行动，从而消解了个人与集体之间的区分，机构正是通过这种区分将其自身与个人生活区别开。它间接地认可了玛兹达教义关于身体控制的机制，将庆典的"现货的'平等交换'"正式化，并公开地结合了包豪斯的意识形态——形成了包豪斯惯习的支点。

　　包豪斯戏剧中的身体有着特殊的认同。对性别的指称要么被抹去，要么两种性别结合在同一个形象中。动作大部分都被限制在无声表演和哑剧

的范围。词语是分开的，常常是视觉元素的叠加，其中并没有叙事："我们希望能理解词语，并不是作为文学来理解，而是从元素的意义，作为事件来理解，好像它们第一次被听到一样"。后来，讲话就全部去除了，以鼓励其他形式的交流。对导演的服从被夸大了："人被作为事件来呈现……他们通过服装和面具来变形；他们的动作就像没有生命的玩偶、就像牵线木偶，因此，成为人物的可能的夸张形式"（Neumann 1993）。尽管在传统西方戏剧中，人物形象一直是自然主义幻象的工具，在包豪斯，它成为戏剧性的自动机——形式、灯光、运动，有时还有话语等等的组装，将演员的身体机器化。受到机器启发的、抽象的几何研究，给予施莱默的服装和人体动作以大量的信息：

> 让我们考虑一下仅仅由形式、色彩和灯光的运动组成的戏剧。如果运动是纯粹机器化的，不涉及任何人类，而是由站在配电板边上的人产生的，那么，整个的概念就可能具有一架巨大的自动机的精确度。
>
> （Bayer 等 1975：162-164）

但是，施莱默也立刻重申了演员作为一种交流性的、欲望的存在："由形式、色彩和光线以理性方式构筑的世界的对立面；他是那些未知的、当下的和超验的东西的容器——一个有血有肉的有机体"（Bayer 等1975）。然而，这样的"有血有肉"被身体的抽象否认了，也就是去除话语、语调变化和自发姿态。在很多施莱默的表演中对性别的抹除，强化了这样的雌雄同体性。在包豪斯庆典中公开探索的幻想的流动性和玩闹性质失去了。

包豪斯主妇

回归对社会规范的依从是缓慢而不可逆转的。格罗皮乌斯认识到包豪斯最初对社会和性别传统的拒绝在当地产生的政治后果。这也是他和伊顿之间越来越出现分歧的部分。在伊顿于 1923 年离开之后，这种差异越发明显。随着 1924 年经济恢复稳定性，包豪斯越来越赞赏更为传统的身体认同。越来越关注于标准化、批量生产，以及与工业界的合作，导致格罗皮乌斯声称，艺术家应当穿着常规服装。当然，这可以被理解为男人的服装；父亲的形象，包括格罗皮乌斯本人，继续被顶礼膜拜。

　　这种效仿的做法在伊顿时代就已经开始。学生十分尊敬领导的距离感和权威，然而，也乐于用近距离的、更加个人化的关系来克服这种崇敬感：

　　　伊顿散发着独特的光彩。人们几乎要称这种光彩为神圣。我
　　们倾向于悄声细语地接近他；我们的崇敬是压倒性的，当他愉快地、
　　无拘无束地与我们交流时，我们都完全被迷住了，感到十分高兴。

　　　　　　　　　　　　　　　　　　　　（Neumann 1993：47）

　　格罗皮乌斯也成为一个英雄。整个包豪斯团体都注意到他的生日——其日期接近灯节："在每年的 5 月 18 号，我们在庆祝传统灯节时，都要庆祝格罗皮乌斯的生日……在节日之前，黄昏时分，我们聚集在包豪斯，点燃我们自制的灯笼"（Neumann 1993）。师傅们也尊崇格罗皮乌斯。拜耶写了一首《向格罗皮乌斯致敬》（*Homage to Gropius*）的诗，这是一首关于他们首次会晤的赞歌，其中包含以下节选：

　　　格罗皮乌斯身穿黑长裤、白衬衫，系着细长的黑领结，
　　　还有短短的、天然色调的鹿皮夹克，
　　　随着每一个动作发出吱吱的摩擦声。
　　　他那短短的胡须、匀称的身材、敏捷的动作，
　　　使他具有战士的神韵，
　　　（事实上他直到最近都是一名战士）。
　　　格罗皮乌斯的着装风格，
　　　与包豪斯圈子里普遍怪异的个人主义外表，
　　　截然相反。
　　　这就是他的观点的宣言，
　　　即新时代艺术家不必要通过着装反对社会，
　　　以便从一开始，
　　　就使他与其身处的世界截然分开。

　　　　　　　　　　　　　　　　　　　（Neumann 1993：142）

　　在"包豪斯：1919~1928 年"展览的目录中，格罗皮乌斯是以包豪斯的"父亲"的形象而呈现的。在现代艺术博物馆馆长阿尔弗雷德·巴尔所写的序言，以及艺术史学家和当时的新德国移民亚历山大·杜尔纳撰写的包豪斯历史简介之后，是横贯两页的格罗皮乌斯介绍。在顶部，格罗皮乌斯大幅照片——

是目录内所有人物中最大的照片——上方，是他的签名。下部是他的夫人艾斯的一幅小照片（大约四分之一大小）。在两张照片的右边，是写着格罗皮乌斯履历的文本栏；对页是他来到包豪斯之前完成的建成项目。在艾斯照片的左边，是她的婚前姓，以及她来到包豪斯的日期——1923年，比格罗皮乌斯来到包豪斯的时间晚了很多，暗示着（也是正确的）她是在包豪斯作为一名学生身份认识格罗皮乌斯的。再也没有关于她的其他信息，除了她作为目录联合作者的角色之外：她的履历没有出现在末尾，也没有出现在生平注释中，而其他包豪斯重要人物的履历或生平都罗列出来。[5] 实际上，只有一位女性的履历被列在目录中，即根塔·施塔德勒－斯托尔策（Gunta Stadler-Stölzl）。

艾斯·格罗皮乌斯不像她丈夫那样看着照相机，正相反，她心事重重地看着右方，好像是看着他丈夫生产出来的建筑。她的手臂举起来，似乎指着格罗皮乌斯的建筑，但是在肩膀处被照片的边界裁掉了。艾斯的边缘化由另一个微妙的效果所强化。不像上方的格罗皮乌斯的照片，以及右边他设计的建筑的图片，艾斯照片的顶部和右手边有一个白色的细边框，几乎难以注意到，强调了这像是一幅画。照片右侧有一片小小的，几乎看不出来的阴影，进一步强调了她那像挂在墙上的画一样的地位。横跨两页的版面代表了格罗皮乌斯作为包豪斯创办者（他的签名是作者权的符号）以及家长（他的大照片位于他妻子的小"图画"上方）的地位，并强调了这一地位，而他妻子的地位就是一个小小的"表征"。进一步证明格罗皮乌斯地位的证据在于他的显赫的履历，而更重要的证据在于他的建筑，这证明了他的生产能力。这些照片和建筑物甚至排在下面两页的1919年包豪斯宣言的前面；人排在机构的前面。那么，接下来的跨页容纳了"家族"的照片——12位包豪斯男性师傅以及他们的签名。接下来，才是格罗皮乌斯关于包豪斯组织结构的文章。

在展览目录中缺乏包豪斯女性的作品就能说明问题。与圣经相关的迷思——纺织是与建筑相关的唯一女人工作的领域——一致的是，根塔·施塔德勒－斯托尔策是唯一列在生平注释中的女性师傅。她领导着纺织作坊，几乎所有女学生都在这里工作。德罗斯特（Droste）在提到纺织作坊时指出，瓦尔特·黑格（Walter Hege）拍摄的纺织作坊学生的被动姿态很不自然，有点像中世纪的音乐天使（Droste 1993）。显然，在这个"性别贫民窟"里的学生照片上只有妇女。其中一张照片——由T·勒克斯·费宁格所摄——启发了施莱默1932年绘制的包豪斯楼梯这张著名的画作（今天挂在现代艺术博物馆的楼梯顶部）。这张画也成为汉斯·马利亚·温格勒（Hans Maria

Wingler）汇编的包罗万象的包豪斯文献集（迄今为止关于这些文献最全面的出版物）的整个封面。但是，在这个文献集中，温格勒丝毫没有提供任何关于包豪斯女性的文献（Wingler 1975）。

格罗皮乌斯最初预期的是，包豪斯有 100 名男人和 50 名妇女。随着两种性别学生持续以相等的人数申请入学，妇女入学资格受到了限制（Droste 1993）。预期的 1919~1920 学年包豪斯预算中，女性学费更高（180 马克，相比之下男性学费是 150 马克），在当时（1920 年）有 78 名男学生和 59 名女学生（Bitterberg 1975）。在 1920 年 9 月，格罗皮乌斯和师傅委员会（Council of Masters）决定，"从一开始选拔就要更加严格，尤其是针对女性的情形，她们人数已经超出比例"（Gropius 1920）。德罗斯特注意到，格罗皮乌斯不情愿开展任何"没有必要的试验"（这是拒绝妇女平等入学的委婉说法），并注意到，他建议把女性直接从初步课程送到纺织作坊，制陶和书籍装订作为可能的备选作坊（Droste 1993）。她评论道："当时由女性创作的艺术作品，大多数都被男人忽略，认为这只是'女性气质的'或'手工艺品'。男人惧怕一种太过强烈的'像手工艺品的'（arty-crafty）倾向，将包豪斯的目标——建筑——视作受到威胁"（Droste 1990）。[6]

包豪斯女性在试图进入传统的男性工作领域时，普遍面临着阻碍。玛丽安妮·布兰德（Marianne Brandt）后来成为金工作坊的领导，并且是很多成功的包豪斯产品的创作者，她写道：

> 起先我不是被欣然接受的——他们觉得，在金工作坊中没有女人的位置。后来他们对我承认了这一点，同时通过给我所有单调、沉闷的工作表达他们的不悦。我用最大的耐心，从发脆的新银块中锤出多少个小半球体呀，这时我就想，本来就应该这样的，万事开头难嘛。后来，事情渐渐平息下来，我们相处得不错。
>
> （Neumann 1993 : 106）

克特·布拉赫曼（Käthe Brachmann）是一位包豪斯学生，在 1919 年为包豪斯学生杂志《交流》（Der Austausch）撰文，描述了女学生过于感恩的姿态：

> 所以，我们这些女人，也来到了这所学校，因为我们，我们每个人，都在这里有事可做，这是我们不敢轻易疏忽的！希望不要有人嫉妒我们这样的工作！感谢那些给予我们工作的人！
>
> （Dearstyne 1986 : 49）

　　女性进入建筑系受到最严格的限制。尽管照片和文献有时指出并不是这样的，但是，德罗斯特写道，在包豪斯，"没有妇女能够被录取学习建筑"（1993）（见图3.6）。因此，尽管包豪斯做出重要的努力来解决阶级和国籍的问题，在梅耶时期录取了很多工人阶级和外国学生，但是，在其整个历史中，女性仍然是被边缘化的，如果说不是几乎视而不见的话（Siebenbrodt 1976）。[7]梅耶提出了社会公平的概念，尽管他是包豪斯领导人中最为激进的，但是，他信奉的是对阶级的科学社会主义的理解。他将"艺术"视作"秩序"；当艺术是个人化的时候，其秩序可以仍然是主观的，但是，当它执行社会功能时，那么，从本质上来讲，它就应当基于客观的原则，并且是科学的，和放之四海皆准的（Meyer和Meyer 1980）。他颂扬普适的人类主体，对他来说，性别和种族是一种沉默的话语，就如同他的两位同道领导人一样。

　　格罗皮乌斯在他第一次对学校发表演讲时，提醒女学生，男学生的生活经历使男人成为更好的艺术家：

　　　　整个男人群体从创伤、匮乏、恐惧、艰苦的生活经历或爱恋中清醒过来，这会产生真正的艺术表达。最亲爱的女士们，我没

图 3.6　建筑作坊的两位学生，后排是赫尔穆特·舒尔策（Helmut Schulze），第五学期，1926~1931年。
图片来源：柏林包豪斯档案馆

有低估那些在战争期间仍然待在家里的女性所取得的人类成就，
但是，我相信，面对死亡的生活经历将是无所不能的。

（Gropius 1919c 和 1919d：3）

他全然宣称，战争创伤的经历可以用来驱动艺术创造性，并且将之作
为完全男性的品质而呈现；因此，女人缺少充分创造性的自我。格罗皮乌
斯将从"匮乏"中恢复过来进行重新命名，称之为"富足"，并赋予其重要
性，从而支撑起包豪斯的男性气质。非常能说明问题的是，这一段不仅被
从温格勒翻译的格罗皮乌斯言论中删除，也被惠特福德（Whitford）和许特
尔（Hüter）再次引用这份文献时所忽略。[8]

总之，包豪斯回应其社会心理环境的方式是，首先通过半军事化和受
虐的仪式来重构个人认同，其次通过雌雄同体来象征性地承诺性别平等，
从而重构身体认同，然而，这真正地强化了传统上男性对女性的优越地位。
外表和行为最终维护了男性身体的象征性权威地位，以及传统的男性气质
的行为。妇女可以穿短裙、留短发，但是，作为学生，她们被限制在常规的、
被性别化的劳动分工中。包豪斯激进形象的底层是传统的社会关系。包豪
斯师生表面上雌雄同体的身体认同的重构，即"巨大的自动机的精确度"，
为新的组织认同（corporate identity）铺平道路，其中所包含的商品美学将
体现出商品交换体系自身的抽象。

第 4 章　商品屋

商品

> 1919年春天：革命、失控的通货膨胀、流动厨房，还有住房短缺。对于慕尼黑理工大学的学生来说，却是关于文艺复兴时期宫殿的讲座，关于哥特式拱券构造的课程，以及绘制希腊线脚的练习。
>
> 费迪南德·克拉默，引自《包豪斯与包豪斯人物》
> （Neumann 1993：79）

　　包豪斯人的身体认同早于其组织认同的产生。包豪斯的产品和机构本身——通过图像、客体和空间来表征——成为包豪斯商业的设计、生产、市场营销和销售政策的主体。

　　德意志制造联盟和艺术劳工委员会倡导艺术围绕日常生活，这是从产业和社会政治两个角度来说的。包豪斯在形式方面的试验也是为了赋予批量生产以人性，挽救市场上的德国产品（Hüter 1976）。然而，由于美学和实践活动在 17 世纪是分而治之的，一所艺术与建筑学校的商业活动与传统教育背道而驰。毫不惊奇的是，魏玛的商业界和学术界都拒绝这样的改变。商业界更感兴趣的是产品的规范和标准（在第一次世界大战之前就已经出现的）以及一般大众品味的产品，可以想见这有着最大的市场潜力（引文同上）。在早期，很多包豪斯师生也拒绝艺术与工业的结合。缺乏经验、资金不足、缺少管理和生产基础设施，以及包豪斯市场营销和销售行为之间的不一致，最初阻碍了学校作为商业机构的运行。尽管学校拥有了自主性，但是最初原型生产不得不由州政府的资金提供机构强加给学校。

　　尽管包豪斯领导各不相同，而且其成功有时与其说是现实层面的，还不如说是虚夸的，但是在其 14 年的历史及后来的岁月中，包豪斯将其艺术作品、设计、产品和建筑物转变成为商品和生活消费品，这就是我们今天所看到的。这需要复杂的制度、财政和法律上的改变。这些改变是由图林根州政府和魏玛市，以及后来的安哈尔特州和德绍市的政治和财政利益驱动，在极不稳定的经济环境下发生的。

　　在 1919 年包豪斯刚刚成立时，魏玛共和国的经济正陷入深深的危机之中。在第一次世界大战之后凡尔赛协议履行期间，来自美国的压力导致协约国要求巨额赔款偿付。法国坚持要求的赔偿数额达到德国国民收入的 33%（Felix 1971）。英国的姿态甚至更为极端。劳艾德 – 乔治（Lloyd-George）[1]宣称："我们有绝对的权利,要求德国支付战争的全部费用"（Czernin 1964）。美国的利益导致协约国的绝望感：

> 美国将赔偿政策强加给协约国，要求偿还 110 亿美元的战争贷款……协约国的政客不知道如何才能从其因战争而衰弱的经济中拿出钱来……他们的唯一资源，无论是现实中的还是想象层面的，就是对德国索求战争赔款。
>
> （Felix 1971：38）

　　尽管魏玛共和国最终并没有赔付如此巨额的款项，但是赔款偿付是达到极限的；这个新的民族国家再也没有恢复过来。重要的进口、国家补助，以及对德国个人和公司的战争损失赔偿等这些附加的高额成本，还有重建军队的开销（尽管这是非法的），导致德国自己向自己借钱（Felix 1971）[2]。这就从虚无中创造财富，通过复杂的国内贷款、大量印刷钞票的手段实现这一目标，这两者都不是以金本位为基础的。由此导致了极度通货膨胀和战时纸马克（Papiermark，纸马克以 M 作为马克符号，见图 4.1）的灾难性贬值。尽管在第一次世界大战之前，德国曾经是欧洲的主导经济体制，但是，在魏玛共和国时期，德国在其最初的 5 年中无法养活本国人口。税收收入是增加了，但是，极度通货膨胀大大减少了用于基础服务的资金，例如住房、社会福利和教育；国家无法给雇员发放足够的薪水——包括包豪斯师傅。包豪斯学生埃里希·利斯纳这样描述 1923 年："'金马克

---

　　① 第一次世界大战时期英国首相。——译者注
　　② 即发行公债。——译者注

图 4.1　5000 万马克钞票的设计，图林根州非常时期的货币，赫伯特·拜耶，1923 年。
图片来源：柏林包豪斯档案馆 © 2010 纽约艺术家权利协会（ARS）/ 波恩 VG 图片艺术博物馆

（Gold mark）乘以地区代码'，就可以知道你手上的钱的兑换率，而我们不得不指望着它，毫不夸张地说，通货膨胀的结果是兑换率每小时都不一样"（Neumann 1993）。一方面，极度通货膨胀使德国的产品在国外更具有竞争力，到 1924 年已经付清了大部分战争借款，但是，它压垮了工人阶级和中产阶级，导致右翼和左翼的政治极端主义。尤其是在 1929 年之后，共产党的势力增强了——其成员中 85% 都是失业者；一个共产党基层组织在包豪斯活跃起来。生活必需品的匮乏加剧了战争创伤，挑战着伦理和社会行为；犯罪率上升，投机者通过收购破产企业发了大财（Kaes 等 1994:60）。与此同时，蓝领和白领工人，以及包豪斯的学生们，都挣扎在贫困线上。对于艺术家来说，这样的情形是可怕的——德国高端艺术市场或多或少地消失了。

德国的经济在 1924 年和 1929 年间再次繁荣起来。美国道威斯和扬格计划（Dawes and Young Plan）中发放的贷款导致偿还了大部分的赔款账单，其数额已经由于极度通货膨胀而减少了（Felix 1971）。在 1923 年后期，纸马克崩盘之后，由固定资产所支撑的货币所取代，例如，工业和农业财产［短命的地产抵押马克（Rentenmark）或以黑麦为发行储备的马克（rye mark）］，但是这些马克与商品（黑麦）的联系不断变化，仍然需要由黄金支撑的货币（金马克 – gM）。但是，它为 1924 年 9 月引入的稳定的德国马克（Reichsmark – rM）奠定了基础。德国马克等值于 1 万亿纸马克，但是其价值与战前货币处于同一水平，为财政系统带来了心理上的稳定感，随之而来的是现实层面的稳定性（Holtfrerich 1986）。德国经济开始恢复，很快就超过了战前的生产水平。对于包豪斯来说，重要的是，税收收入稳定下来；市政当局在极度通货膨胀的那几年里已经购买了便宜的土地、材料和建筑公司，现在开始建设了。在私营的建筑和商业领域的投资增长了。经济和文化的国际主义再次回归；进步的企业家和赞助人颂扬现代艺术和建筑。到 1928 年，德国再次在国际贸易中发挥着充分的作用，经济似乎牢靠了；艺术市场开始欣欣向荣，建筑师忙碌起来。在经济方面对美国的依赖，以及与美国之间的贸易往来，与美国经济原则的利益是一致的。德国工业采纳了福特主义和泰罗制；第一辆福特汽车于 1924 年在德国走下生产线（Kaes 等 1994）。科学管理有助于商业重组，产生了新的、大部分由女性组成的白领阶层。

然而，通过道威斯计划，美国间接控制了欧洲的财政，并直接维系了德国经济。这被证明是德国衰落的原因。当 1929 年美国经济崩溃时，欧洲的经济也未能幸免于难，而德国是最受其影响的："在萧条期最糟糕的时期（1932~1933 年）……不少于 44% 的德国工人失业"（Hobsbawm 1994）。这一危机使得纳粹党的承诺引起了人们的注意。对国家主义经济、社会和文化政策的回归，产生了新的全球保护主义，持续到下一次世界大战的整个历程，以及其后的冷战时期。在魏玛共和国的 15 年历史中，经历了 5 年的经济增长、10 年的物资匮乏，以及几乎没有，甚至可以说完全没有经济自主。

在包豪斯所经历的三个办学地点，经济变迁以不同的方式进行着。魏玛市坐落在一个大部分是手工艺和农业领域的州，反映出市政府的政治利益。在州政府层面，政治领袖致力于工业化，但是，在地方层面未必如此。因此，早期包豪斯的大部分手工艺导向的敏感性，适合于当时的环境。州政府坚持手工艺与工业结合，在地方层面不能被充分接受——可怕的经济情形加剧了手工艺行会对竞争的恐惧；考虑到魏玛共和国的政客曾经敦促艺术家回归手工艺，以躲避危机，这一点是可以理解的，而且格罗皮乌斯也发表过同样的见解（Droste 1993；Hüter 1976）。由手工艺组织挑起的地方反对意见愈演愈烈，最终成为公开的敌对势力（Hüter）。因此，州政府财政投资和机构投资的缺乏既来自于经济恐慌，也来自于政治方面的恐惧；然而，考虑到即便在危机最深重的时期图林根手工艺领域所具有的规模，来自包豪斯竞争的威胁更多是想象中的，而不是现实层面的。

一旦包豪斯搬迁到德绍，经济和政治环境就改变了。德绍是一个工业中心，容克飞机制造公司是该市最主要的制造商；德绍也是汽车、铁路和化学工业的中心，其不断扩张的经济需要大量住房，而包豪斯提供了设计上的帮助。尽管在 1929 年之后——随着经济危机卷土重来——对包豪斯（及其共产党基层组织）的政治攻击增加了，但是在 1925 年和 1929 年之间，德绍的经济和政治世界仍然充满了乐观主义；羽翼丰满的包豪斯商业在这一时期涌现出来。

试验

德意志制造联盟将艺术与工业相结合的信念，一开始就成为包豪斯理念的主要来源，即通过商业活动产生收入。早在 1916 年，格罗皮乌斯在其提交给图林根当局的设立一所教育学院的第一份提议中，就提出［回应 1902 年由亨利·凡·德·维尔德（Henri van de Velde）撰写的一份文件］设立一所在贸易方面进行培训的学校，同时提供商业咨询的功能（Hüter 1976）。但是，仅仅在 6 个月之前，凡·德·维尔德曾经对格罗皮乌斯指出，实际上这个主意是不现实的。魏玛商业界对于具有新的审美维度的产品缺乏足够的兴趣；当该市的政治代表拒绝了格罗皮乌斯的提议时，这一点得到了证实（引文同上）。

在呈递给图林根州政府的 1919 年版本的包豪斯计划中，格罗皮乌斯加上了关于"通过学校给学生委托任务"以及"学校和全国的手工艺和工业领袖的经常性接触"这样的声明（Gropius 1919e）。在 1910 年，他曾经就创办自己的公司建造住房之事展开调研，但是，却在 1911 年成立了私人执业事务所（Gropius 1910）。通过制造联盟，他遇到一些进步的工业家，到 1923 年，他公开赞扬包豪斯与商业界的合作（Bayer 等 1975）。然而，后来包豪斯学生声称，在当时，这样的理念在学校并不是很普遍："如今这所学校是一个传奇，在当时仅仅是利用作坊和工作室……工业产品仍然或多或少地是工匠的人造物品"（Neumann 1993）。这一改变不够成熟，这是由于来自立法方面的压力，要求有结果呈现给魏玛选民。格罗皮乌斯一度成为调停人，他在商人和政客面前说的是一套，对包豪斯社团说的是另一套。

包豪斯的资金来源于州政府和市政当局、学生学费、捐赠和来自产品销售和许可权的收入。所有这些来源都依赖于脆弱的经济体制。到 1921 年，通货膨胀使得州政府的资助大为减少；到 1922 年，极度通货膨胀盛行，学生们无法负担食品和衣着的费用。尽管有来自包豪斯支持者的捐赠和来自包豪斯菜园的农产品，学生们还是在忍饥挨饿。在 1921 年，格罗皮乌斯就已经向师傅委员会（Meisterrat）提出："包豪斯以现在的形式，是主张委托的必要性，还是否认，关系到其生死存亡"（Wahl 和 Ackerman 2001）。

为了帮助学校的财政状况，包豪斯的作坊在 1921 年之前就开始将作品推向市场，但是遇到来自部分师傅的阻挠，尤其是伊顿。从手工艺转向工业是缓慢进行的。促成其发生的，部分是经济问题。到 1922 年，图林根政府陷入极度通货膨胀的困境，无力支付师傅的薪水，坚决要求包豪斯在公开展览中展示其作坊的产品，威胁说要撤回提议中的 5 万马克贷款。格罗皮乌斯对于这样过早要求结果感到不快，但是立刻指导作坊开始生产原型。这个春季学期没有招收任何新生，每个人都专注于生产，将其作为机构生死存亡的大事。

设计对于吸引力来说是关键的，这种吸引力正是德国产品所需的，以便在国际市场上展开竞争。设计可以通过产生更低的初始成本，从而有可能产生更多的利润——如果能够充分利用机器生产的经济性和技术的话。因此，包豪斯处在双重压力之下——作为一个区域和地方体系中的教育机构，但是身无分文，以及作为一所设计学校，有着全国性的经济潜力。我们偏离话题一点，在 1921~1922 年发行的《新精神》中勒·柯布西耶倡导"房屋作为机器"的理念，导致施莱默做出嘲讽的评论"不再设计大教堂，而是居住的机器"（Hüter 1976）。在 1923 年 8 月，"被强迫举办的""包豪斯周"展览开幕了。由于这次展览做了充分的宣传，吸引了当地、全国和全世界的访客。尽管还没有任何建筑课程，展览中也包括了一个建成项目——号角屋（Haus am Horn），由包豪斯的师傅乔治·穆希设计，由学生们在图林根政府租给的土地上建造，由格罗皮乌斯的搭档阿道夫·梅耶进行监理。为了宣传未来的建筑系，格罗皮乌斯私人筹措了建造费用［从其朋友萨默菲尔德（Sommerfeld）那里——见第 5 章］。然而，不论是项目还是展览作为一个整体，在当地都没有被充分接纳。

但是，这样的外在压力导致了生产组织方面的重要革新，这在包豪斯历史上仍然大部分没有得到记载。包豪斯商业企业开始得很缓慢，手工艺作坊是作为相对自治的生产空间而运作的。每个作坊都安排自己的材料和机器订单，商谈独立的销售事宜。由于缺乏精密的机器（大多数作坊的设备都在第一次世界大战期间卖掉了），只能采取手工生产。最初，作坊的劳动力有限，而且都是集体劳动，由一位形式方面的师傅、一位手工艺方面的师傅，通常还有一位熟练工和几个学徒组成。后来，由于作坊的经济生存压力越来越大，增加了具备记账技能的生产方面的师傅。

随着经济条件每况愈下，州政府已经不能提供薪水、实物厂房或材料方面的资金，因此，包豪斯越来越依赖销售收入。各作坊试图通过提供更低的价格保持竞争力，但是却没有资金购买设备或批量订购材料，而这是降低成本所必需的。图林根州立银行（学校的主要债权人）和区域银行的贷款，尽管数额巨大（到 1924 年有 2.5 万金马克——几乎是作坊预算的20%），但是，这一时期的利率也极高。包豪斯就像当时的大多数德国商业机构一样，严重缺乏资金，因此，既无法满足订单要求，也无法与工业产品的价格相抗衡。

1923 年，在州管理层的压力下，格罗皮乌斯提出，来自州政府的薪水、空间和设备方面的资金，应当得到作坊转变为商业机构，以及"包豪斯之友"团体（Kreis der Freunde des Bauhauses）的捐赠的补充。当时讨论了各种公司的形式，包括包豪斯公众持股公司（Bauhaus Aktiengesellschaft）（Gropius 1923b，1924f）。格罗皮乌斯任命埃米尔·朗格（Emil Lange）——他在 1922 年带到包豪斯的一位建筑师，以启动一个建筑研究系——为学校的生产和市场营销活动方面的商务经理（Syndikus）。朗格的任务是组织销售代表和贸易会。他和格罗皮乌斯也与图林根州政府、魏玛市政府以及私人赞助者一起工作，以创建出包豪斯商业结构，并就必要的贷款进行磋商。考虑到严酷的经济条件、来自学校的阻碍以及有限的政治意愿，事后证明这是极其艰难的。朗格处于包豪斯、市政府和州政府之间越来越加剧的紧张态势之中，于 1924 年辞职（Rowland 1988）。

但是，同年，在朗格辞职之前，以及在经济危机最困难的时候，随着其预算从 14.6 万德国马克削减到 5 万德国马克，学校开始成立包豪斯有限公司（Gesellschaft mit beschränkter Haftung-GmbH），以便将生产从教学中分离，并且限制投资者的债务责任（Bitterberg 1975）。在 1924 年 1 月，州银行和图林根政府开始了会谈。可以理解的是，在政府、银行、商业界和学校之间，将启动资本进行分割，成为讨论的主要议题。在 1 月，朗格确认了州政府将提供 1 万金马克的资金，并且参与利润分配，但是奥尔洛夫委员（Ministerserialrat Orloff）提醒谈判者，政治方面的不稳定（即将到来的 2 月州选举和 5 月全国大选）使长期投资失去了可能性，因为包豪斯可能会被新政府关闭(未署名 1924a)。因此，尽管州政府考虑成为公司的成员，但是并没有这样做（未署名 1924a）。

在 1924 年 3 月，随着预计到的政治右倾，包豪斯（当时正在为生存而挣扎）正式诉诸州立法成为一家公司（Gropius 1924b）。在 1924 年 6 月，威廉·内卡（Wilhelm Neckar）取代朗格成为商务经理。内卡是州银行的银行家，他继续与格罗皮乌斯一起致力于创办公司的结构。到 1924 年 12 月，有 10 家组织准备投资。最重要的是位于柏林的 J・迈克尔（J. Michael）联合公司，它提供了 5 万金马克的无息贷款，其次是阿道夫・萨默菲尔德（Adolf Sommerfeld），提供了 3 万金马克，以及全德工会联合会（Allgemeiner Deutscher Gewerkschaftsbund），提供了 1.5 万金马克——总数达到 12 万金马克（Gropius 1924c）。相较之下，当年整个学校的教学预算是 6 万金马克——付给员工的薪水占了 65%，几乎全部由州政府支付；其余的来自包豪斯的销售收入和捐赠（Gropius 1925f）。如果包括固定资产（常常是捐赠的，但是由州政府拥有）的价值，那么，这个提议中的公司几乎是公私对等地支持起来的。

格罗皮乌斯试图确保教学仍然成为重中之重。在 1924 年 12 月的公司合同草案中，他为自己寻求了一个核心的角色，既作为董事会成员，也担任商务经理。他还坚持要求包豪斯师傅应当继续保持州政府雇员的身份，因此保护了大部分的预算部分，足以抵挡市场的震荡。取而代之的是，公司将为作坊建筑和营运成本提供资金，而学校（州政府）负责其他教学空间的开销。州政府最少将拿走作坊利润的 5%，作为对其通过固定资产和师傅薪水所提供支持的回报。

这个计划旨在培训熟练工，在包豪斯和德国中部工业家联合会（Mitteldeutsches Industrieverband）之间形成正式的联结，因此在商业界和工会之间形成伙伴关系。图林根州政府将提供 2.5 万金马克作为启动资本，包括固定资产；在监事会（Aufsichtsrat）的七个经选举的席位中，图林根政府拥有两个席位，而包豪斯拥有一个席位。法定人数的规定是，由 50% 的董事会成员组成，代表至少 50% 的启动资本；州政府和学校在其中拥有（作为固定资产）超过这一数额的一半，形成了最有势力的集团投票。任何对于公司议事程序的变动，只有当成员投票拥有至少 75% 启动资本时才能生效；在这种情况下，州政府和学校仍然是主导力量。最后一点，格罗皮乌斯将同时成为商务经理和常务董事，拥有公司的签署代表和公众代表的最终权威，并且能够指派一名拥有授权的助理常务董事。利润分配的方案是模棱两可的。准备金的提取比例是 10%，直到达到某个（未加以明确的）启动资本的比例为止。接下来是常务董事、其代表、董事会和公司雇员的薪水和佣金；接下来是股息支付，剩余的利润由董事会开会进行分配。董事会可以批准特定的项目，包括建筑设计——将商业企业作为潜在的建筑客户。

在 1924 年之前，包豪斯都是从学生和熟练工那里购买设计，仅仅拥有墙纸和编织设计的有限版税。格罗皮乌斯宣称，可能是由于政治的原因，到 1924 年，大多数作坊开足马力，生产用于销售的产品，仅仅是 1924 年的 4 月到 9 月期间，所销售的商品价值就达到 2.5 万金马克（Gropius 1924d）。标明日期为 1924 年 7 月的包豪斯账本记载着，编织作坊生产了 12449 金马克，将近全部作坊收入的一半；尽管妇女的工作默默无闻，但是，由此可以看出，这个作坊成为学校重要的经济基础。接下来是陶器作坊，共生产了 7298 金马克，再往下是木工作坊，为 4991 金马克。

公司不仅需要进行内部管理和盈利，而且也有必要劝说图林根政府该学校的设计和生产教学有着财政的益处。然而，在 1924 年 2 月大选之后，新上台的右翼图林根州政府质疑学校的未来。在 1924 年 11 月，包豪斯师傅撰文反对关于关闭学校的公开言论，认为缺乏来自州政府的财政支持是学校的所谓的问题的主要原因（Gropius 1924b）。经济形势是极其严峻的；包豪斯及其支持者在获得无论什么赞誉方面都是极其困难的。这就缩减了学校所有领域的商业生产，关闭了部分工作室，订单数量进一步下降。

包豪斯有限公司

在魏玛，试图通过使学校更少地依赖州政府资金的方式，来以经济的手段抗衡政治的努力最终没有取得成功。接着就发生了政治事件；在 1924 年大选之后，在对包豪斯的普遍批评，以及在针对格罗皮乌斯的批评声中，图林根州政府大大削减了学校的预算（Droste 1993）。在 1924 年 12 月，包豪斯师傅们预期会出现更进一步的敌对，他们决定不再续签合同。在 1925 年 4 月，州政府终止了与学校的合同。格罗皮乌斯预见到了这一危机，一直都在寻找其他的办学地点；在 1925 年，学校搬迁到了德绍。这次搬迁不仅仅是政治性的，教育作为商业是德绍谈判的核心议题。然而，在格罗皮乌斯与德绍市长弗里茨·黑塞（Fritz Hesse）的讨论中，他表现出对未来包豪斯私营收入过于乐观的预期。这一"未信守的诺言"对于后来的政治压力来说，可谓雪上加霜，最终导致了学校的关闭。

但是，在德绍包豪斯，有限公司最终实现了。德绍包豪斯有限公司的合同于 1925 年 10 月 7 日签署，设定了简单的财政架构，将商业与州政府分开。这次启动资本大部分来自于格罗皮乌斯和萨默菲尔德，只有他们两个人拥有法定权利和责任。[1] 沃尔特·哈斯（Walter Haas）博士是一位政治经济学家，同时也代表市政府，他成为商务经理，他的月薪（加上 5% 的佣金）仅仅比格罗皮乌斯的月薪少 10%。他的合同中也包括了不竞争条款，杜绝了任何艺术评判或关于品味的评判；后者是属于格罗皮乌斯的，他也掌管设计和市场营销（Gropius 1925c）。当哈斯在 1926 年因一些没有讲明的财政原因辞职时，玛格丽特·萨克森贝格（Margarete Sachsenberg）就担当了商务经理（以及包豪斯有限公司的总管秘书），直到 1932 年（Wingler 1975）。大约在相同的时间，柏林的出版商费迪南德·奥斯特塔格（Ferdinand Ostertag）和德累斯顿的出版社"新艺术性"（Neue Kunst Fides）被任命为包豪斯的销售代理。包豪斯的合同已经就位，新校舍也即将建成，现在包豪斯的商业有了客户定制生产的空间，以及稳定的法律状态、管理和市场营销。

　　监事会包括一位由成员选举出来的常务董事；控制了五分之三启动资本的成员就可以形成法定人数。由于其在构架上接近那个时期的常规商业模式，因此，州政府的影响被减弱了。常务董事——就是格罗皮乌斯，毫不奇怪的是，他当选这个职位，可以进一步巩固他的权力——不对年度财务报告负责，一旦报告被公司成员通过的话。利润分配中返回启动资本 5%~10%，预期在 10 年之内还清。一旦薪水支付之后，剩余利润就归属于公司成员。公司的目标也改变了。合同强调的是独家销售权、原型和产品的生产，第一次提到市场营销。现在，包豪斯的校舍是由州政府提供的，公司在地产方面的雄心减少了。合同要求购置土地和签署超过 1 年的租约需要成员批准，没有提到任何的建筑建设。因此，即便当时对建筑系的严肃讨论再次出现，市场营销的兴起是与建筑项目的边缘化平行的。包豪斯有限公司就是要创造利润，而不是早年所设想的理想主义的总体艺术。

　　包豪斯和德绍包豪斯有限公司之间的合同掌管着版权和销售事宜，这份合同形成了进一步的财政方面的创新。一份标明日期为 1925 年 7 月 23 日的草案，给予包豪斯有限公司独有销售权，以及 20% 的销售收入返还，用于管理销售业务（Gropius 1925b）。包豪斯的名称仍然是学校的资产，与德绍市共享，直到 1926 年 4 月（Wingler 1976）。学校和公司在财政方面共同为市场营销和公众宣传负责。格罗皮乌斯作为公司成员和包豪斯公司的董事长，将这两个实体联系起来；对于产品研发的最终批准，给予那些最容易获得法律保护的项目以优先权，从而抵制对设计版权的侵犯。每一个设计都必须有版权协议——明确规定的、系统化的，并赋予价值的，这样产品价格就可以确定了。学校拥有版权，并且对相应的价格以及学校与个别设计师之间的法律协议负责。

　　公司的第一个大订单就是为包豪斯新校舍和师傅住宅提供家具和室内陈设。尽管这些仍然是由格罗皮乌斯的事务所设计、由私营承包商建造的，但是公司现在有了一个大主顾，而且是乐于助人的顾客——学校自身。新校舍在 1926 年建成使用，终于能提供优质的生产设施。作坊改变了；不盈利的玻璃、石工和木工生产并入了同一个雕塑作坊。增加了一个印刷作坊，用于排字和印刷，从那时开始为包豪斯和校外的企业生产市场营销的材料。在盈利的编织作坊内新添的设备数量和质量都得到增长。根塔·施塔德勒－斯托尔策记录如下："德绍装备精良的作坊（不像魏玛的那样）拥有许多不同种类的织布机，这样对学生进行设计训练以及完成工业界的计划工作才成为可能"（Neumann 1993）。然而，金钱和材料仍然是短缺的。约瑟夫·艾尔伯斯写道："女士们、先生们，我们是贫穷的，而不是富有的。我们浪费不起材料和时间。我们必须充分利用"（引文同上）。

格罗皮乌斯后来声称，财政方面的压力阻碍他在魏玛成立建筑系，但是他的行动却说的是另一套。当他有机会为学校设计和建造时，他不断把这些项目拉进自己的事务所；包豪斯有限公司没有承接这些项目。梅耶轻而易举地就能够扩张建筑系，暗示着有其他理由。实际上，就在被任命之前，梅耶抱怨说："现在，在一年中的四分之三时间里，我们在建筑系无事可做，只能空谈理论，不得不坐等，而格罗皮乌斯的私人事务所永远都忙碌无比"（Droste 1993）。

转向全方位的公司状态导致组织机构的改变。严格的规程明确了与外部业务的关系，例如处理邮件、订单和派送原材料、存货盘点和货品计价（Gropius 未标明日期）。例如，为了避免个人责任，商业邮件都以包豪斯有限公司的名义签署，而不是由个人签名。收到的材料的质量控制也同样通过记号进行认证，而不是由签名确认。由于工作流程中的错误导致的收入损失，对每个作坊收取赔偿费，而不是针对个人，这进一步强化了集体责任感。作坊承担临时的债务。直销是被禁止的，通过重新给买主开发票进行惩罚这样的措施，强制作坊对成本进行补偿。与之形成对比的是，为了鼓励获取订单，公司为确保包豪斯合同并最终付款的个人或团体支付 2.5% 的佣金。

价格的计算是基于劳动力加材料，还有给作坊的百分比，从金工作坊的 35% 到印刷作坊的 10% 不等。如果适合于市场的话，作坊可以设定更高的价格。公司在利润中的份额随着销售类型和管理费的不同而变化。包豪斯有限公司抽取利润的 10% 作为许可权销售和支付一次性佣金；另外 5% 用于偿还启动资本。剩余的利润在包豪斯有限公司和所有作坊之间分配；后者并须将其分配到的金额总数的至少 25% 拿出来，用于支付工作人员的工资。玛丽安妮·布兰德写道：

在为我们制作的模型而得到的佣金中，就我所记得的情形是，包豪斯公司得到一半。剩余的在师傅、设计者和作坊之间平均分配。我们还会得到周日参观学校的导游收入的一部分。

（Neumann 1993 : 107）

包豪斯公司也通过一次性付清款项（*Pauschale*）的方式全额购买设计，与学校进行利润分配。对于许可权收入，设计师得到 2.5%，然后学校将其份额在作坊之间平均分配，留 2% 用于福利基金。每个季度付清账目，利润计算也是按照季度进行。只有当盈利时，作坊才会得到付款；他们要完成订单和员工（交税和国民保险）的文书工作，在工作簿上记录工作时间。每个作坊都要通过编号的书面描述、图纸和计算，来为其试验和原型列出清单。每逢星期六的中午 11 点至 1 点之间支付作坊的款项。

包豪斯有限公司的功能就是设定包豪斯设计的交换价值——划分成价格和利润，组织生产（在包豪斯作坊或其他地方），以及推向市场（利用包豪斯的印刷作坊），还有销售（通过市场营销代理）。其中并没有审美的影响。格罗皮乌斯扮演着董事长和商务经理的双重角色，只有他才能既控制设计，又控制价格；市政府、州政府或者公司都不能进行控制。这些安排为每个作坊提供了相对自治和个人责任感，鼓励通过设计、版权控制和市场营销来追求利润。

批量生产

在德绍，对包豪斯设计和产品的需求最初呈增长趋势，因为委托了新校舍的设计，后来成功的市场营销产生了合同，以及卖给制造商的许可权。最初一批订单大部分是一次性委托，但是，随着包豪斯商业的发展，有些产品进入批量生产。在魏玛的时候，商务经理内卡已经写信给格罗皮乌斯："关键是批量生产的实现"（Gropius 1925d）。内卡发现公众已经准备好接受包豪斯产品，因为它们能够充分利用空间（在这个例子中是厨房家具），显然这是通过清晰的、精心策划的市场营销而实现的。然而，他断言，包豪斯还没有准备好这样的生产方式，并且指出福特汽车生产是学校的榜样。工业设计和室内设计产品的批量生产只有在梅耶的领导之下才变得重要起来。

参与建筑设计和建造的部分努力的确在格罗皮乌斯的领导下开始了。所谓的拖延来自于内部的阻力："在师傅中，至少在部分师傅中，我感觉到这种对建筑工作室的不喜欢，他们将之视作包豪斯的外来物，我可真的被吓到了"（Droste 引自 Forbát 1993）。然而，德绍是一座快速工业化的城市，面临严重的住房短缺，而格罗皮乌斯已经与市长黑塞就包豪斯设计住房进行了协商。其结果是得到了位于德绍郊区的、由 300 多个居住单元组成的托腾房地产公司的项目，这为格罗皮乌斯事务所提供了机遇来建造工人住宅区，并且为包豪斯提供了一间样板公寓，以便供应家具和室内陈设品（见图 4.2）。格罗皮乌斯也赢得了一个设计竞赛，为德绍的雇员提供办公楼；包豪斯人马克斯·克拉耶夫斯基（Max Krajewski）和理查·保立克（Richard Paulick）负责管理建造过程，其他学生协助室内设计。然而，德绍的任务委托很快就停止了，这是由于首先竣工的托腾住宅单元中出现的技术问题。

汉斯·梅耶在 1928 年上任成为董事长之后就进一步强化了商业首创行为。[2] 梅耶对于包豪斯所面临的市场有着清晰然而却是不同的理念。他的格言"全民需求取代奢华需求"（*Volksbedarf statt Luxusbedarf*）强调了基于充足的生产和可识别的需求，为大众消费者提供标准化、可负担的产品（Meyer 引自 Droste 1993。他鼓励包豪斯签订的合同不再是"过度宽广的产品领域"，取而代之的是，"一小部分标准化模板"，并且重构了作坊，通过标准化以提高效率，降低生产成本（引文同上）。到 1928 年，包豪斯已经从为工业

图 4.2 "椅子"——德绍包豪斯的木工作坊，八页风琴式折叠宣传册，1928 年。
图片来源：柏林包豪斯档案馆

界提供产品的版权收入中挣了 3.2 万德国马克（Bitterberg 1975）。

梅耶不喜欢执迷于形式和形象营造，他认为这是格罗皮乌斯时期包豪斯的特点，他声称："我们必须采取绝对明确的姿态，来反对先前包豪斯的假冒－广告－戏剧性的东西。我们的预算如此拮据，以至于我们负担不起所有这些私人宣传和如此之多考虑因素的奢侈"（Meyer 1928）。他改变了教学大纲，使作坊的活动更为合理。[3] 尽管最初他是支持戏剧作坊的（如果预算不高的话），但是，当施莱默于 1929 年离开后，他还是关闭了这个作坊。[4] 他认为，广告应当通过为校外的商业界提供服务 [例如朗饰（Rasch）墙纸和 Polytex 纺织公司]，以及为包豪斯贸易展进行市场营销而挣钱，在当时，包豪斯参与了在柏林、布雷斯劳、德累斯顿、莱比锡以及斯图加特举办的商品交易会（Droste 1993）。

作坊就是为了实现"最大可能的成本效益"以及"具有生产性的教学原则"。他保持"每个基层组织的自我管理"，只有一处改变（Droste 1993）。技术方面的手工艺师傅、学生和助理取代了师傅、熟练工和学徒；行会模式消失了。然而，由于学校没有资本来将作坊转变为工厂，它们仍然是以手工艺为基础的。为了降低生产成本，替代的办法是，学徒仍然作为学生，不用支付学校学费，学校仅支付他们很少的薪水。为了提高效率，作坊专注于廉价的材料和产品；胶合木和软木制作的折叠家具成为梅耶时期产品的特点。在所有产品上打上包豪斯图章的做法是由格罗皮乌斯最先提出的，这一做法保留下来，但是，产品的高品质最终使包豪斯的名字和图标成为真正的商标。

制造商以讲座、演示和参观工厂的形式支持着作坊，以鼓励设计和生产的结合；教室延伸到了生产线。学生 T·卢克斯·费宁格写道：

> 我还记得他（艾尔伯斯）带领我们参观一个硬纸板箱的生产厂，这是一个让我感到沮丧的地方（我忏悔），并且指出制造工艺中的独特之处，既有好的一面，也有差的（也就是说能够改进的）一面，那种虔诚的专注是人们在卢浮宫倾听一场讲座才会有的。
>
> （Neumann 1993：191）

学生们的态度改变了：

> 渐渐地，通过参观工厂和现场调查与访问，我们形成了我们的主要关注点——工业设计。莫霍利－纳吉以执着的热情促成

这一理念。两家照明公司似乎对我们的目标尤其感兴趣。科尔庭（Körting）、马蒂森（Matthiessen）公司［康戴姆灯（Kandem）］和莱比锡洛伊茨（Leipzig Leutzsch）公司以实用的方式向我们介绍了照明技术的法则和生产方法，极大地帮助了我们。这不仅是在设计方面帮助我们，而且也帮助了这些公司。我们也试图设计一个功能性的，但同时具有美学性的生产线。

（Neumann 1993：106）

壁画、编织、木工和金工作坊生产最能够负担得起的日常产品。最成功的是墙纸，是在壁画作坊生产的。单一的色彩、简单的图案、廉价的材料、简易的生产、有目标的市场营销以及低成本使其独具吸引力；仅仅在 1929~1930 年间，就有 8 万个房间装饰着这种壁纸（Hahn 1985）。墙纸销售成为学校经济来源的重要组成部分，在德绍，补充了州预算的削减，在柏林，当学校被迫经济独立时，墙纸销售成为主要经济来源。在学校关闭之后，包豪斯墙纸成为唯一允许保留包豪斯名称的产品，因此在纳粹统治时期得以延续这一名称（Hahn 1995）。[5]

包豪斯墙纸的故事提供了建筑、商业和政治之间相互依存关系的有趣的一瞥。在 20 世纪 20 年代早期，德国现代主义建筑师倾向于在大规模集合式住宅中以粉刷替代装饰性墙纸，这威胁到了墙纸工业的生存。然而，消费者倾向于做出他们自己的选择，在 20 世纪 20 年代中期，进步的建筑师重新发现了墙纸可以作为预制工艺的缩影；恩斯特·梅（Ernst May）在法兰克福的设计团队研发出了抽象图案的墙纸设计，而包豪斯的版本正是以此为模板的。在梅耶时期，朗饰墙纸公司的一位初级经理埃米尔·拉舍（Emil Rasch）[①]［其姐妹玛丽亚（Maria）1919~1923 年期间在包豪斯学习］为包豪斯墙纸的商业化提供了推动力。他迅速抓住了机遇，包豪斯的建筑师和设计师网络形成了这一新的先锋市场一隅（Hahn 1995）。欣纳克·谢帕（Hinnerk Scheper）劝说不情愿的梅耶，墙纸对于大规模集合式住宅来说是再理想不过的，他率领的壁画作坊随后就生产了第一批设计。1929 年的第一个设计作品集追随了市场上已经出现的先例，但是包豪斯的名字（包豪斯的组织认同现在已经建立得非常牢固了）提供了一种先锋的地位。墙纸是很容易进行批量生产的，价格具有竞争性，因此销售看好。印刷和广

---

① 在德语中 Rasch 发音是"拉舍"，该墙纸公司现在在中国的商品名称是"朗饰"，在本书中指人名时用"拉舍"，指公司或产品时用"朗饰"。——译者注

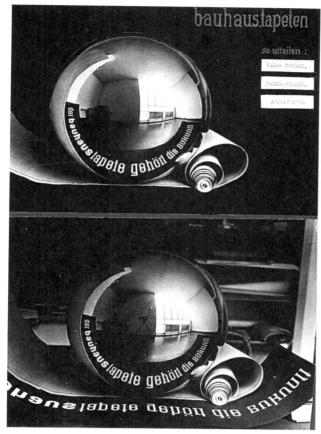

图 4.3　"未来属于包豪斯墙纸"——包豪斯墙纸目录封面的两种设计，朱斯特·施密特（Joost Schmidt），1931 年。
图片来源：柏林包豪斯档案馆 © 2010 纽约艺术家权利协会（ARS）/ 波恩 VG 图片艺术博物馆

告作坊制作了宣传材料；经由拉舍以直邮方式寄送给包豪斯的网络强势市场营销，绕过了不情愿的零售商和广告部门（见图 4.3）。因此，拉舍将社会文化资本转变成为设计市场的利润，通过低价格，使包豪斯的先锋主义在大众市场上得到认可。一年之内，他的公司营业额就增至三倍（Möller 1995）。就在包豪斯于 1933 年关闭之前不久，密斯把墙纸的特许权卖给了拉舍，避开了州政府的采购权[1]，挽救了这一产品的商业生命。然而，为了避免该产品被归类为"堕落的艺术"，拉舍不得不为一个官司而争辩，以证明产品与学校是分开的，具有合法地位。他力图进一步拯救这个产品，随后委托亲纳粹的魏玛市立美术工艺学校（Weimar School of Arts and Crafts）

———————————

[1]　在包豪斯关闭之后，纳粹政府有权利购买墙纸的设计，因为墙纸设计是在包豪斯仍旧是一座州资助学校时创作的。密斯·凡·德·罗不想让包豪斯的墙纸设计成为纳粹的财产，因为它们是现代的，而纳粹憎恨现代主义，所以他们宁可停止基于包豪斯设计的墙纸生产。——译者根据作者解释注

的新校长保罗·舒尔策-瑙姆堡（Paul Schultze-Naumburg）设计了一套平行的作品集。在 1933 年发放给墙纸零售商的广告中，他通过纳粹宣传和信息部的部长约瑟夫·戈培尔（Joseph Goebbels）与政客进行合作，间接地支撑着这一产品。

尽管最初不情愿，汉斯·梅耶的商业直觉在包豪斯墙纸以及总体上包豪斯产品取得成功方面发挥了关键作用。拉舍后来写道：

> 有一次，在我恭维他及时而适宜地执行了我们的项目（设计包豪斯墙纸），以及赞扬他坚定的商业远景之后，他（梅耶）对我说："你没有必要如此诧异。我来自巴塞尔的一个商人家庭。"
>
> （Neumann 1993：220）

梅耶自己总结他的成功时，则更加具有讽刺意味，他说"包豪斯是时尚的"（Bauhaus ist Mode）（Hahn 1985）。他对广告宣传表示怀疑，并没有充分赞扬在包豪斯销售业务中包豪斯宣传所发挥的作用。在学校内也不讨论包豪斯墙纸，在包豪斯文献中也不以此为其特色。这里有着某种讽刺意味，因为在两次世界战争期间和战后时期，最成功的包豪斯产品是最缺乏美学创新的，以及在影响力方面最不具备空间特性的。其成功没有得到应有的赞誉，也没有得到充分的文献记载，这一成功的原因与其说是教学与设计，还不如说是学校熟练运用了印刷媒介，以及商业战役的成果。

包豪斯产品中另一组成功之作是椅子的设计。在魏玛包豪斯时期，就已经开始以小规模委托的方式生产家具，主要是供应"号角屋"。在德绍，校舍和委托任务（学校建筑和德绍的住宅）维持了严肃的原型生产。马歇·布劳耶（Marcel Breuer）领导着木工作坊，其助手是木工师傅海因里希·布罗肯海德（Heinrich Brokenheide）。布劳耶的管状椅子设计（以及标准家具的业务）被托耐特（Thonet）家具公司于 1928 年买下（Wilk 1980）。当梅耶担任校长的时候，布劳耶就离开了；最初是艾尔伯斯，随后是阿尔弗雷德·阿恩特（Alfred Arndt）运转着这个作坊。家具以及玻璃和金属都成为室内设计的一部分，这个作坊重新关注于更可负担的折叠式木制家具（见图 4.4）。

除了能够理解商业以外，梅耶还认识到州政府作为客户的重要性。他扩展了学校与州立组织之间的协作，为建造项目寻求州政府和国家的支持。他引入了试验性地建造大规模集合式住宅构件。包豪斯的作坊为梅耶和威特沃（Wittwer）设计的贝尔瑙工会学校（Bernau Trade Union School）提供

图 4.4 托腾住宅区的建设，德绍，沃尔特·格罗皮乌斯，1927~1928 年。
图片来源：柏林包豪斯档案馆

了所有的室内家具，而包豪斯的建筑系为平民住宅（People's Apartments）而工作，这是托腾地产公司的扩建项目，含有 90 套公寓，学校为这座建筑提供家具和室内陈设。

建筑系分为理论（*Baulehre*）和建造（*Bauabteilung*）两个部分；两者都强调科学和技术。理论关注于科学：采暖与通风、结构、材料、日照计算、技术制图、建筑物设计以及后来的城市规划和住宅区设计"1. 小规模的、特定的建筑项目的系统化过程。2. 在大型项目中以'合作基层组织的形式'（co-operative cells）工作……3. 文凭项目和独立的活动"（引自 Droste 1993）。梅耶信仰集体化和系统化："建筑物不过是组织而已：社会的、技术的、经济的、精神的组织"（引文同上）。他也拒绝传统的建筑师角色："我的建筑学生将不会成为建筑师……'建筑师'已经死了……建筑材料专家、小城镇建造大师、色彩专家——每一种都是合作的工具"（引文同上）。在建筑项目方面的工作由垂直的工作组构成，在同一个团队里既有专家，也有新手，年轻的学生向年长者学习。

师生之间的关系，以及学生之间的关系发生了变化："合作的理想被给予优先地位：合作、标准化、个人与社会之间的和谐平衡"（Droste 1993）。梅耶的传记作家施耐德（Schnaidt）声称，学校不断取得经济成功（以及紧接着的财政和管理自治），及其生产的集体化，对州政府来说，形成了比其经济问题更为严重的威胁。是这一点，而不是梅耶对共产主义的同情，成为所谓的梅耶被要求辞职的一个主要理由（Schnaidt 1965）。

与之相反，德罗斯特认为，学校在政治方面不断极化，加上魏玛共和国的政治活动，导致梅耶被迫辞职："很多这些理念都被信奉共产主义的学生吸取，并使之政治化"（Droste 1993）。尽管梅耶没有公开支持包豪斯的共产主义活动——他把该组织主要的活动家除名了——但是，他自己对于共产主义的同情是显而易见的；在他于 1930 年辞职以后，他和其他 7 名"红色包豪斯之旅"（Red Bauhaus Brigade）的成员一起移居莫斯科。

当严重经济危机于 1929 年回潮时，这是在密斯时期，包豪斯的产品水准下降了。来自于许可权销售的收入，提供了摆脱困境的唯一出路。有些新产品的协议，包括家具和纺织品，在梅耶离开之后签署下来，但是它们是梅耶时期的设计（Hahn 1985）。版税收入尽管重要，但是不足以使学校生存下来。派厄斯·帕尔（Pius Pahl）在 1932 年写道："包豪斯的财政状况是令人绝望的，学费收入的维持仅仅是通过包豪斯师傅做出的巨大个人牺牲"（Neumann 1993）。不像格罗皮乌斯或者梅耶那样，密斯·凡·德·罗认为没有迫切需要为大众消费而创作设计作品。建筑系的学生主要设计私人别墅，与机构认同保持一致，正是因为这样，越来越多的世界各地访客，尤其是来自美国的访客，现在与学校产生了关联。当共产主义基层组织反对密斯的领导，并占领包豪斯校舍的时候，他诉诸军队的帮助。仅这一个举动就终结了包豪斯的"无产阶级化"。然而，密斯试图通过否认学校的任何政治角色——其本身就是一个政治动作——从而避开政治冲突，但是，这样的尝试是徒劳的。在 1933 年，国家社会主义分子设法获得如此极端的意识形态统一，包括要求驱逐几位师傅，以至于密斯别无选择，只能解散了包豪斯。这一次是永久地关闭了。

对梅耶来说，就像对许多同情左翼的人来说一样，批量生产实现了工业技术满足集体需求的诺言。他将政治与经济结盟，重新将设计和建筑学聚焦于日常生活、集体工作、有效率地使用材料，以及合理组织施工。就像包豪斯的第一、第二个阶段一样，包豪斯的第四个阶段，在密斯·凡·德·罗的领导之下，重新将学校确认为形式的动力站，第二位才轮到技术，而社会变革则是遥远的最后一项。梅耶时期缺乏文献记载，使得包豪斯历史中的商业和政治策略边缘化。而从长期来看，梅耶所鄙视的（再）生产的形式——广告和宣传——证明是学校长治久盛的核心。

市场推广和销售

包豪斯的市场营销成果来自于销售首创行动。正如我们在第 5 章将要讨论的那样，学校在政治方面的生存无可避免地与其在出版物和展览中的抛头露面联系在一起。在搬迁到德绍以后，包豪斯师傅们认识到产品的市场营销对于教学和作坊生产的重要性，在印刷作坊课程里加入了广告。在格罗皮乌斯时期，广告作坊由赫伯特·拜耶领导，在梅耶时期，由朱斯特·施密特（Joost Schmidt）领导。拜耶通过诸如"对意识的作用"以及"广告的系统化"这样的课程来展开教学。他的印刷和广告作坊仅仅针对当前重要的项目而工作，为校外商业机构、包豪斯有限公司和学校印制小册子、目录和海报（见图 4.5）。在 1938 年包豪斯展览的目录中，（在当时叫做）排版作坊这个部分除了字体研究之外，每张图片都是商业广告的一个项目。

广告为包豪斯产品和宣传提供了一致的和清晰可见的组织认同。乌特·布吕宁（Ute Brüning）声称，包豪斯是第一个引入平面设计和广告，将之作为一种职业和教育科目的机构（Brüning 1988）。这是不正确的——早在 1900 年，莱比锡市就是德国印刷工业的中心，该市成立了平面艺术和凸版印刷学院（Academy for Graphic Arts and Letterpress Printing），由德国书业协会（German Book Industry Association）提供资助。在这个学院，排版、

图 4.5　德绍包豪斯，市场营销卡片，"永久销售所有德绍包豪斯的产品"，1925~1926 年。
图片来源：柏林包豪斯档案馆

图书设计以及图书装帧与绘画和制图同等重要（Höpel 2008：240）。然而，包豪斯以一所进步学院的身份，使平面设计和广告这一相对新的学科得到德国和全世界的关注以及先锋的地位。

在德绍，学校积极扩张包豪斯有限公司的市场营销，这一切在魏玛就已经通过展览、商品交易会、贸易目录、杂志文章以及推销材料开始了："它的（公司的）首要行动之一，就是印制一套'设计目录'，其中包含了对所有现在可以供应的主要包豪斯产品的简介和照片……这份目录由赫伯特·拜耶设计，在包豪斯印刷"（Droste 1993）。随着经济形势的改善，新的印刷设备在数量和质量方面也在增长，广告不断取得成功。商业界开始认真对待这所学校，商业伙伴关系也在发展。一位学生汉尼斯·贝克曼（Hannes Beckmann）写道："当格罗皮乌斯为了试验的用途，向曼内斯曼钢管厂（Mannesmann Werke）要几码钢管的时候，他被告知，没有材料可以供给这样孩子气的娱乐。然而，后来工业界大大改变了他们的态度"（Neumann 1993）。例如，容克飞机制造公司为布劳耶设计的家具提供了大部分的管状钢材。

贸易展览会——不论是包豪斯发起的，还是常规的商品交易会——形成了重要的销路。学校参加了1923年的法兰克福商品交易会、1924年的斯图加特制造联盟展览，以及1924年以后的可以挣很多钱的莱比锡商品交易会；这类交易会产生了委托任务。直到1924年，包豪斯还在商店中销售其产品，包括一些位于柏林的商店，有许多顾客问津。尽管资金短缺导致有时不能遵守交货日期，但是随着1924年以后德国经济的复苏，销售额又上升了。新建筑的建造产生了新的市场；用包豪斯产品作为室内家具和陈设的建筑就是免费展览的场所。然而，包豪斯没有适当的设备能够廉价地生产产品，并且这些设备的数量和质量都不足以与工业界展开竞争，这样的状况一直持续到搬迁到德绍以后（Hüter 1976）。

到1925年，所有包豪斯产品都贴上了"德绍包豪斯"（Bauhaus Dessau）的标签，并且受到版权保护。包豪斯的名称成为一种商业产品；在为货品贴标签的同时，它本身也成为商品。它成功地体现了一系列复杂的愿望，正如密斯后来说的那样，其简洁明了进一步强化了这些愿景。包豪斯标志的广泛流传，为组织认同增添了砝码。这种认同是在印刷和广告作坊创建起来的，在包豪斯的出版物中得到了再生产。对市场营销的仔细控制，差不多就像包豪斯产品设计本身一样，在1925年至1929年期间，为包豪斯商业添砖加瓦。

尽管拉兹洛·莫霍利－纳吉大量参与了这个工作，但是赫伯特·拜耶是这一努力的核心人物。拜耶创造了"豪斯风格"（house style），所有产品、展览和出版物都遵循这一风格。它渗透到所有包豪斯印刷材料，从印有抬头的信笺到规章制度文件。学校在商业学术宣传品中采用这种无衬线字体，并且没有大写字母，现在这一字体成为经典；这向商业和文化社团预示了一种进步的、平等主义的形象，强化了对于包豪斯的国际知名度来说所必需的认同连续性，我们将在下一章中对这一点展开讨论。

认识到组织认同的重要性在这样一种文化中并非不同寻常，因为在这种文化中，国家社会主义者正想要将之作为大众奇迹扩展到文化和政治生活的方方面面。然而，包豪斯将设计教育、商品生产和市场营销进行结合的强度，在当时的教学机构来说是独特的。包豪斯有限公司所拥有的由师傅和学生组成的小型团队生产出丰富多样的小批量生产的产品、产品原型以及为许可权而进行的产品设计；他们通过精心管理的组织认同，将目标设定为多样化的市场。这些产品产生于学校对于经济活动中的形象、设计的宣传作用的理解之中。

包豪斯有限公司和建筑系都是当时的激进提议，它们代表的不仅是教学的转变，还有财政方面由州政府支持转变为依靠市场力量。它们代表了在这样一个时期，一个州政府的关注目标部分私有化，而该时期其他机构的特点则是集体化。有很多理由可以证明这一点。首先，尽管包豪斯寻求全德工会联合会的支持，但是，其职工和学生并没有加入工会。包豪斯规章制度确保了学徒和熟练工依照手工艺行会的规则，或者在小团队中工作来完成任务委托。根塔·施塔德勒–斯托尔策写道："包豪斯各个作坊之间的联系，使之有可能联合起来完成大型委托任务，对于学生来说，能够看到他所完成的特定任务的整体——以及更多"（Neumann 1993）。因此，包豪斯的劳动力比当时的行会或工会成员更为灵活。

其次，包豪斯的劳动力是经过特殊训练的。具有讽刺意味的是，斯托尔策在描述了他们对于生产和成本估算的把握时，称呼她的女学生为"他"：

> 我要特别强调，用于训练的作坊和为利润而生产的作坊并存，对学生有着良好的影响。他有着为他而设的具体任务；从一开始，他就有着具体的效率指标，而且他对于材料和工具负责。对纺织品的计算，以及对手工艺事务的筹划，所给予学生的实践显然是极少数学校能够提供的。

（Neumann 1993：138）

　　在 1925 年，威廉·内卡写道："这里也没有对机械加工的恐惧，在大工厂中，熟练工人和设计师仍然存有这种恐惧"（Gropius 1925d）。因此，学生的态度与生产改革同样重要。身体认同为包豪斯企业及其组织认同以及精神特质注入了生产需求。首先是生产者的转型，其次是产品转型，都在进展中；教育就是其生产线。下一步也就是要用交换价值填入包豪斯的理念和人物中，并在国际市场上进行流通和销售。这种对于包豪斯意象、个性及其机构本身的利用，推动所有这一切进入作为一种全球教育、零售和旅游现象的第二次生命。

第三部分

欧洲以及欧洲以外地区，1919~1968 年

第5章 社团屋

网络

> ……技术复制可以将原作的复制品置于原作本身所无法达到的情境中。总之，它使得原作在半路上就遇到了旁观者。
>
> 沃特·本雅明，"机器复制时代的艺术作品"
>
> （Benjamin 1968a：220）

通过课内和课外活动、财政方面的创新举措，以及对历史和性别差异性的抹杀，包豪斯为其生产者和产品创造出一种新的身体认同和组织认同，给予工业资本主义商品交换系统的抽象概念一种视觉和空间的形式。通过作坊生产、市场营销和销售努力，它赋予产品以市场吸引力。然而，当学校于1933年关闭时，其产品主要是被德国商业界购买，或被授予许可权。包豪斯的意象、著作和教学是截然不同的；在魏玛包豪斯的早期，它们就已经出现在国际视野中，并具有影响力。

包豪斯理念在全世界的传播既通过个人网络，也通过大众媒介进行。个人关系形成跨越魏玛共和国边界内外的交流和影响的线索，使全世界都接纳包豪斯的理念。与之平行的是，新的通信技术——在两次世界大战期间急速扩张——将包豪斯与遥远的个人、组织和受众联系起来。面对面的人际网络和传媒网络将学校与政客、赞助人、顾问、画廊所有者、出版商、记者、教育家和历史学家，还有欧洲先锋派建筑师和设计师成员联系起来，形成包豪斯支持者和诋毁者组成的一个复杂的系统。通过他们对学校的忠诚，这些人物中的许多人能够接触到大众传媒，并对其产生影响。

画报、收音机、商业摄影、广告、电影院、留声机和电话，还有其他等等，作为可负担的和快速的交流工具在两次世界大战期间出现；包豪斯充分利

图 5.1　包豪斯师傅签名，由汉斯·M·温格勒（Hans M. Wingler）为其著作《包豪斯》（*The Bauhaus*）而排列，日期不详。
图片来源：柏林包豪斯档案馆

用了它们。这些廉价的新传媒使视觉语汇变成了大众现象；它们能够为广大受众去捕捉、塑造和复制语词、声音和图像，在形成政治认同和文化认同，以及帮助界定新的魏玛民族国家方面十分重要。德国艺术、建筑与设计的现代化是魏玛共和国自我定义的一部分，甚至在付诸实践之前，就在报纸、小册子和其他大众出版物的页面上遭到抨击（Miller Lane 1968）。米勒·莱恩指出，德国现代主义（其中包豪斯发挥了关键作用）的鲜明姿态，是由于政客、商人和建筑师实现了媒体的力量，以建构民族意识。通过约翰·沃尔夫冈·冯·歌德的诗歌和戏剧，以及约翰·克里斯多夫·弗雷德里希·冯·席勒的口头语言，最初象征着德国的统一，将文化与政治联系起来。然而，在德国统一之后，这个新的国家转向用图像来表达自身。阿图·莫勒·范·登·布鲁克（Arthur Moeller van den Bruck）（文化历史学家，以及1923 年出版的预言性和有争议的《第三帝国》（*Das Dritte Reich*）的作者）、朱利斯·朗贝恩（Julius Langbehn）（艺术史学家，以及种族主义著作的作者，例如《作为教育家的伦勃朗》（*Rembrandt als Erzieher*）——将伦勃朗视作一个"纯种"德国人），以及理查德·瓦格纳（作曲家和日耳曼文化的热情支持者）将德国的同一性与浪漫主义美学和哥特复兴联系起来；早期包豪斯所采纳的中世纪理想，就回应了这种民族主义的情感。

当魏玛共和国诞生的时候，大众传媒帮助在政治范畴的两翼[1]塑造其同一性。帝国文化传统的崩溃导致娱乐业和先锋派利用新媒体——电影、照片以及后来的收音机——开展文化实验。柏林尤其成为进步的、关注于日常生活和工人阶级文化的艺术、音乐、文学和戏剧的中心。贝托尔特·布莱希特的《三分钱歌剧》（*The Threepenny Opera*）受到百姓和评论界的赞誉；约翰·哈特菲尔德（John Heartfield）的蒙太奇照片出现在柏林的周报《工人画报》（*Arbeiter Illustrierte Zeitung*）上，而"踢乐女孩"（Tiller Girls）[2]同时娱乐知识分子和工人（Kaes 等 1994）。

娱乐业迅速扩张。经济窘困状态将电影院和体育运动的位置提升为最流行的大众娱乐——作为筋疲力尽或垂头丧气的工人的一种逃避手段，因为他们无法欣赏文学、音乐或歌剧。德国电影堪与好莱坞竞争；收音机和大众化报业广泛流行（Kaes 等 1994）。出版业扩张了，到 20 世纪 20 年代中期，魏玛共和国书籍的印刷量是英国和法国的两倍（引文同上：508）。柏林有45 份早报和 14 份晚报；有些周报发行量达到 100 万份。廉价的照片复制催生了以照片为插图的杂志、图书俱乐部以及图书直销。然而，出版物激增导致了通过保守的新闻企业联合的方式所进行的控制和中央集权化，预示了最终它们被纳粹合并（Shirer 1968）。这样一种巨大的、最初是混乱的扩张，为媒体试验提供了大量的机遇，但是也预示了纳粹时代政治宣传的到来。

在德国和欧洲以外地区，将文化、政治和大众传媒结合在一起的努力，依循类似的模式。在 19 世纪晚期，为电报和电话系统安装的洲际海底电缆系统，创造了庞大的、传播信息的新物质基础设施。英国最初拥有该网络的 70%，并提供 90% 的电缆，这是日不落帝国的通讯基础设施；其他帝国政权紧随其后（Huurdeman 2003）。国家层面和跨国的媒体网络（例如路透社，这是英帝国通讯系统的后代），从这种以声音以及后来的图像来包裹这颗星球的过程中出现了。在 20 世纪早期，由于可负担的摄影技术，跨越洲际和大洋的图像传播开始了（引文同上）。到第一次世界大战结束时，很多今天的全球化传媒系统已经就位，包括未来美国主导的种子也已播下；

---

① 指左翼和右翼。——译者根据作者解释注
② 大歌舞时代的踢腿舞。创始人是英国人约翰·替勒（John Tiller）。歌舞女郎面朝前方，把胳膊放在彼此的腰上，整齐划一地踢着腿。——译者注

当美国在冷战时期投资于卫星通讯时，图像和信息的全球化进一步加快了（Chapman 2005）。

然而，两次世界大战期间的媒体通信也是有差异的，其财政状况和内容都受到政治利益的限制，或者正如通常的情形，受到区域或地方条件的限制。在两次战争期间，德国只有几家报社拥有国外记者，比较早期的英国和美国报纸也同样几乎没有驻德国记者。因此，即使兴趣常常是通过出版物启动的，现代性的倡导者之间的重要联系，常常还是以个人交流的形式发生的。直接的国际关系是通过旅行方式产生的，但是这要付出极高的代价。一个由政客、商人、赞助人、出版商、记者以及博物馆馆长，还有艺术家、设计师和建筑师组成的国际精英阶层，能够利用物质的和媒体的通讯途径，因此，在制度认同和国家认同方面能够发挥关键的作用。

组织

文化组织在新的通信网络中形成了重要的结点。德意志制造联盟，以及后来的包豪斯，都示范了在界定国家认同中如何利用这些组织。制造联盟主要通过展览和出版物，致力于德国全球工业地位的提升（Miller Lane 1968）。在第一次世界大战之后，尤其是在极度通货膨胀的那些年，格罗皮乌斯和陶特两人都不能实际地建造建筑，就出版了大量关于建筑的著作。芭芭拉·米勒·莱恩写道：

> 在战后的最初几年，经济形势阻碍了德国任何大规模的建筑建造，那些将要成为现代主义领袖的人被迫主要以著书的形式表达他们自己。
>
> （Miller Lane 1968：41）

当时存在着"带有文化和社会目标的艺术与建筑期刊的传播……大多数……涉及某种将艺术与'民众'建立更多联系的概念，并且相信只有现代艺术才能实施这种功能"。作家和出版商对政客施加压力，促进他们参与文化新生："这是要求这个新国家将其支持力量都投入到该目标中"（Miller Lane 1968）。然而，这种通过宣传使艺术和建筑政治化的倾向又回到其创始者的脑海中。随着文化与进步的政治活动产生关联，保守的政客——将社会稳定与文化传统联系起来——给予了反击。包豪斯在其存在期间的重要政治斗争，在于捍卫自己，反对那种说包豪斯在生产布尔什维克艺术的论调。学校抗辩说，艺术和建筑与政治无关，然而，这些争辩都是徒劳的，因为学校早期依赖于与政治现代性和建筑与艺术的现代主义的联系。

德意志制造联盟的教育改革任务，形成了将德国认同为进步文化和工业领袖的努力的一部分。它组织了大量的艺术、平面设计和工业设计，以及建筑展览，来展现德国取得的进步，例如于 1927 年建成的魏森霍夫建筑展（Weissenhof Siedlung），当时，密斯·凡·德·罗是联盟主席。

受到魏玛共和国改革主义氛围的鼓励，第一次世界大战之后出现了其他团体，通过展览、出版物、演讲和写作来倡导现代化。格罗皮乌斯是艺术劳工委员会（1918~1921 年）的一位创始成员。这个组织旨在对艺术、设计和建筑的整体教育进行改革，与大众产生联结。然而，艺术劳工委员会在 1918 年 12 月的宣言中清晰地表明，这不是"一个抵抗经济利益的联盟"，而是要求。

> 对艺术学校及其课程进行重组；终止专横独裁的监管，由艺术家联合会和学生来选举教师，取消奖学金，将建筑、雕塑、绘画和设计学校联合起来，建立工作和试验的工作室。
>
> （Miesel 1970：171）

第三个团体，即十一月学社（Novembergruppe）（1918~1933 年），由立体主义、表现主义和结构主义艺术家和建筑师组成，后来又有音乐家加入，他们也致力于重构教育。

很多这样的组织都涉及包豪斯的重要人物，尤其是那些师傅（见图 5.2）。沃尔特·格罗皮乌斯于 1910 年离开了彼得·贝伦斯的事务所，随后与阿道夫·梅耶合作创办事务所，之后就加入了德意志制造联盟（Kress 2008）。莉莉·赖希（Lilly Reich）于 1920 年成为制造联盟的主任，而密斯·凡·德·罗在 1926 年至 1932 年期间担任副主席。包豪斯在艺术劳工委员会的成员包括莱昂纳尔·费宁格、格奥尔格·科尔贝（Georg Kolbe）和格哈特·马克斯（Gerhard Marcks）；在十一月学社的成员是莱昂纳尔·费宁格、瓦西里·康定斯基、路德维希·密斯·凡·德·罗和乔治·穆希。其他包豪斯师傅则是展览的参与者；保罗·克利通过这个学社认识了约翰·伊顿，随后伊顿推荐克利担任包豪斯的职位（Franciscono 1991：242）。伊顿自己则是通过格罗皮乌斯的妻子阿尔玛·马勒认识了格罗皮乌斯，阿尔玛是古斯塔夫·马勒（Gustav Mahler）的前妻。拉兹洛·莫霍利-纳吉和奥斯卡·施莱默都参加展览；施莱默在 1919 年是斯图加特艺术学院（Stuttgart Art Academy）

图 5.2 包豪斯师傅站在德绍包豪斯校舍屋顶上，在 1926 年 12 月 5 日的开幕式上；从左到右：约瑟夫·艾尔伯斯、欣纳克·谢帕·乔治·穆希、拉兹洛·莫霍利－纳吉、赫伯特·拜耶、朱斯特·施密特、沃尔特·格罗皮乌斯、马歇·布劳耶、瓦西里·康定斯基、保罗·克利、莱昂耐尔·费宁格、根塔·斯托尔策、奥斯卡·施莱默。
图片来源：柏林包豪斯档案馆

的教授，他是通过这样的关系获得包豪斯职位的。

格罗皮乌斯还参加了其他团体，包括"玻璃书信联盟"（Die Gläserne Kette），这是一个成立于 1918 年、主要由表现主义建筑师组成的组织，这个组织与"桥社"（Die Brücke，1905~1913 年）及其后继者"青骑士社"（Der Blaue Reiter，1911~1914 年）有关联，所有这些组织都是由表现主义艺术家组成的。"桥社"中没有包豪斯的成员，但是康定斯基和费宁格都是"青骑士社"的成员。马克斯·佩希斯泰因（Max Pechstein）是"青骑士社"的创办人，他也是十一月学社的创办成员，以及艺术劳工委员会第一份宣言的签署人。后来，"环"（Der Ring）组织成立于 1926 年，由来自先前的"十环学社"（Zehner-Ring）的建筑师组成，他们与十一月学社和艺术劳工委员会有着密切的关系。其中是包豪斯成员的有格罗皮乌斯、阿道夫·梅耶、密斯和弗雷德·佛贝特（Fréd Forbát），密斯曾经是最初的"十环学社"的成员，就像格罗皮乌斯、费宁格和佩希斯泰因一样，他的角色是多个组织之间的联系人。

这些组织彼此之间有着广泛的联系。[1] 包豪斯成员也属于成立于 1928 年的德国革命艺术家协会（Association Revolutionärer Künstler Deutschlands-ARBKD），该组织是基于"红色小组"（Red Group）以及俄国革命艺术家协会（Association of Artists of Revolutionary Russia—AkhRR）、"青年莱茵"
（Das Junge Rheinland）、"新莱茵分离主义"（Neue Rheinische Sezession），
以及"新法兰克福"（Neue Frankfurt）等组织的模式而成立的（Dietzsch
1991）。往更远一点，他们还参加了诸如美国匿名社（Societé Anonyme）
（见下文）和法国抽象性创作（French Abstraction-Création）这样的团体。
此外，在第一次世界大战以前，德意志制造联盟在欧洲其他国家拥有平行
机构，例如奥地利制造联盟（Österreichischer Werkbund，成立于1910年），
以及捷克制造联盟（Svaz Českého Díla，成立于1913~1914年的冬天）。
在第一次世界大战之后，一些重要的组织与包豪斯产生了联结，例如荷兰
风格派（1917~1931年）——马特·斯坦（Mart Stam）和特奥·凡·杜斯
堡都访问过包豪斯，并且在此执教。"九支力量"（Devětsil）在1920年出
现于捷克斯洛伐克，其主席卡雷尔·泰格（Karel Teige）曾经是包豪斯的
客座教授。

　　其他更远的联结包括持续时间很短的意大利未来主义者——一个由艺
术家、建筑师、音乐家、作家和电影摄制者成立于1909年的组织；英国
漩涡主义者（British Vorticists）成立于1910年，几年以后又出现俄国未
来主义团体［"热带雨林"（Hylaea）[①]、"离心机"（Tsentrifuge）以及其他
小组］。俄国的构成主义者（Russian Constructivists）（1917年至大约1934
年）——由艺术家、设计师和建筑师组成——与至上主义者（Suprematists）
有密切的关联，通过康定斯基与包豪斯产生联结，他是其第一任主席；有
很多人都在莫斯科国家高等艺术暨技术工场（Higher State Artistic-Technical
Studios—VKhUTEMAS）执教，我们将在第6章展开讨论。在1923年举办
的意大利装饰艺术和应用美术三年展（Italian Triennale of Decorative and
Applied Arts）和意大利"七人小组"（Gruppo 7）的主要作用是产生了第一
个意大利现代主义设计，并且是意大利理性主义的先驱，在1926年发表了
其成立宣言。未来主义者和七人小组与法西斯主义结盟；因此，尽管他们
的活动一直延续到20世纪40年代，但是与包豪斯的接触微乎其微。

　　包豪斯人也隶属于无数德国和国际专业组织。在德国，这些组织包括
德国建筑师协会［Bund deutscher Atchiteckten—BdA，这个组织在西德和东德
都有，在第二次世界大战之后，埃德蒙·科莱因（Edmund Collein）成为在
东德的该组织主席］、东德技术委员会（Kammer der Technik—KdT）、德国艺
术家协会（Verband deutscher Künstler—VdK）、德国工业设计师协会（Verband

---

①　未来主义文学组。——译者注

deutscher Industrie Designer–VdID），以及无数的艺术家聚居地，包括位于菲舍胡德、吉尔登豪尔（Gildenhall）和沃普斯韦德（Worpswede）的聚居地。在国际层面，第二次世界大战之后，沃尔特·阿兰（Walter Allner）成为《图像》（Graphis）杂志的编辑，后来成为美国《财富》杂志的设计师；胡贝特·豪夫曼（Hubert Hoffmann）领导了国际建筑与城市化大会（Internationaler Kongress für Architektur und Städtebau–IKAS），而法尔卡斯·莫尔纳（Farkas Molnár）领导了当代建筑学问题国际研究委员会（CIRPAC）的匈牙利分支机构（Dietsch 1991）。格罗皮乌斯是德国建筑师协会、国际现代建筑协会（CIAM）、美国建筑师学会（AIA），以及国际建筑师协会（UIA）的成员，还是许多其他组织的荣誉会员。

在包豪斯整个 14 年的历程中，与美国学术机构之间的联系也在发展，直到纳粹兴起上台。尽管洲际旅行是昂贵的，但是，一些包豪斯重要人物在 20 世纪 20 年代和 30 年代早期仍然远涉重洋到过美国。包豪斯也接待越来越多的美国访问者（Kentgens–Craig 2001）。仅在 1931~1932 年冬季学期，这些来访者中就包括来自哈佛大学、位于匹兹堡的卡内基学院、加利福尼亚大学伯克利分校以及俄勒冈大学的人士（引文同上）。当格罗皮乌斯在 1928 年辞去包豪斯校长职位之后，他和妻子到美国访问 8 周，萨默菲尔德夫妇提供了部分资金并陪同前往。他们访问了几座主要美国城市，还包括位于底特律的福特汽车工厂。但是，此行最重要的是，与未来哈佛大学建筑系主任约瑟夫·赫德纳特（Joseph Hudnut），以及《建筑实录》的编辑、现代主义倡导者劳伦斯·科赫尔（Lawrence Kocher）建立了联系（引文同上）。其他在 20 世纪 20 年代访问美国的包豪斯人，包括出生于美国的莱昂纳尔·费宁格和乔治·穆希。

将包豪斯与关于设计、建筑学和教育的国际争辩联系起来的最重要组织是国际现代建筑协会（CIAM）。CIAM 成立于 1928 年，勒·柯布西耶是其首创者，以及后来"事实上的"领导者。西格弗里德·吉迪翁（Siegfried Giedion）是首任秘书长。在 30 年的历史中，该组织的纲领不断发生转变，开始时是可负担住宅的批量生产，接着（在 20 世纪 30 年代政治动荡时期）重新关注于较少意识形态的概念，即生产的工业化，以及（跟着第二次世界大战之后）暗藏的、关于城市化殖民理念（Zimmerman 2001）。CIAM 的创始成员包括梅耶、斯坦以及来自大多数欧洲国家的代表。格罗皮乌斯没有参加第一届会议，但是在 CIAM 的第二届会议中，吉迪翁宣读了格罗皮乌斯关于极简主义住宅的社会学基础（Sociological Foundations of the Minimum Dwelling）的演讲（Mumford 2002）。格罗皮乌斯参加了第三届

CIAM 大会（1930 年在布鲁塞尔举行），此时梅耶和斯坦已经前往苏联，这是 CIAM 背离社会主义理想的开端。格罗皮乌斯由于个人和意识形态方面的阻碍没有获得成员资格，现在这些阻碍已经日渐式微，他深深地卷入了该组织的活动中，在第二次世界大战结束之后，积极参与到其执行机构——解决当代建筑学问题国际研究委员会（Comité International pour la Résolution des Problemes de l'Architecture Contemporaine-CIRPAC）之中。CIAM 在战后的成员资格扩展到包括南美洲、亚洲、非洲和澳大利亚，"类似于一个半公共的跨国机构，带有一系列半独立的（有时是叛徒式的）参政权"（Zimmerman 2001）。CIAM 的城市原则并没有对美国产生广泛的影响，但是影响了欧洲的城市化，并且通过 CIAM 的国际成员（常常与殖民网络联系在一起），影响了世界上其他地区。欧洲、亚洲和南美洲拥护 CIAM 关于大规模再开发的理念，将必需的商业、住宅、交通和管理基础设施与帝国的生产体系整合起来。[2]

尽管 CIAM 试图在资本主义发展的结构需求之内结合社会项目，但是，在光谱的另一端，在第二次世界大战之后，包豪斯的名称却是被反资本主义的团体传承下来的。包豪斯印象运动国际（International Movement for an Imaginist Bauhaus）成立于 1953 年，创始人是丹麦艺术家阿斯戈·尤恩（Asger Jorn）以及意大利艺术家昂立克·巴耶（Enrico Baj）和塞尔焦·丹杰洛（Sergio Dangelo），他们吸取马克思主义和超现实主义对消费主义的批评，倡导对非预谋欲望进行艺术和城市实践。[3] 在 1957 年，这场短命的运动并入了国际情境主义运动（Situationist International）之中，其主要知识分子居伊·德波（Guy Debord）在 1967 年出版了《景观社会》（Society of Spectacle）。在西奥多·阿多诺（Theodor Adorno）和马克斯·霍克海默（Max Horkheimer）关于文化产业的著作基础上，该书谴责同一个消费文化和帮助其产生受众的大众传媒，这预示了让·波德里亚（Jean Baudrillard）、保罗·威维瑞里奥（Paul Virilio）和其他学者著作的诞生。这些组织要么通过包豪斯师傅、学生和校友，要么通过在出版物、展览、电影、广播和公开演讲中传播的理念与其联系起来。

出版物

欧洲的艺术、设计与建筑学团体，以及后来的其他海外组织，也通过出版物创造了强大的交流网络。印刷成本低廉，使得甚至小型机构也可以在杂志和手册中发表作品，或者创办杂志和手册。德国表现主义团体"桥社"和"玻璃书信联盟"在哈尔瓦尔特·瓦尔登（Herwarth Walden）的《狂飙》（Der Sturm）杂志（1910~1932年）中发表作品。德意志制造联盟杂志《造型》（Die Form）的特色是关于建筑和平面设计的文章，以及关于类似组织的报道（Long和Frank 2002：120）。包豪斯出版了官方杂志《包豪斯设计杂志》（Bauhaus Zeitschrift für Gestaltung）（1926~1931年），以及非常短暂的学生杂志《交流》（1919年）[4]，并且在20世纪20年代晚期还出版了学生共产主义团体"共产主义学生支部"（KoStuFra）的刊物。第一期《交流》挑战了传统学院派，其特色是一幅表现主义木刻作品，反映的是一张饱受创伤的脸。《包豪斯设计杂志》由赫伯特·梅耶进行设计，记载了学校活动的大部分侧面，从课程到作坊生产的作品，欧洲先锋派艺术家、设计师、建筑师、电影制作人、作家和诗人成为其主角。包豪斯的事件和作品也出现在其他进步的欧洲杂志中，到了20世纪20年代晚期，也出现在北美的杂志中。[5]在苏联，埃尔·李西茨基（El Lissitzky）和伊里亚·爱伦堡（Ilya Ehrenburg）创办的《对象》（Vesch）杂志，以及电影制作人汉斯·里希特（Hans Richter）的《基础设计"G"杂志》（G-Zeitschrift für Elementare Gestaltung）（1923~1933年）都是构成主义的杂志，它们也以包豪斯为主角；据说密斯·凡·德·罗曾经为两份杂志提供资金，并且为第二份杂志提供项目（Hanssen 2006）。包含平面设计的杂志，例如《广告艺术》（Gebrauchsgrafik），也强调包豪斯的设计。

在包豪斯的三任校长中，格罗皮乌斯是最多产的传播者，拥有着广泛的网络。仅仅在1924年至1936年之间，他与大众媒体的联系就扩展到超过160种杂志、出版社、报纸和广播电台，分布在德国、欧洲和美国，从1937年到1969年，又增加了100多种杂志。他广泛与艺术、建筑与设计以及其他方面的组织进行交流——在1919年至1936年间，就有超过40个组织机构——尤其是与艺术劳工委员会、CIAM，以及当代建筑学问题国际研究委员会进行联系。他与主要的欧洲和北美艺术家、知识分子、商业领袖和文化领袖之间的联系，意味着他与数百位人士交流。他也培养个人关系，包括有潜力的学生。当他在1911年加入制造联盟时，就开始四处演讲，但是，直到他辞去包豪斯校长职务之后，他才完全作为公众演讲人出现。在1929年至1933年期间，他主要在德国演讲，但是，随着纳粹掌权之后，他在国外的演讲活动增加了。

包豪斯在公众领域的同一性和影响力主要是通过出版物而形成的。在针对这一领域的研究当中，芭芭拉·米勒·莱恩撰写的《德国的建筑与政治》（Architecture and Politics in Germany）（Miller Lane 1968）是最全面的，尽管弗兰克·惠特福德对该主题贡献了有用的一个章节（Whitford 1984），而玛格丽特·肯特根思－克雷格（Margaret Kentgens-Craig）在其撰写的《包豪斯和美洲：第一轮接触 1919~1936 年》（*Bauhaus and America*：*The First Contacts 1919-1936*）中强调了在包豪斯转向美国的过程中媒体的重要作用（Kentgens-Craig 2001）。米勒·莱恩令人信服地争辩说，包豪斯公共关系战役不仅刺激了大批宣传材料的产生，而且将格罗皮乌斯定位于该学校的全国，以及后来的全世界宣传员和档案保管员。

从一开始包豪斯就引发了争议。负面的公众评论首先出现在 1919 年 12 月中旬，也就是魏玛市议会递补选举期间。在由心怀不满的市民、艺术家和艺术学院教授组织的公开会议中，表面上是关于候选人的会议，实际上第一个议程事项是魏玛的现代艺术（Miller Lane 1968）。在接下来的几个月中，这个团体与当地新闻界结盟，猛烈抨击这所学校。该地区的新闻界人士，包括莱昂哈德·施里克（Leonhard Schrickel）和马蒂尔德·冯·弗赖塔格－洛林霍芬男爵夫人（Mathilde Freiin von Freytag-Loringhoven）（魏玛市议会的一位成员），为图林根（右翼）报纸《德国》（*Deutschland*）撰写文章，认为包豪斯是外来的、非德国的（引文同上）。在 1922 年，这种攻击再次出现，在 1923 年，随着"包豪斯周"展览的举办，这种攻击又一次浮现。米勒·莱恩注意到："与展品在全国范围受到的一片赞同性的接纳相反，它们受到图林根大部分新闻媒体就审美和哲学根基方面的持续攻击"（引文同上）。就像政治和经济冲突不断加剧一样，对包豪斯的攻击也与日俱增。

这种攻击中大部分都是对外来事物的恐惧，同时也是不正确的。米勒·莱恩写道：

> 在 1923 年，一篇在多家报纸同时发表的、题为"无事生非"（Much Ado about Nothing）的文章最先出现在《耶拿新闻》（*Jenaische Zeitung*）上，宣称学校领导被迫展示局外人的作品，以掩饰其教育学生的失败。
>
> （Miller Lane 1968：76）

格罗皮乌斯从第一次攻击时就开始收集报纸和期刊的剪报，精心布置了宣传战役进行反击。他利用最有利的剪报来发表答复，几乎回应了每一次进攻。在 1923 年，他就"包豪斯周"展览发表了一系列演讲，以及著名的、被广泛传阅的《包豪斯的理论与组织》（*Theory and Organisations of the*

Bauhaus)。到 1924 年，关于包豪斯的激烈辩论，比任何其他方式使这所学校及其作品在德国获得更多的知名度。几乎德国所有主要报纸和最流行的杂志都报道了包豪斯之战；学校在成立 5 年之后，就成为全国新闻。

1924 年之后，随着经济形势好转，建造需求上升，关于教育的辩论转向关于建筑的辩论。诸如陶特和格罗皮乌斯这样的建筑师因其建筑代表着德国文化，现在要么被颂扬，要么被批评。尽管现在这些实践更加为所处的时代接纳，但是格罗皮乌斯继续以演讲和电台广播的形式对包豪斯进行宣传，因此，学校与进步势力之间的联系持续发展下去。然而，建筑与社会和文化的密切关系这种思想，有可能通过与新政治秩序的关联被转化成意味着必定对传统有破坏性后果。格罗皮乌斯充分意识到出版物和展览的政治力量，最终，由于包豪斯不断被指控为革命活动的贼窝，使他就像密斯一样，全然否认学校担任着任何政治角色。

包豪斯以言论和文章的形式、当然还有包豪斯出版物和展览的方式进行着命运的抗争。包豪斯第一个出版物就是现在著名的、广为流传的 1919 年成立宣言（Gropius 1919d）。到 1922 年，学校已经开始与出版商进行协商，即包豪斯的书籍由学校进行设计和印刷，出版商仅提供材料、劳动力和发行渠道。学校试图获得有竞争力的报价，但是因通货膨胀以及各公司无法保证价格而挫败。因此，第一套书——"新欧洲画册"（New European Print）系列——在 1921 年由包豪斯出版社（Bauhausverlag）出版。这些书采取作品选辑的形式，包括费宁格和其他包豪斯师傅的卷册。还有三卷是关于德国、意大利和俄罗斯艺术家的，将包豪斯的重要人物与欧洲现代主义的一些最早期和最重要的拥护者联系起来。

第一个有着重要公众影响的包豪斯出版物是"包豪斯周"展览目录，其中包括了该校最初 4 年的历史。在 1925 年，也就是包豪斯有限公司成立一年以后，学校与慕尼黑阿尔伯特·朗根出版社（Albert Langen München Verlag）结成伙伴关系，在接下来的几年中，以德语出版了 14 卷关于包豪斯各位师傅以及其他重要现代主义人物的作品——这一令人赞叹的出版效率反映了经济的改善，以及该校搬迁到德绍之后展现出的新的自信（见图 5.3）。第一本书是格罗皮乌斯的《国际建筑》（*Internationale Architektur*），记录了作为"包豪斯周"展览一部分的国际建筑展，包括了德国、荷兰、瑞士、法国、美国、匈牙利和捷克建筑师的作品；第二本书是关于克利的专著；第三本书的主角是"号角屋"；第四本书是施莱默领导的包豪斯戏剧作坊的作业。与之平行的是，包豪斯的印刷——以及（后来的）广告和排版——作坊制作了大量传单和广告小册子，有些早在

图 5.3　包豪斯图书目录，第 1~8 卷，阿尔伯特·朗根出版社（Albert Langen Verlag），慕尼黑，拉兹洛·莫霍利－纳吉，1926 年。
图片来源：柏林包豪斯档案馆 © 2010 纽约艺术家权利协会（ARS）/ 波恩 VG 图片艺术博物馆

1922 年就出现了。校外的业务活动也在印制其他材料。一本关于包豪斯出版社的剪辑的书于 1924 年出版。

　　这些大量的包豪斯出版物成为学校赢得国际声誉的基础。它们成为"包豪斯：1919~1928 年"展览以及第二次世界大战结束之后出现的包豪斯档案馆的重要资料来源。格罗皮乌斯继续在美国开展他的宣传攻势，到达美国之后，他就联系了重要的新闻媒体［同时刊登了一张他本人站在他 1922 年设计的芝加哥论坛报大厦（Chicago Tribune Tower）竞赛作品前的照片］，以此宣布他想要将"新建筑"带给美国（Nerdinger 1983）。

　　他的历史阶段随着邀请他举办"包豪斯：1919~1928 年"展览而到来了。本次展览的目录《包豪斯：1919~1928 年》于 1928 年出版，于 1952 年、1955 年（德语版）、1959 年、1972 年和 1975 年重印，几乎没有对原版进行改动，成为以英语为语言的、最广泛出版的包豪斯书籍。这本书要归功于赫伯特·拜耶、沃尔特和艾斯·格罗皮乌斯夫妇。阿尔弗雷德·巴尔撰写了前言，格罗皮乌斯和亚历山大·杜尔纳为目录撰写了文章，这份目录成为里程碑式的文献。[6] 它成为第一本为广大国际读者群撰写的包豪斯历史书，但是，也留下许多未言说的事。目录偶尔提到学校困难的政治历史，将这次展览呈现为客观事实和谨慎的文献记载的陈列室。巴尔称之为"证据——照片、文章和行动领域所做的笔记——的收藏"，在封底详细解释了这段声明（Bayer 等 1975）。这是一个重要的"门户"出版物，一份复杂的文献，如果可以说，它部分地是文献的话，同时面对不同的读者群。它将书籍、杂志和目录的形式结合起来，利用现代先进的排版技术，将这所学校呈现为新形式——艺术、人工制品和建筑——的动力站。

然而，这还不是第一份呈现给美国公众的包豪斯出版物。在第一次世界大战之后，由于刚刚获得经济方面的信心，美国致力于占领国际文化舞台，认识到就现代性展开跨越大西洋对话的重要性。这些都通过建筑杂志［例如《建筑论坛》（*Architectural Forum*）、《建筑实录》、《美国建筑师学会会刊》（*AIA Journal*）、《美国建筑师》（*American Architects*）、《铅笔画》（*Pencil Points*）和《庇护所》（*Shelter*）］而得到发展，尽管发展缓慢。这些杂志以欧洲的建筑与设计为主要特色，尤其是德国的建筑，也包括对德国杂志的评论。美国的艺术杂志也将包豪斯理念带给美国受众；其中一份名为《自由人》（*The Freeman*）的杂志早在 1923 年就发表过一篇关于包豪斯的文章；作者赫尔曼·乔治·舍费尔（Herman George Scheffauer）在一年以后又为《建筑评论》撰写过关于格罗皮乌斯的文章（Kentgens-Craig 2001）。

这些文章由一小群精英作家撰写。阿尔弗雷德·巴尔、亨利·罗素-希契科克（Henry Russell-Hitchcock）、菲利普·约翰逊——都是"哈佛人"——在使现代艺术取得合法地位方面所发挥的作用，都有详尽的文献记载；他们采用的描述新建筑的术语——国际式，与美国不断增长的经济和政治期待产生共鸣，还巧妙地回避了欧洲现代主义最初与社会主义的联结。[7] 其他包豪斯倡导者，包括凯瑟琳·鲍尔（Catherine Bauer），她是一位具有影响力的城市住宅开发活动家，后来成为威廉·沃斯特（William Wurster）的合作伙伴（包豪斯人马歇·布劳耶的学生，在哈佛就读，最终成为麻省理工学院和加利福尼亚大学伯克利分校的建筑系主任），在她 1934 年出版的关于现代住宅开发的书中，展现了包豪斯理念。在艺术领域，《小评论》（*Little Review*）（画廊和杂志）在展现现代艺术，包括包豪斯的现代艺术方面，发挥了重要的作用（Platt 1985）。

照片对于出版物的影响是非常重要的。按照肯特根思-克雷格的观点，露西娅·莫霍利（Lucia Moholy）拍摄的德绍包豪斯校舍的那些图片（格罗皮乌斯在没有得到她许可的情况下，有嫌疑地使用了很多年），在美国尤其具有影响力；它们在国际杂志上的频繁出现有助于将包豪斯主要与建筑学和建筑师联系起来（Kentgens-Craig 2001）。[8] 施莱默戏剧作坊的演出照片，包括他制作的服装、面具和雕塑也显著地成为特色，尤其是在全世界的包豪斯展览和相关目录上，关于学校日常生活的图片也是如此。但是，最多见的是关于包豪斯产品的照片。

包豪斯的宣传、引人注目的照片、英语出版物以及后来全世界对包豪斯作品和教学的译介，强化了学校的国际影响力。现代主义艺术、建筑与设计的图片传播到英语国家以外——例如，在 20 世纪 20 年代晚期，通过诸如《现代建筑》（*Kokusai Kenchiku*）和《日本世界建筑》（*Nihon Intanashonaru Kenchiku*）这样的杂志，传播远至日本（Reynolds 2001）。在第二次世界大战结束之后，这类图片和文本的传播进一步加强，当时，美国利用文化作为冷战工具，英国也效仿美国，试图在其日渐式微的帝国内留住文化权威地位。

展览

"包豪斯：1919~1928 年"展览不是该校的第一次重要展示。展览与德国包豪斯的政治生存、商业实践以及文化网络是不可分割的。正如在第 4 章中所讨论的，尽管魏玛包豪斯的学徒和熟练工在 1922 年已经展览过他们的作品，但是包豪斯举办的"包豪斯周"展览——第一次重要的公众宣传成就——却是由图林根政府强加给学校的，在当地几乎没有获得好评。然而，建筑画、照片和模型（主要是欧洲和美国建筑师的作品）的展示，成为"包豪斯周"展览的一部分，吸引了重要的国际关注。这一点以及相应的、针对包豪斯的论战，吸引了来自德国几千名的参观者，以及来自其他国家的大量参观者，在接下来的 5 年里，导致在其他显赫国际场所举办这一展览，例如巴黎、柏林和巴塞尔。

1930 年的巴黎艺术家装饰沙龙（Salon des Artistes Décorateurs）展览是极为重要的。仅仅在包豪斯成立 11 年，包豪斯校长格罗皮乌斯离开学校两年之后，这一展览将包豪斯与魏玛共和国的国际认同联系起来。后来阿尔弗雷德·巴尔写道：

> 这一时期，包豪斯的材料、排版、绘画、印刷、戏剧、艺术、
> 建筑、工业产品，都已经在美国的展览中展出过，尽管没有哪个

地方像 1930 年的巴黎艺术家装饰沙龙展览那样重要。整个德国展品部分都是在格罗皮乌斯的指导下布展的……世界其他地区开始接纳包豪斯。

（Barr 1938：5）

这个展览由德国政府负责资金，最初想要由德意志制造联盟主办，该组织把展览主办权转给格罗皮乌斯、拜耶、布劳耶和莫霍利 - 纳吉。他们四人主要关注于日用品的展览，例如男装——以强调“现代主义设计与第一次世界大战前由制造联盟制作的男装之间的关系”（Overy 2004）。取自施莱默的“三人芭蕾”（Triadic Ballet）的图片，以及格罗皮乌斯为艾尔温·皮斯卡托（Erwin Piscator）的“整体戏剧”（Total Theatre）所做的设计，与“新德国”的幻灯片共享一个空间。这是一种强化学校声誉的修辞效果，西格弗里德·吉迪翁称之为：“对包豪斯培育出的作品姗姗来迟的认可……对它的国际评判……将天平压向了德国一端”。一位匿名评论员写道：“唯一的现代国家，就是那个明确了解未来的条件和需求，已经对所有那些称之为装饰艺术的、过时的大杂烩进行过灵魂清洗的国家。正如众所周知的，那个国家就是德国”（引文同上）。布置在男模特的客卧两用房间里的地球仪，以及休息室和咖啡吧内的两张世界地图，进一步强化了德国的全球化愿景。

尽管事实是仅仅在 10 年之后，“包豪斯：1919~1928 年”展览就获得了声誉，但是对许多 20 世纪的建筑和设计史学家来说，这一展览成为该学校进入世界历史教科书的入口。在展览开幕的时候，包豪斯的两任校长和许多师傅和学生已经身在美国。1937 年，格罗皮乌斯（及其携带的大批档案）到达哈佛，激发了对包豪斯回顾展的兴趣；哈佛系主任约瑟夫·赫德纳特取得现代艺术博物馆建筑委员会的成员资格，似乎也是有帮助作用的。

然而，这不是美国或现代艺术博物馆第一次举办关于现代艺术、设计与建筑的重要展览。1913 年，在纽约举办的国际现代艺术展（军械库展览）（International Exhibition of Modern Art–Armory Show）展示了来自欧洲的毕加索和塞尚的作品；尽管具有争议，但是这次展览启动了现代艺术市场。1920 年，后来成为现代艺术博物馆董事会成员的凯瑟琳·杜埃尔（Katherine Dreier），还有曼·雷（Man Ray）和马歇尔·杜尚成立了匿名社，以促进现代艺术；杜尚已经在军械库展览中展出过作品。主要的美国博物馆，例如大都会艺术博物馆、宾夕法尼亚美术学院（Pennsylvania Academy of Fine

Arts)博物馆和布鲁克林博物馆在 20 世纪 20 年代曾经展出过欧洲现代艺术。诸如匿名社这样的画廊和团体，诸如凯瑟琳·杜埃尔和葛楚·范德伯尔特·惠特尼（Gertrude Vanderbilt Whitney）这样的赞助人，诸如马歇尔·杜尚和阿尔弗雷德·史迪格利茨（Alfred Stieglitz）这样的艺术家，以及诸如斯特凡·布儒瓦（Stephan Bourgeois）和查尔斯·丹尼尔（Charles Daniel）这样的博物馆馆长和画廊所有人，仅仅是展示现代艺术的一部分人士和组织（Platt 1985）。

在建筑领域，1932 年的国际式展览成为建筑学的里程碑，就像军械库展览成为艺术界的里程碑一样。它有助于将希契科克和约翰逊——该展览的主办方以及目录和书籍的作者——定位于先锋建筑的主要倡导者。[9] 1938 年举办的包豪斯展览并不是在美国第一个突显该学校的展览。[10] 1926 年，布鲁克林博物馆以包豪斯作品为主题举办过展览，后来在 1931 年，哈佛当代艺术协会（Harvard Society for Contemporary Art）也举办过类似展览。后者强调建筑学，也包括了包豪斯艺术家的作品，菲利普·约翰逊提供了展品，为此增添了声誉；展览还在纽约和芝加哥举办，为格罗皮乌斯、密斯、费宁格和莫霍利 – 纳吉的未来职业发展奠定了基础（Kentgens-Craig 2001）。

肯特根思 – 克雷格写道，20 世纪 20 年代，展览设立了呈现建筑的新途径。在此之前，建筑展在形式方面采取的是工业或商业展的形式——包括理想住宅展览、建成实例，如 1927 年魏森霍夫建筑展，或者是国家主义的宣传，如 1930 年的巴黎展览。直到那个时候，建筑图、照片和模型都还不具有博物馆收藏价值，但是，由于诸如现代艺术博物馆这样的机构以及相关出版物，建筑图、照片和模型获得了文化价值。巴尔、希契科克和约翰逊帮助启发了对建筑表现和建筑物的关注，这些在先前被认为是平淡无味的（Colomina 1994）。书籍和电影发挥着重要的作用，但是成本过于昂贵；国际式展览最开始也是想以图书的方式呈现的，但是由于出版成本高，最终成为一场展览（引文同上）。[11]

"包豪斯：1919~1928 年"展览所处的时期政治氛围比其先例，即 1932 年国际式展览更为紧张。经济大萧条加剧了对社会主义和共产主义的预期和恐惧，这表现在工人暴动和保守派的逆反应上。非美调查委员会（House Committee on Un-American Activities）下定决心将那些与颠覆性政治活动有干系的外国人驱逐出境，因此，包豪斯展览的主要策展人赫伯特·拜耶与格罗皮乌斯和巴尔密切合作，以避免任何的政治关联，也保护了身处纳粹德国统治下的许多包豪斯人。

　　这次展览以极大的热情开始筹备。1937 年 9 月，巴尔、莫霍利－纳吉和桑迪·沙文斯基聚集在格罗皮乌斯位于马萨诸塞州马里恩的夏季别墅中，他们讨论了在芝加哥刚成立的"新包豪斯"的现状，以及如何回应现代艺术博物馆邀请格罗皮乌斯组织包豪斯展览的事；格罗皮乌斯和拜耶已经与巴尔和约翰·麦克安德鲁（John McAndrew）讨论过这个主意，后者是现代艺术博物馆的建筑与工业艺术部管理人。拜耶接受委托负责展览的组织、设计和目录事宜。格罗皮乌斯和拜耶请密斯贡献其收藏的档案，但是没有成功。[12] 就目前所知，这个小组没有联络汉斯·梅耶，那个时候，他已经离开苏联，暂时返回了瑞士。展览因此起名为"包豪斯：1919~1928 年"；那被忽略的 5 年中的政治争议和商业创举都被抹去了，从那时开始，包豪斯就主要与沃尔特·格罗皮乌斯相关联了。

　　展览于 1938 年 12 月 6 日在纽约洛克菲勒中心开幕，这是现代艺术博物馆的临时馆址（见图 5.4）。开幕式引起了广泛的关注，"参观展览的人数不胜数，类似的盛况是我们在欧洲不常见的"（Gropius 1939）。博物馆发行

图 5.4　1938 年 12 月 7 日 ~1939 年 1 月 7 日期间，在纽约现代艺术博物馆举办的"包豪斯：1919~1928 年"展览，布展情景，赫伯特·拜耶（设计者）。
图片来源：角男苏一（Soichi Sunami）（音译）（摄影），柏林包豪斯档案馆 © 2010 纽约艺术家权利协会（ARS）/ 波恩 VG 图片艺术博物馆。数码图片 © 纽约现代艺术博物馆 / 由纽约 SCALA 美术档案馆 / 艺术资源授权

的 12 月通信全部是关于展览的内容，声称开幕式"如此拥挤，以至于难以对展品形成一个良好的印象。洛克菲勒中心临时展馆的季度观展人数纪录被打破了"（McAndrew 1938）。展览在 7 周的期限内吸引了 1.7 万人。

　　新闻界评论毁誉参半。现代艺术博物馆欢迎这种宣传，在其《新闻快报》（Bulletin）中转载了好评和抨击。《纽约时报》写道："通盘考虑是混乱的……无组织的杂乱……组织者可能已经引导了我们（无须借助那种廉价的、印在地板上的脚印形成的人行道设施）（McAndrew 1938）。与此相反，《先驱论坛报》（Herald Tribune）向展览成功举办表示致敬："博物馆从来没有比这次更好地证明其功能是一座分析近代试验的实验室"（引文同上）。同样地，公众接受度也不一致。写给《纽约时报》的来信称展览是"一场终极死亡的舞蹈"，还有来信称这是"存在的最美好的事物"（引文同上）。格罗皮乌斯很享受这种争议；几个月之后，他写道，这种受众接受度"就像在欧洲一样，褒贬各占一半，但是没有人不在乎，导向强烈反差的观点"（Gropius 1939）。

　　这次展览在组织方面困难重重。尽管格罗皮乌斯拥有大量包豪斯照片、通信、出版物和产品的收藏，但是许多展览材料不得不到欧洲寻找，得到出口许可，经过船运，通过美国海关的报关手续。有些展品没能按期到达，很多展品只能通过照片的方式看到，有些展品无法写明作者——因为政治的原因。十几位包豪斯人和美国人（包括菲利普·约翰逊）帮助组织展览和布展——在这样小的展览空间里容纳了一大堆干活的人。展览结束后，阿尔弗雷德·巴尔（对格罗皮乌斯）描述说，这是"我们曾经举办过的最昂贵、最困难、最惹人恼怒的，从某种角度来说，没有回报的展览之一"，将这份（后来有高度收藏价值的、不断被重印的）目录评论为：

　　　　我们曾经在任何展览中出版过的最昂贵的目录之一——成本与收益远远不成比例，尤其是在性质上，它是散漫的、令人困惑的……许多作品是平庸的或者更糟。

　　　　　　　　　　　　　　　　　　　　　　（引自 Mumford 2002：303）

　　尽管有着反面的势力，政治争论有助于提高观众人数。包豪斯作为一个政治的（anti-Nazi）和种族主义的（pro-Jewish）机构的声誉，需要新闻界和现代艺术博物馆董事会进行外交手腕的处理。巴尔呈现的新闻界对董事会的批评主要是形式主义方面的。因此，费迪南德·克拉默将展览开幕式描述为令人惊叹的、消费主义的奇观，具有深刻的修正主义倾向——或者说，是天真的痴心妄想。现实要复杂得多，这反映出的文化和政治背景，只有在 10 年后，当国际政治、经济和社会条件更适宜时，也就是随着冷战将文化现代主义和资本主义民主结合起来时，才能广泛采纳现代主义设计和教育模式。

历史学家

历史学家和档案保管员在传播包豪斯理念方面也发挥了重要的作用。对包豪斯历史的编纂本身就值得专门著书立说；本书的目的仅仅在于概述早期重要的包豪斯历史学家、档案保管员及其收藏品在建构包豪斯遗产方面的作用。

尽管希契科克和约翰逊将包豪斯介绍给美国公众，但是第一批为国际受众生产包豪斯历史，而不是展览目录的历史学家——西格弗里德·吉迪翁和尼古拉斯·佩夫斯纳（Nikolaus Pevsner）——都是来自纳粹德国的难民。吉迪翁跟随海因里希·沃尔夫林（Heinrich Wölfflin）学习艺术史，受其划时代思想的影响。他在"包豪斯周"展览开幕式上遇见格罗皮乌斯，对施莱默的"三人芭蕾"表演印象深刻（Neumann 1993）。他后来成为 CIAM 的创始成员和秘书长，1938 年，跟随格罗皮乌斯来到哈佛大学，成为该大学艺术与建筑系教授；其经典著作《空间、时间和建筑：一个新传统的成长》（*Space Time and Architecture：The Growth of a New Tradition*）（Giedion 1941），就是基于他在哈佛大学查尔斯·埃利奥特·诺顿讲座（Charles Eliot Norton）的演讲稿。接下来是出版于 1948 年的《机械化的决定作用》（*Mechanization Takes Command*）以及出版于 1954 年的《沃尔特·格罗皮乌斯：作品和工作团队》（*Walter Gropius，Work and Teamwork*），它们都极力颂扬包豪斯信条，在当时（将在第 6 章进行讨论）格罗皮乌斯已经参与到美国的战后德国重建计划中。

尼古拉斯·佩夫斯纳在德国学习艺术史，在哥廷根大学教书，直到 1934 年他逃到英格兰，在伯明翰大学执教，从 20 世纪 40 年代早期开始，他在伦敦大学教书。1936 年，他撰写了那本经典著作，认为格罗皮乌斯的包豪斯是现代主义设计的极点。《现代设计的先驱：从威廉·莫里斯到格罗皮乌斯》（*Pioneers of the Modern Movement：From William Morris to Walter Gropius*）一书开始就介绍了英国的工艺美术运动，将由赫尔曼·穆特修斯（Hermann Muthesius）的著作《样式建筑学与大厦艺术》（*Stilarchitektur und Baukunst*）（Muthesius 1902）开启的德国关于工艺美术的文化争辩，与佩夫斯纳的新祖国联系起来。它对英国作为战时和随后的非殖民化（decolonization）时期的现代性与进步的灯塔提供了重要的支持（如果说这是一种浮夸的支持的话）。[13]1942 年，佩夫斯纳出版了《欧洲建筑纲要》（*An Outline of European Architecture*），以后来称之为芝加哥学派（First Chicago School）的建筑师作品为极点（可能受到吉迪翁影响），这些建筑师包括诸如亨利·霍布森·理查森（Henry Hobson Richardson）和路易斯·沙利文（Louis Sullivan）等。这提供了另外一条与包豪斯产生联结的线索，包豪斯的两任校长以及很多师傅当时都在美国（如果说这是间接联系的话）。规模最大的组织就在芝加哥。吉迪翁和佩夫斯纳有助于将英国和美国，以及德国联系在一起，作为建筑学现代性的基础文化，两者都实践着曼弗雷多·塔夫里（Manfredo Tafuri）称作的操作性批评（operative criticism），而在美国，用大白话这叫做热心支持（boosterism）。他们两个都拥有对收留他们的国家意识形态的兴趣，将其著作加入到英美现代主义的计划及其挂名领导之上，在吉迪翁来说，就是其哈佛大学的老板（Tafuri 1980）。因此，吉迪翁将美国，尤其是芝加哥，看作是现代主义建筑的根据地；佩夫斯纳对英国抱有同等的热情，他拥护威廉·莫里斯和英国工艺美术运动，将之视作混合的一部分。

　　第二次世界大战之后的欧洲建筑史学家采纳了吉迪翁和佩夫斯纳的观点。1971 年出版的第一个英语版本的《现代建筑史》（*History of Modern Architecture*）中，莱昂纳尔多·贝纳沃罗（Leonardo Benevolo）将包豪斯看作建筑现代主义的第一个范例，将"包豪斯：1919~1928 年"展览看作这场运动的关键历史时刻，长篇引用了巴尔的目录引言。雷纳·班纳姆（Reyner Banham）是一位英国建筑史学家，以及佩夫斯纳的博士研究生，他在《第一机械时代的理论与设计》（*Theory and Design in the First Machine Age*）一书中，将整个最后一章都用来描写包豪斯，将之视作先前发展的顶点。他在《适宜环境的建筑》（*Architecture of the Well-Tempered Environment*）一书中，经常提到包豪斯，这本书就是根基于吉迪翁的《机械化的决定作用》的论点。最后，他在《混凝土的亚特兰蒂斯：美国的工业建筑和欧洲的现代主义建筑》（*Concrete Atlantis：US Industrial Buildings and European Modern Architecture*）中，通过将美国的工业建筑呈现为欧洲现代主义的来源，为英美建筑画了一个完整的圆（Banham 1960，1969，1989）。很快就出现了包豪斯评论家。在 1945 年的意大利版《走向有机建筑》（*Towards an Organic Architecture*）中，布鲁诺·赛维（Bruno Zevi）——格罗皮乌斯在哈佛的学生——通过援引赖特将建筑与自然结合的观点，批评包豪斯的功能主义；后来的现象学家克里斯蒂安·诺伯格－舒尔茨（Christian Norberg-Schulz）和马克思主义学者曼弗雷多·塔夫里将批评持续了下去（Zevi 1945，1959；Norberg-Schulz 9174，1980；Tafuri 1979）。

最初，吉迪翁和佩夫斯纳从哈佛大学获取关于格罗皮乌斯的档案。这些档案与柏林包豪斯档案馆一起形成了关于包豪斯资料的最大的宝库，代表了对包豪斯历史的重要的制度性和财政性投资。哈佛和柏林的档案是各自独立的，一方持有原件，另一方就持有复本——这是格罗皮乌斯和哈佛大学进行的一种模棱两可的、使节性的安排，考虑到德国正处于冷战时期，而达姆施塔特的包豪斯档案馆（这是柏林包豪斯档案馆的前身，与哈佛包豪斯档案馆处于对等的地位）建成于 20 世纪 50 年代末。哈佛大学的霍顿（Houghton）图书馆和莱蒙特（Lamont）图书馆也拥有（以缩微胶卷的形式）从 1917 年至 1961 年大量关于包豪斯的媒体剪报，以及包豪斯师傅和学生的许多作品。

然而，最重要的包豪斯藏品位于哈佛大学的布希－雷辛格博物馆（Busch-Reisinger Museum）。其藏品包括数以千计的图纸、印刷品和照片，记录了格罗皮乌斯在 1906 年至 1946 年间的建筑作品——这些资料既包括从德国运来的，也包括在美国创作的——以及个人的照片和印刷材料，包括刊载包豪斯的杂志。后续捐赠的藏品包括来自格罗皮乌斯的公司建筑师合作事务所（The Architects' Collaborative）和其他来源的资料。正如该档案馆的编目员温弗里德·奈丁格（Winfried Nerdinger）所注意到的，这些档案的历史展现了格罗皮乌斯在操作自身的文化资本方面的技能（Nisbet 和 Norris 1991）。1936 年，格罗皮乌斯接受哈佛大学建筑系主任一职之后，与戈培尔率领的宣传部谈判，将他这一委任作为第一个非巴黎美院体系的德国建筑师被任命为（正如他所争辩的）美国最具声望的大学最具有影响力的系主任进行宣传。作为回报，格罗皮乌斯成功获得许可将家具和文件从他位于柏林的办公室运到了美国。这些物品不仅装备了他位于马萨诸塞州林肯的住宅，使得现代艺术博物馆举办的"包豪斯：1919~1928 年"展览家喻户晓，而且成为布希－雷辛格博物馆藏品的基础（Nerdinger 1983）。根据米勒·莱恩（当她在 20 世纪 60 年代对其撰书进行研究时）的观点，这批藏品包含 8 万份文件，在当时形成了 20 世纪德国艺术和建筑规模最大的、单一批次的完整收藏（Miller Lane 1968）。这代表着格罗皮乌斯的完美技能——首先表现在为包豪斯公共关系生出一副甲胄，应对德国媒体；其次表现在将他的资料运出，以维持第二轮在美国展开的公共宣传战役；最后表现在将这些资料交给具有高度声誉的、资金充足的制度化的"家"中进行保管，以便持续进行历史研究。

哈佛大学格罗皮乌斯档案馆的对等的德国部分，也就是今天的柏林包豪斯博物馆，成立于 1960 年，直到 1971 年都设置在达姆施塔特的恩斯特 – 路德维希之家（Ernst–Ludwig Haus）里（见图 5.5）。汉斯·玛利亚·温格勒是第一任馆长，1954 年接受朗饰墙纸公司所有人埃米尔·拉舍的委托，撰写了一份目录，纪念包豪斯墙纸诞生 25 周年。[14] 为拉舍收集的资料启动了达姆施塔特的档案收藏。1955 年，温格勒在乌尔姆造型学院（Hochschule für Gestaltung Ulm–HfG）的落成典礼上遇见了格罗皮乌斯，格罗皮乌斯邀请他担任布希 – 雷辛格博物馆的研究员，温格勒就在此从事格罗皮乌斯档案材料的工作，使之与密斯以及在美国的包豪斯人联结了起来。在德国也设立一座包豪斯档案馆的想法出现了，温格勒一回到德国，就在格罗皮乌斯的支持下，拿着他给的地址簿，获得了捐赠的资料，开设了达姆施塔特包豪斯档案馆。1971 年，达姆施塔特的不适宜的政治压力使得档案馆搬迁到了柏林。格罗皮乌斯之前已经受邀为这些藏品设计一座建筑，在 1964 年至 1968 年之间开展了设计工作。在他去世后，这个项目由他在美国的同事亚历山大·茨维亚诺维奇（Alexander Cvijanovic）和柏林建筑师汉斯·班德尔（Hans Bandel）完成，建造在由柏林市政府捐助的土地上。[15]

图 5.5　达姆施塔特包豪斯档案馆（1961~1971 年），街道的路标：往包豪斯（Bauhausweg），达姆施塔特，未注明出版日期。
图片来源：汉斯·马利亚·温格勒（Hans Maria Wingler）（摄影），柏林包豪斯档案馆

其他德国包豪斯档案馆也塑造着包豪斯遗产，并成为文化旅游目的地。魏玛市目前拥有三座包豪斯档案馆。1948年，这些档案馆移交给东德，逐渐破败，直到20世纪80年代中期现代主义建筑在苏联东欧集团国家重新获得了受尊重的地位。位于魏玛的图林根州立档案馆（Thüringische Hauptstaatsarchiv）拥有来自萨克森大公（Grand Duchy of Saxony）的文献，包括包豪斯成立时期的文件。自从德国统一以来，档案的价值得到了认可，档案馆建筑得以改建。据报道，称作"魏玛大都会"（Kosmos Weimar）的计划于2008年得到批准，准备利用联邦、州、市政府和私人资金，在该市建造一座包豪斯博物馆，以及相关联的一所基于包豪斯原则建造的幼儿园。[16]魏玛包豪斯大学的大学档案馆（Universitätsarchiv der Bauhaus-Universität Weimar）（策略性地改名）也拥有来自魏玛包豪斯时期的资料。

德绍包豪斯的遗产也成为东德的资产，日渐衰败，直至20世纪80年代中期。在第二次世界大战期间，包豪斯校舍被纳粹占领，用来存放军火，著名的作坊建筑玻璃立面被带粉刷的砖墙所取代。校舍遭到盟军轰炸，因其设计不符合东德社会现实主义的理想，所以被认为不适合用于教育。只有到了1967年，随着现代主义复兴，包豪斯展览的举办才导致在德绍成立一座包豪斯档案馆。第一批资料来自于包豪斯学生胡贝特·豪夫曼、卡尔·马克斯（Carl Marx）和欣纳克·谢帕。[17]这与东德历史学家对包豪斯兴趣的再度萌发是平行的，他们出版了关于包豪斯的书籍，其中包括沃尔特·沙伊迪希（Walter Scheidig, 1966）和洛塔尔·朗（Lothar Lang, 1965）的著作。德绍包豪斯也已经成为一处文化旅游目的地：校舍现在容纳着一所建筑与设计学院，包豪斯宿舍现在是一座提供给旅游者的旅舍。[18]

在包豪斯子代学院当中，档案资料的命运更为多变。存放在伊利诺伊理工大学（Illinois Institute of Technology）来自密斯时代的资料，据说在20世纪60年代的一次建筑翻新中被扔进一个大垃圾罐中，后来部分被抢救出来，存放在伊利诺伊大学芝加哥分校的图书馆里；密斯的个人档案被移交给现代艺术博物馆。与乌尔姆造型学院相关的文件，包括来自创始人奥托·艾舍（Otl Aicher）住处的资料，主要移交给乌尔姆市立博物馆。[19]然而，许多其他文献仍然是分散在各处的。那些来自乌尔姆造型学院校长办公室的文献现在位于柏林包豪斯档案馆，附属资料在斯图加特州立档案馆和柏林、波恩和科布伦茨等地的联邦档案馆（Spitz 2002）。德国包豪斯档案遗产仍然反映了学校支离破碎的地理、历史和政治，导致一些文件被损毁，其他文献跨越大西洋的搬迁——就像其师傅和学生那样。

赞助人

如果没有势力强大的赞助人，包豪斯也不可能幸存下来。追随德意志制造联盟的先例，学校也在建筑与设计的改革中包容了艺术家、设计师和建筑师、出版商、博物馆馆长和历史学家，当然还有商人和政客。在这些人中，将在本书中讨论四位——阿道夫·萨默菲尔德、大卡尔·本赛特（Karl Benscheidt）、小卡尔·本赛特和埃米尔·拉舍。阿道夫·萨默菲尔德领导着一家位于柏林的建筑公司，大卡尔·本赛特和小卡尔·本赛特拥有法古斯制鞋厂（Fagus Werk），埃米尔·拉舍管理着拉舍兄弟（朗饰）墙纸公司（Tapetenfabrik Gebr. Rasch），再后来拥有这家公司。他们每一位都通过赞助的形式支持包豪斯及其商业运作，也是包豪斯学校的积极倡导者。

本赛特兄弟、萨默菲尔德和拉舍都属于一个广泛的工业家网络，这是格罗皮乌斯开发出来用以支持学校的。1924 年，为了应对预算被削减的威胁，他成立了"包豪斯之友协会"（Circle of Friends of the Bauhauses），以寻求"道义的，或者说，在某种情况下，财政的支持"（Gropius 1924e）。这个协会匆忙成立以游说魏玛和图林根政府部门，试图阻止学校的关闭，但是，正如我们已经讨论的那样，这是不成功的。[20] 当学校搬迁到德绍时，这个协会已经发展到 400 多人，拥有协会章程和由 10~20 位成员组成的董事会（*Kuratorium*），其中包括阿尔伯特·爱因斯坦和亨德里克·伯拉吉（Hendrik Berlage）（见图 5.6）。[21] 该协会给予了极大的财政支持；仅仅在 1925 年，它就筹资 7800 金马克——大约相当于包豪斯年预算的百分之八（引文同上）。

本赛特兄弟曾经委托格罗皮乌斯和阿道夫·梅耶设计法古斯工厂，随后，他们通过个人委托、购买产品、捐赠和无息贷款来帮助包豪斯。他们帮助提供了"号角屋"的资金，对包豪斯有限公司进行投资，并且于 1924 年支持格罗皮乌斯重组事务所，将之合并到包豪斯的建筑系（Jaeggi 2000）。他们两位经常旅行，参观现代建筑，会见先锋建筑师、设计师和文化大腕。[22] 小本赛特还经常参与包豪斯活动，经常与师傅和学生保持联系；其中包括莫霍利–纳吉、维尔纳·吉勒斯（Werner Gilles）、卡尔·彼得·罗尔（Karl Peter Röhl）和埃伯哈特·施拉曼（Eberhard Schrammen）（引文同上）。他订阅先锋艺术与设计杂志，例如《造型》《基础设计"G"杂志》《新俄罗斯》（*Neue Russland*），以及《新精神》。法古斯工厂成为先锋艺术家、设计师和建筑师的目的地；内部的图书馆收藏了关于先锋艺术的成人教育资料，包括包豪斯书籍。

图 5.6　沃尔特·格罗皮乌斯与亨德里克·伯拉吉在德绍包豪斯一座师傅住宅的屋顶上，1927 年。
图片来源：柏林包豪斯档案馆

　　格罗皮乌斯是通过一次设计委托与阿道夫·萨默菲尔德走近的。他们在 1919~1920 年冬天的会面导致萨默菲尔德住宅的设计与建造。这座建筑建于魏玛共和国经济危机最甚的时期，是学校的第一个建筑委托。设计由格罗皮乌斯和阿道夫·梅耶担任，由回收利用的柚木建造，包豪斯学生提供了工地监理、家具和室内陈设，还有一些劳动力（Droste 1993；Kress 2008）。[23] 1923 年，萨默菲尔德也为"号角屋"提供资金，一年之后，他加入了"包豪斯之友协会"，与格罗皮乌斯一起认购包豪斯有限公司的启动资金，后来他还资助格罗皮乌斯的美国之行。

　　从另一方面来说，正如学校的三个办学地点所暗示的那样，政治支持极为跌宕起伏，大部分是由于这个新成立的共和国的政治极不稳定。在魏玛，左翼的图林根政党联盟是支持学校的，尤其是社会主义者——独立社会民主党（Independent Social Democratic Party）教育部长马克斯·格赖尔（Max Greil），还有共产党及其他党派成员，包括至少六位学校督查和大学代表（Hüter 1976）。埃米尔·朗格是包豪斯商务经理，也是一位社会民主党成员，他与多个党派成员和媒体官员保持着密切的联系。格罗皮乌斯——尽管后来声称包豪斯与政治无关——对图林根社会民主党联盟提出建议，进行教育改革，包豪斯本来将成为这个广泛的改革系统的一部分（引文同上）。当

1924 年这个政党联盟在州选举中失利时，包豪斯失去了政治资本；在一年之内，新政权终止了与包豪斯的合同。

　　在德绍获得的政治支持最初也是有势力的。德绍市长弗里茨·黑塞发出邀请，包豪斯为搬迁讨价还价得到了适宜的条款，包括格罗皮乌斯的建筑委托。不像在魏玛那样，学校现在是一所市级教育机构，而不是州立的。黑塞成功地领导着一个开放的政党联盟，在选举中连任，获得为期 12 年的任期；他领导的政府明显的政治稳定性和不断改善的经济状况使得包豪斯在德绍早期的政治支持比在魏玛强得多（Hochman 1997）。然而，在 1926 年，包豪斯的销售收入大大低于（过于乐观的）预期；黑塞重申不可能再提供进一步的资助了（Droste 1993）。第二年，分配给学校的预算比预期金额削减三分之一。紧跟着 1929 年经济崩溃，黑塞的领导地位也风雨飘摇，对包豪斯的支持每况愈下。随着 1932 年德绍国家社会主义德意志工人党（NSDAP）的胜利，学校的命运就被注定了，一年以后在柏林，这样的状况再次上演。政治和财政问题最终使得包豪斯关闭了，该学校从此散布在世界各地。

第 6 章　学院屋

学院

> 大规模（自愿和被迫的）移民的故事屡见不鲜。但是，当其与以大众为介质的图像、手稿和情感的快速涌动叠加起来的时候，我们就在现代主体性的生产中发现了不稳定的新秩序。
>
> Arjun Appadurai，《漫谈现代性》（1996：4）

包豪斯以身体、公司和媒体身份随着德国民族国家的认同而出现，并与其联系在一起。它们也形成帝国殖民的语境，以及后来的冷战语境，并被这些语境所塑造。1932 年，也就是包豪斯关闭之后一年，超过 80% 的世界领土"由殖民地、受保护国、属地，或者自治政体组成，大部分是由主要的欧洲帝国政权所拥有，尤其分布在非洲、亚洲和中东地区"（King 2006/2007）。帝国殖民网络连接着文化精英及其机构。当希特勒掌权之后，决意要缔造他自己的帝国时，包豪斯的师傅和学生利用这些网络形成了 20 世纪与单一一所艺术学院相关的、规模最大的教育领域流散人口。大约 130 位包豪斯人（占包豪斯人口的 10%，考虑到据说只有 17% 的包豪斯人成为独立开业者，这个数字是相当大的）成为教育家——包括至少 45 位教授、26 位讲师和 19 位教育机构领导——最终带来强大的国内和国际影响力（Dietzsch 1991）。[1]

包豪斯一开始就是一个国际化的社区。伊顿、克利、梅耶和汉斯·威特沃是瑞士人，费宁格是出生在美国的德国人，康定斯基是俄罗斯人，莫霍利－纳吉、布劳耶和奥蒂·贝格尔（Otti Berger）是匈牙利人，安彤·布伦纳（Anton Brenner）是奥地利人，而马特·斯坦是荷兰人。访问教师中，包括约翰·尼格曼（Johan Niegeman）来自荷兰，卡雷尔·泰格来自当时的捷克斯洛伐克,汉斯·施密特（Hans Schmidt）来自瑞士,而奥托·纽拉特（Otto Neurath）来自奥地利。在包豪斯的 19 位师傅和熟练工中,有 8 位是外国人,而 23 位客座教师中还有 5 位也是外国人（Dietzsch 1997）。包豪斯的影响与这些师傅的国际性是密切相关的。相当数量的教师的招募是因其在相关领域的国际声誉,这种声誉在学校关闭后帮助他们将影响散布到世界各地。

早在 1919 年,魏玛包豪斯的学生中就有 10% 的外国人。尽管他们要支付德国学生两倍的学费,但是,到 1923~1924 学年,外国学生的注册人数已经上升到 32%；在德绍包豪斯,外国学生的注册人数比例一直持续在 25%；在柏林,这一比例上升到 34%。在学校 14 年的历史中,学生来自 32 个国家,大多数操德语。最多的人群来自瑞士（38 位学生）,紧跟着是奥地利（28 位学生）、匈牙利和捷克斯洛伐克（各有 22 位学生）。包豪斯学生中还有分别来自波兰和美国的 17 位学生,还有 10 位来自俄罗斯,8 位来自荷兰,7 位来自南斯拉夫,4 位来自拉脱维亚,英国、意大利、日本、丹麦、瑞典和挪威各有 3 位学生,智利、土耳其和罗马尼亚各有 2 位。其他国家在包豪斯的学生还包括阿根廷、比利时、保加利亚、爱沙尼亚、法国、爱尔兰、立陶宛、卢森堡和波斯（Dietzsch 1991）。在梅耶时期,很多外国人也隶属于包豪斯共产党基层组织。[2]

在学校被关闭之后,包豪斯师傅和学生四处离散,大多数仍然留在德国,但是很多人逃到了国外。至少有 80 位包豪斯人移居国外,包括大约有三分之一到了美国,[3] 另外有 17 位到了法国,10 位到了英国,8 位到了荷兰；到 1933 年,已经有三分之一的人移居国外。在美国的这群人大部分都到了芝加哥、[4] 纽约 [5] 和波士顿 [6] 寻求教师职位；然而,美国的移民配额政策阻止了更多人进入美国。[7] 在美国的包豪斯群体中大多数是男性,对于女性的情况所知甚少。[8] 英国接纳了相当可观的人数,但不是所有人都留了下来。相当多的人,主要是回归的公民,都在瑞士安了家。[9] 其他人逃到了巴黎。[10] 还有人移民到意大利 [11] 和荷兰。[12] 包豪斯"红色之旅"（Rote Front）的成员跟随梅耶一起到了苏联（Escherich 2008）。[13] 大多数共产党人和犹太人上了纳粹黑名单,在斯大林驱逐外国人的时候,无法再回到德国,"红色之旅"后来四处分散,远至智利和墨西哥。[14] 还有一大批人到了巴勒斯坦。[15] 许多包豪斯外国学生返回了家园（有时经过长达 10 年的迂回,远至智利和阿根廷）,他们通常都成为教育者——到达匈牙利的那批人是最有影响力的。[16] 他们四散的目的地与那个时期德国移民的模式是一致的（Deshmukh 2008；Palmier 2006）。[17] 还有很多人留在德国,他们被投入监狱,据说至少有 10 人死于集中营（Dietzsch 1991）。

　　包豪斯人和他们所传承的理念不仅散布在整个欧洲和北美，而且到达欧洲在非洲、亚洲和澳大利亚的殖民地，到达帝国时期的日本和民国时期的中国。包豪斯的子代学术机构在第二次世界大战之前和二战期间已经出现在部分这些地区；这种向国外的散居已经对建筑、设计和艺术领域现有的教育机构产生了影响，尽管有时影响是暂时性的。包豪斯最直接的影响是对那些产生于与德国有密切关联的国土中的新国家，更长久的影响来自于其理念与冷战时期和冷战后美国利益的结盟。以下就是对包豪斯人及其所传承的理念，以及与之相关的学术机构流变的研究，分为六个彼此重叠的空间 – 政治领域展开。前两个部分与帝国相关，主要涉及第二次世界大战之前的时期：英国及其在非洲和澳大利亚的领土，以及欧洲和中东的新国家，即捷克斯洛伐克、土耳其和以色列，它们产生于哈布斯堡和奥斯曼帝国。其他四个领域跨越了战前和战后的时期：两个超级大国——美国和苏联；革命后成立的共和国，即中国和墨西哥；处于美国的军事和经济影响之下的国家——冷战时期的德国和日本；最后是新兴国家，也是美国的"软权力"影响的进一步的例子——印度和巴西。

　　我以特别的深度研究了两种情形。巴勒斯坦 / 以色列——先后被一个帝国（奥斯曼）和另一个帝国（英国）割让，后来成为一个独立的民族国家，与美国利益结盟——这使我们能够讨论包豪斯移民在中东地区对殖民主义和资本主义的影响。冷战时期一分为二的德国是第二种情形；我研究了包豪斯在德国两个战后共和国的接纳度，关注于一个在西德成立的、短命然而具有高度影响力的包豪斯子代学院，其冷战时期的源起转变为后殖民背景，例如印度和巴西，以推销其消费资本主义。

　　包豪斯在这些环境中的影响是大相径庭的。其他现代主义也同等重要，如果说不是更为重要的话。尽管它们超越了本书讨论范畴，而且显然它们不是包豪斯理念的直接结果，但是，在关于非洲和南美洲的部分，我简要地讨论了主导着操法语、西班牙语和葡萄牙语的殖民地地区柯布西耶的现代主义，以及理性主义现代主义对意大利在非洲领土的影响。以荷兰、西班牙、葡萄牙、丹麦和希腊为中心出现的其他欧洲现代主义，在本书中完全没有讨论到；每一种情形都是自成一本书的主题。当然，包豪斯对于柯布西耶的现代主义论争是有贡献的，反之亦然，这是通过 CIAM 的影响，当然也是通过国际出版物造成的影响而实现的，包括在本书上一章所提到的那些出版物。这种论争集中在大规模集成住宅、大规模城市发展，以及艺术、设计与建筑的相互关系方面。然而，法国在两次战争期间拥有巨大的殖民网络，因此，在第二次世界大战之后的一段时期内，柯布西耶关于

图 6.1　"斯图加特包豪斯 50 年"展览开幕式上，格罗皮乌斯对抗议乌尔姆造型学院关闭的学生们讲话，1968 年。
图片来源：汉斯·金克尔（Hans Kinkel）（摄影），柏林包豪斯档案馆　汉斯 – 雷蒙德·金克尔（Hans-Raimund Kinkel）

殖民环境的城市规划方案 [例如，为阿尔及尔市设计的奥勃斯规划（Obus plan ）] 在规模方面壮观得多，而产品设计在法国的国际认同方面扮演着较次要的角色。意大利理性主义的现代主义仅仅通过对法西斯主义的拥护，而与包豪斯或柯布西耶的现代主义有着一丝一缕的联系，正如在以下关于埃塞俄比亚的情形中简要讨论的那样。

英帝国

大不列颠

　　第二次世界大战之前的英国，更多指向英帝国、领地和殖民地，而不是欧洲和德国。尽管在第一次世界大战中，英国年轻的男性人口也大幅减少，但是作为战胜国，它并没有像魏玛共和国那样经历同样极端的社会心理和经济危机。英国强大的实力似乎毫发未损，其国家认同和国际信心依然强大，导致现代主义理念的缓慢出现。

　　在第二次世界大战之前，英国对包豪斯所知甚少。但是也有一些直接的联系。20 世纪 20 年代，建筑科学研究所（Building Research Station ）与包豪斯有交流，达灵顿庄园（Darlington Hall）的建造者拜访了魏玛；1931年，塞尔·谢苗耶夫（Serge Chermayeff）、韦尔斯·温特穆特·科茨（Wells Wintemute Coates）和杰克·普莱查德（Jack Pritchard）拜访了德绍（Powers 2006）。1934年，格罗皮乌斯在英国皇家建筑师学会（RIBA）展览出他的作品（Crinson 和 Lubbock 1994）。与之对照的是，包豪斯理念大部分是通过出版物传播的。《建筑评论》在1924年刊载了一篇关于格罗皮乌斯的文章，《艺术作品》（Artwork）在1928年讨论了包豪斯的艺术训练，《阿波罗》（Apollo）回顾了1929年十一月小组的展览（Powers 2006）。赫伯特·里德（Herbert Read）的著作《艺术与工业》（Art and Industry）建议英国的教育采用包豪斯模式（Read 1934），格罗皮乌斯的著作《新建筑和包豪斯》（New Architecture and Bauhaus）（Gropius 1935）、莫霍利－纳吉的著作《新视线》（New Vision）（Moholy-Nagy 1932）以及佩夫斯纳的著作《现代设计的先驱》（Pevsner 1936），成为传播包豪斯理念和欧洲大陆现代主义发展普遍趋势的主要工具。到20世纪30年代中期，彼得·莫顿·尚德（Peter Morton Shand）定期为《建筑评论》撰写关于现代主义建筑的评论（Gowan 1975）。

格罗皮乌斯于1934年到达英国，在那里待了3年，与马克斯维尔·弗莱（Maxwell Fry）合作，参与伊所肯（Isokon）家具公司业务（这样的合作是移民的必要条件）。在一年之前，弗莱作为共同创始人，成立了现代建筑研究小组（Modern Architecture Research-MARS），在出席CIAM大会时代表英国；该组织还包括建筑研究团体Tecton的成员，这是由移民贝洛特·莱伯金（Berthold Lubetkin）领导的组织。他是俄罗斯难民，曾经在莫斯科国家高等艺术暨技术工场就读。现代建筑研究小组塑造了英国的现代主义论辩，但是与建筑教育没有关联。格罗皮乌斯在这个圈子之外几乎得不到对现代主义建筑的支持，在1937年，他"对自己被忽略表示绝望"，离开英国前往哈佛大学（Gowan 1975）。马歇·布劳耶也短暂地在英国逗留过，跟随着格罗皮乌斯去了哈佛大学；埃里希·门德尔松（Erich Mendelsohn）经由英国到达以色列，然后到了美国。弗朗茨·辛格（Franz Singer）是唯一已知在英国安顿下来，接受过包豪斯训练的建筑师，他与斯莱特、莫伯利和尤伦事务所（Slater, Moberly & Uren）建立了合伙关系，在1939年建造了位于伦敦牛津街的约翰－路易斯（John Lewis）百货大楼等其他建筑。

其他战前来到英国的包豪斯移民都是艺术家，他们中大部分留了下来，其中包括乔治·亚当－特尔切（Georg Adams-Teltscher）。他从1951年开始在伦敦印刷学院（London College of Printing）教授基于包豪斯原则的初步课程（Darmon 2003）。[18] 威尔弗雷德·弗兰克斯（Wilfred Franks）是英籍包豪斯人，他在第二次世界大战之后在利兹科技大学（Leeds Polytechnic）教授设计。约翰内斯·伊尔马里·奥尔巴赫（Johannes Ilmari Auerbach）从 1946年至 1950 年在牛津艺术学院（Oxford Art Academy）教授雕塑。维尔纳·法伊斯特（Werner Feist）在伦敦指导《创意杂志》（*Creative Journal*），但于1951 年移民到加拿大，在肯考迪亚大学（Concordia University）教书，他是除安多尔·魏宁格尔之外唯一的加拿大裔包豪斯移民，并且是唯一留下来的。玛格丽特·莱施纳（Margarete Leischne）从 1948 年至 1962 年在皇家艺术学院（Royal College of Art）运作编织系。海因茨·勒夫（Heinz Loew）在赖曼学校和工作室（Reimann School and Studios）教书，这是柏林赖曼学校的英国翻版，玛格丽特·海曼－马克斯（Margarethe Heymann–Marks）在特伦特河畔斯托克开设自己的陶艺作坊。

因此，在第二次世界大战前，包豪斯对英国艺术教育的影响很有限。亨利·摩尔（Henry Moore）和本·尼科尔森（Ben Nicholson）与现代建筑研究小组成员科林·卢卡斯（Colin Lucas）和韦尔斯·科茨成立了叫做"第一单元"（Unit One）的小组，但是同样与教育联系甚微（Gowan 1975）。只有到了第二次世界大战之后，初步课程才以"基础设计"的改良形式在利兹、纽卡斯尔、中央艺术学院（Central School of Art）、坎贝威尔工艺美术学院（Camberwell College of Arts and Crafts）和其他院校出现；"在克利福德·埃利斯（Clifford Ellis）领导之下的巴斯艺术专科学校（Bath Academy of Art）的创造性氛围，可以与包豪斯最繁盛时期相提并论。"布鲁斯·阿舍尔（Bruce Archer）在中央艺术学院和皇家艺术学校教书，也在乌尔姆造型学院教书。然而，英国艺术与设计教育方面的很多现代化趋势所呈现的是起源于工艺美术运动，而不是包豪斯（Powers 2006）。

在英国的建筑学领域，第二次世界大战前，巴黎美院教育体系占主导地位。关于现代主义建筑的论争出现在建筑协会（Architectural Association-AA，成立于 1847 年）（见图 6.2）中，尽管非常缓慢。建筑协会的教育体系遵循巴黎美院结构，在前两年进行学术训练，接下来从第三年开始，进行设计项目的训练；这个体系受到帕特里克·盖迪斯（Patrick Geddes）规划理论的影响，盖迪斯曾在印度工作过，从 1916 年至 1919 年在孟买大学担任市政学和社会学（Civics and Sociology）教授，为英国托管下巴勒斯坦的特拉维夫市设计了总体规划（Crinson 和 Lubbock 1994；Gowan 1975）。建筑协会学院的工作单元体系（unit system），有时与包豪斯作坊结构是一样的，实际上起源于 1936 年 E·A·A·罗斯（E. A. A.

图 6.2　建筑协会入口，英国伦敦贝德福德广场 34–36 号。
图片来源：伊戈尔·马里亚诺维奇（Igor Marjanović）（摄影），2008 年

Rowse）领导下的研究生课程，这是受盖迪斯关于跨学科团队合作理念的启发而形成的体系（Crinson 和 Lubbock 1994；Gold 1997）。罗斯的兴趣在"第三世界"，他也创办了一所区域发展规划与研究学院（School for Planning and Research for Regional Development）（Crinson 和 Lubbock 1994）。因此，建筑协会学院的教育重点关注的显然是殖民，而不是工业。20 世纪 20 年代晚期，学生们开始探索现代主义设计；到 1938 年，他们投票表决，强烈赞成引入现代主义教育，但是专业的建筑协会成员以得票多而取胜。在其他机构，例如利物浦大学的建筑学课程中，威廉·霍福特（William Holford）既追随早期包豪斯，也遵从工艺美术运动模式，在引入工艺作坊方面还是失败了（引文同上）。在伦敦大学学院巴特雷特学院（Bartlett School），20 世纪 30 年代，有几个学生广泛研究了功能设计，但是，巴黎美院模式仍然占主导地位（引文同上）。

　　第二次世界大战之后，英国的建筑教育开始发生改变。1940 年，曾经在维也纳和建筑协会学院接受训练的匈牙利难民斯特凡·布扎什（Stefan Buzás）加入金斯顿艺术学院（Kingston School of Art），改变了其建筑课

程的结构，"他的指导就像是一所清教徒文法学校的包豪斯版本"（Gowan 1975；Irvine 2008）。布扎什也创办了詹姆斯·丘比特及合伙人事务所（James Cubitt and Partners），大量参与到非洲和新加坡热带建筑的设计中，这是与包豪斯有关联的（见下文）。理查德·卢埃林-戴维斯（Richard Llewellyn-Davies）是 20 世纪 30 年代建筑协会学院第一次对现代主义展开研究时期的工作单元师傅，也是英国皇家建筑师学会教育委员会的强势人物，他成为由该委员会发起的、关注于建筑教育的 1958 年牛津大会（Oxford Conference）的主要角色。这次会议导致建筑教育的深刻巨变，它宣布这一职业角色是科学专家，从而取代了绅士艺术家的职业形象。[19] 因此，英国皇家建筑师学会通过其教育委员会，在英国建筑教育现代化的过程中发挥了主导作用。通过控制领土、殖民地和联邦的许可证（美国叫做认证），该机构也在传播现代主义影响方面成为重要的国际力量；尽管在 20 世纪 40 年代英帝国已经摇摇欲坠，但是仍然囊括了全世界大约四分之一的国家领土，它就在这样一个帝国内监管着建筑教育（Westermann 1940）。

非洲

非洲从地理上最接近欧洲，包括了与欧洲每一个殖民大国拥有附属关系的领地。在意大利殖民地，理性主义的现代主义影响着建筑与城市设计；勒·柯布西耶试图在法属北非实施现代主义的建筑与城市理念，其中的阿尔及尔奥勃斯规划是最具有象征性和最宏大的典范。在南非，广大的欧洲移民，尤其是德国中产阶级移民群体对现代主义理念持接纳的态度。随着 1933 年黄金价格暴涨，与其他国家形成鲜明对照的是，南非的经济得以加强；由于剥削廉价的黑人劳动力，经济呈快速上升趋势。南非自信满满，在约翰内斯堡主办了 1936 年大英帝国博览会（Empire Exhibition），声称这是"世界上最富裕的城市。"早在 1929 年，南非学生就已经访问过包豪斯（见图 6.3）。在包豪斯向国外散居的人群中，有三位包豪斯学生在南非安了家，两个在第二次世界大战前就去了，一个在战后到达——格哈特·恩斯特·米塔格（Gerhardt Ernst Mittag）和妻子埃泰尔·米塔格-福多尔（Etel Mittag-Fodor）在 1938 年到了南非，派厄斯·帕尔于 1951 年到达。

米塔格-福多尔作为一名纺织艺术家而工作，后来教授编织，以此作为残疾成年患者的治疗方法。福多尔在开普敦大学学习，并获得许可证，在战争期间作为测量员而工作，通过欧洲和德国的网络关系，成为进步农场主和商人埃德蒙·兰巴迪（Edmund Lombardi）的建筑师，后者是"苹提

图6.3 南非学生访问包豪斯，前排左起：瓦西里·康定斯基、弗里茨·黑塞、胡戈·容克斯（Hugo Junkers）、不知名人士、博勒（Bohle）教授（南非的教授）和汉斯·梅耶，1929年，德绍。
图片来源：柏林包豪斯档案馆

莎"（Appletiser）苹果汁业务的业主。他设计和建造了一座工厂和住宅，并且为兰巴迪雇佣的工人设计了教育、卫生和托幼建筑。然而，由于他加入了南非共产党——唯一承认黑人权利的政治团体，这样他既不能旅行，也不能教书，不能获得公共项目的委托。[20]与之形成对照的是，帕尔的妻子是南非人，他们于种族隔离政策统治时期，在斯泰伦博斯安了家，前两年在开普敦大学教书。他开设了一间事务所，获得成功，在2001年获得南非建筑学院（South African Institute of Architecture）的建筑金质奖章。1995年，在魏玛建筑与土木工程学院（Hochschule für Architektur-und-Bauwesen）举办了他的作品回顾展。2002年，在斯泰伦博斯再次举办回顾展，目前作品保存在柏林包豪斯档案馆。

南非正式的建筑教育在20世纪20年代就出现了，以应对南非战争结束之后英国政府的重建投资。建造方面的课程早在1902年就在开普敦出现了；1909年，通过了德兰士瓦省建筑法案，产生了正式的许可证检查制度。到1921年，英国的巴黎美院体系建筑课程出现在刚成立的约翰内斯堡大学学院（Johannesburg University College）[一年后改名为威特沃特斯兰德大学（University of Witwatersrand）]。尽管南非的犹太人群体对地产有兴趣，并且与柏林有着联系，主要的南非建筑师曾经与勒·柯布西耶交流过，但是英国的巴黎美院体系继续主导着建筑学习领域。[21]1925 年，威特沃特斯兰德大学新任命的系主任、接受英国训练的斯坦利·弗纳（Stanley Furner）为《南非建筑评论》（*South African Architectural Review*）撰写了一篇具有影响力的文章，倡导建筑现代主义，1926 年，他成为这份杂志的编辑（Herbert 1974：18—22）。因此，南非的建筑现代主义顺利地比其殖民中心早了几十年得到认可，不仅在教育体系方面，在出版物领域也是如此。

在第二次世界大战之后，吉尔伯特·赫伯特（Gilbert Herbert）——如今是海法·泰克尼恩以色列理工大学（Hiafa Technion）的荣誉教授——在南非教书和建造房屋，直到 1968 年出版了许多关于沃尔特·格罗皮乌斯和包豪斯的著作和文章；格罗皮乌斯为他的著作《沃尔特·格罗皮乌斯的综合视野》（*The Synthetic Vision of Walter Gropius*）撰写了序言（Herbert 1959）。这篇导论是针对南非受众的，将格罗皮乌斯带领下的包豪斯教育与英国哲学家、后来成为美国教育家的阿弗烈·诺夫·怀海德（Alfred North Whitehead）的"机体哲学"（Organism），以及南非政治家和哲学家扬·史末资（Jan Smuts）的"整体论"（Holism）联系起来；最后一章完全是关注于教育的（引文同上）。赫伯特的著作仍然是关于南非现代主义最全面的作品，只有现在才有年轻一代撰写这类博士论文。

再往北去，包豪斯学生、移民阿里尔·沙伦（Arieh Sharon）（见下文关于以色列的部分）成为尼日利亚伊费大学（University of Ife）校园开发项目的顾问。乔治·亚当 – 特尔切（Georg Adams–Teltscher）在 1973 年从伦敦印刷学院退休之后，成为尼日利亚恩苏卡大学（University of Nigeria Nsukka）平面设计系主任，他也在那里逐步建立了摄影系。恩斯特·梅于 1934 年离开苏联，除了在 1940 年至 1942 年被俘期间，他都在坦噶尼喀（前德属东非）做农场主，后来成为坦噶尼喀、乌干达和英属东非（今天的肯尼亚）多产的规划师和建筑师，直到他于 1954 年回到西德（Herrel 2001；Mallgrave 2008）。

在 20 世纪 50 年代，英国殖民网络通过英裔建筑师马克斯维尔·弗莱和简·德鲁（Jane Drew）间接地施加了包豪斯的影响（Crinson 2003；Le Roux 2003）。弗莱曾经在英国与格罗皮乌斯合作工作，两人都活跃在CIAM。[22] 弗莱和德鲁主要在黄金海岸英属殖民地工作，后来这个地区叫做加纳。他们关于热带建筑教育与实践遵循的是殖民概念——正在出现的"英国风范热带造型"，就像其巴黎美院体系的前身那样，是通过英国的论争、出版物和教育而实现的（Crinson 2003；Le Roux 2003）。[23] 热带建筑被科学研究合理化了，就像包豪斯一样，假设了一个普适的人类主题，在应对气候方面回避了当地的历史和地理；据报道，弗莱曾经说过，非洲的历史建筑对于当代建筑实践没有提供任何有价值的东西（Okoye 2002）。这种建筑风格尤其给予预制和模数化规划以特权，这些都更适合于欧洲的工业化发展（因此，也服务于英国的出口利益）；其形式上的全套剧目是欧洲风格的，从工艺美术运动到包豪斯和柯布西耶的现代主义。这种风格产生于一次教育会议（巴特雷特学院）、一套附属的课程（建筑协会学院），以及一个出版中心（伦敦），它强化了殖民中心对于殖民边缘地带职业教育和实践的控制。尼日利亚（今天拥有将近四分之一的非洲建筑教育课程）的应对措施是坚持侨民建筑师必须与当地合伙人公司一起工作，但是，新成立的建筑学院仍然依赖于在国外接受训练的尼日利亚人。

现代主义也通过北非（今天的肯尼亚）和东非（今天的埃塞俄比亚和厄立特里亚）的意大利法西斯主义殖民地到达非洲。意大利建筑师采用"地中海建筑"这一术语来描述现代主义："借用其他欧洲现代主义者的言论……（这一术语）是为了声称当地方言'已经'成为意大利语了，"由一个仅仅在40年前刚刚统一的国家如此使用这一术语，是具有讽刺意味的（Fuller 2006：5）。目前关于厄立特里亚及其前首都阿斯马拉的研究正在涌现，这是特拉维夫"白城"的非洲版，采用了类似的方法来建造（Denison和Guang 2005；Denison和Gebremedhin 2007；Visscher 2006）。本书不可能提供包豪斯和意大利现代主义之间的有限关联的充分讨论；然而，这些关联的确显示出现代主义对于不同政治需求和地域的适应性，但是也表明了这一假设，即殖民地几乎没有，或完全没有它们自己的文化。

澳大利亚

1907年，澳大利亚获得领地地位，新首都是堪培拉。这是由美国的沃尔特·伯里·格里芬（Walter Burley Griffin）和马里昂·马霍利·格里芬（Marion Mahony Griffin）带领的设计团队依据巴黎美院体系的理念而设计的。在第二次世界大战开始的时候，这个国家获得了完全的独立地位，并且成为美国正式军事同盟，但是与英国的文化纽带仍然维系着；持续了一段时间的经济繁荣和来自欧洲的移民潮，在时间上伴随着澳大利亚与美国的再度结盟。在建筑领域，澳大利亚采用现代主义理念，就像在英国一样，多半是直到第二次世界大战结束之后才出现的。在艺术领域，这些纽带在该世纪之初伴随诸如玛格丽特·普雷斯顿（Margaret Preston）等人到德国和法国旅行，然后带着印象派的影响回国就开始了；这些艺术家被艺术商西德尼·尤尔 – 史密斯（Sidney Ure-Smith）通过其商业化的艺术工作室而推向市场。然而，高端的现代主义艺术并没有开始扎根，直到诸如厄休拉·霍夫（Ursula Hoff）——在 1943 年成为维多利亚国家美术馆（National Gallery of Victoria）的绘画分馆馆长——这样的欧洲移民到来，以及由约翰·里德（John Reed）——诸如西德尼·诺兰（Sidney Nolan）和阿尔伯特·塔克（Albert Tucker）这样的艺术家的拥护者——领导的 20 世纪 40 年代的"现代艺术之战"（modern art wars）打响之后（Stephen 等 2006）。

有一位包豪斯移民永久定居在澳大利亚，作为"白澳"（White Australia）移民政策的一部分，然而他被接纳的过程与他的同道在其他操英语国家的境遇完全不同（Melleuish 1998：12）。路德维希·赫希菲尔德 – 马克（Ludwig Hirschfeld-Mack）师从伊顿、克利和康定斯基，他短暂地在包豪斯教过书，然后在 20 世纪 30 年代成为一名中学教师。由于是犹太血统，他在 1936 年逃离德国，来到英国。他在新教育联谊会（New Education Fellowship）中表现活跃，在不同的英国教育机构教书，包括蒙默斯郡自给生产协会（Subsistence Production Society）和达利奇学院预备学校（Dulwich College Preparatory School）（Stasny 1999）。在英国的时候，他也借出大量作品供给"包豪斯：1919~1928 年"展览。1940 年，他被作为敌人流放到澳大利亚，拘禁在那里直到 1942 年。获得释放后，他在位于墨尔本东南的季隆（Geelong）文法学校教授艺术，遵循着包豪斯的艺术原则。他就留在该市——尽管格罗皮乌斯对他发出邀请，希望他移民到美国——逐渐建立了关于现代艺术的最早的图书馆，并且继续创作艺术作品，举办展览（Stephen 等 2006：632）。他的初步课程版本结合了对澳大利亚本土材料的研究，例如胶树叶、枝丫、树干和果核；但是并没有扩大到将土著文化考虑在内，这是直到今天大部分澳大利亚文化中依旧沉默的话语（Jacobs 等 2000）。他的理念被墨尔本美术大学教授约瑟夫·伯克（Joseph Burke）采纳，赫希菲尔德 – 马克也在这所大学为澳大利亚艺术教育委员会（Australian Council of Art Education）的艺术教育工作者开设讲座，并培训他们，采用初步课程的方法（对材料和造型的研究）和目标（新人类）（Stasny 1999：4）。他为很多国际会议撰写关于艺术教育的文章，并发表讲话。1954 年，他发表了一篇关于艺术教育的文章，倡导包豪斯原则（Hirschfeld-Mack 1958）。据说，格罗皮乌斯发表评论说，赫希菲尔德 – 马克是第一个将包豪斯原则与高中教育相结合的人（Stephen 等 2006）。1963 年，赫希菲尔德 – 马克出版了《包豪斯：导论研究》（The Bauhaus：An Introductory Survey），格罗皮乌斯为这本书撰写了前言，赫伯特·里德撰写了结语；格罗皮乌斯在 1954 年访问澳大利亚时拜访了他（Blythe 1997；Hirschfeld-Mack 1963）。

澳大利亚的建筑现代主义产生于建筑师、建筑展览和出版物的物理迁移。在1929年，罗伊·德·梅特（Roy De Maistre）在悉尼举办了"现代房间"（Modern Rooms）展览，据说将包豪斯和柯布西耶的影响结合起来（Stephen等2006：1）。然而，澳大利亚建筑现代主义的主要实践者只有到了第二次世界大战结束之后才出现。哈里·塞德勒（Harry Seidler）出生于奥地利，在英国实习，随后在加拿大实习，于1954年加入了格罗皮乌斯领导的哈佛大学设计研究生院，然后在纽约为布劳耶工作，到了巴西为奥斯卡·尼迈耶（Oscar Niemeyer）工作。1948年，他移民到澳大利亚，为他的双亲建造了住宅（Seidler 1997）。在当时，建筑现代主义被视作精英文化和极为高尚的；格罗皮乌斯于1954年在墨尔本发表的演讲，只有建筑师受到邀请。当时《建筑与艺术杂志》（Architecture and Arts Journal）对此进行过评论。然而，在1950年，也就是在牛津大会召开前8年和格罗皮乌斯访问前4年，澳大利亚各个建筑学院的领导就已经拒绝巴黎美院体系的教育模式，而更倾向于基于科学研究的现代主义模式。

其中的原因既是经济方面的，也是政治方面的。第二次世界大战产生对建筑构件的需求，这些构件以当时尚被忽略的材料来制作，同时也带来了越来越大的压力，希望消除在建筑工艺过程中产生的昂贵的建筑服务费用。澳大利亚的建筑行业将科学既用作一种实践的回应，也作为合法的叙事。由此就产生了与英国的建筑科学研究所（和热带建筑）的联系；新建筑的主要倡导者都是曾经接受英国教育的人，成为新任命的建筑学院领导。新的课程反映了这一变化。悉尼技术学院（Sydney Technical College）的第一年教学当时包括物理、化学和数学。在悉尼大学，20%的课程完全是科学方面的。这两所学院都基于英国模式成立了建筑研究实验室（Building Research Laboratory）（Blythe 1997）。包豪斯的影响主要与历史的边缘化有关（引文同上）。然而，在塔斯马尼亚州霍巴特技术学院（Hobart Technical College）仍然坚持着巴黎美院体系的教学；在其他澳大利亚学院中，对形式和空间的关注仍然非正式地持续着（引文同上）。

现代主义的工业设计出现得更为缓慢；直到20世纪70年代，工业设计教育才被结合入高等教育中。1948年，英国设计师罗伯特·霍顿·詹姆斯（Robert Haughton James）成立了工业艺术家协会（Society of Artists for Industry），于1949年在墨尔本举办了"现代主义家园"（Modern Home）展览。1944年，澳大利亚军方出版了杂志《风味》（SALT），旨在教育军队人士，其中包括关于现代主义家具设计的文章。1947年，澳洲设计协会

（Design Institute of Australia）的前身机构成立了，旨在为职业设计师提供支持（Featherston 2006）。1958 年，H·C·库姆斯（H. C. Coombs）提议成立澳大利亚工业设计委员会（Industrial Design Council of Australia），就像其英国模式一样，会给澳洲大众带来优秀的设计。与此同时，具有讽刺意味的是，如果说也是历经艰辛的话，委托约翰·伍重（Jørhn Utzon）设计悉尼歌剧院，代表了澳大利亚国际化的文化抱负。但是，随着澳大利亚通过经济化的军事结盟与美国走得越来越近，美国的大众文化、消费主义和郊区的城市化都产生了影响，澳大利亚发展成为远东的"软权力"中心。

后哈布斯堡王朝和后奥斯曼帝国时期的国家

捷克斯洛伐克

捷克斯洛伐克诞生于 19 世纪后半叶的民族主义热情，赋予中欧地区以生命力。它于 1918 年的独立是泛斯拉夫民族统一运动的高潮，由此也诞生了匈牙利和波兰共和国、塞尔维亚、克罗地亚和斯洛文尼亚王国（从 1929 年开始称作南斯拉夫王国）、大罗马尼亚和大保加利亚等国家。[24] 这个国家拥护现代主义，将之视作其国际性的表达，将学生派往包豪斯，通过客座教师的方式与包豪斯发展了密切的联系。

1918 年，对于协约国来说，捷克斯洛伐克的作用就是一个屏障区，用来抵御俄国、奥地利和普鲁士的重新崛起。因其拥有哈布斯堡王朝的大部分工业基地，也是西方国家经济的来源和市场。这个国家是那些脱离联盟的国家（Secession states）中最发达的，在波西米亚和摩拉维亚地区拥有强大的工业基础设施，在斯洛伐克地区拥有强大的农业设施。它还继承了现有教育基础设施，这些机构都由捷克进行管理，即便是在哈布斯堡王朝时期。这个国家相对稳定和富裕，这意味着在第一次世界大战结束后，能获得额外的领土和有利的贷款与赔偿条款。有先见之明的经济立法将捷克、德国和奥地利的货币区分开，防止这个新国家在 20 世纪 20 年代出现经济崩溃，陷入在整个边境地区猖狂蔓延的通货膨胀；在 1920 年和 1936 年间，100 万人口中的将近四分之三从乡村迁移到布拉格，寻找工作机会。因此，不像德国（和奥地利）那样，这个羽翼刚刚丰满的国家几乎没有经历社会心理危机或经济危机。正相反，它致力于寻找新的国家和国际认同，以社会改革的形式展现出来，但是这仅仅是以中产阶级为基础的，核心关注点是教育。艺术、设计与建筑教育拥护现代主义，将之视作国际性的一个标志；由于包豪斯在地理位置十分接近，其影响是深远的。

建筑领域的改革在布拉格、布尔诺和布拉迪斯拉发采取的形式各不相同。布拉格继承了大部分哈布斯堡王朝的行政基础设施，包括建筑物；它曾经是第一座与哈布斯堡帝国在现代化方面的成就相关联的城市，在 19 世纪成立了一所理工学院来训练建筑师（Long 2002a）。与中产阶级的政治基础相一致，这个国家在第一次世界大战之后的新建筑主要包括旅馆、百货商店和私人别墅开发。布尔诺和布拉迪斯拉发这两座城市拥有的帝国遗产比较少，更多的是提供了白纸一张。在布拉迪斯拉发，应用艺术学校（Škola umeleckých remesiel，1928~1937 年）——视觉艺术方面的第一所斯洛伐克学术机构——拥护包豪斯的原则。该校拥有受包豪斯启发的初步课程、包括广告在内的材料作坊、团队工作的结构，以及创造产品使斯洛伐克在国际市场中具有竞争力的目标（Mojžíšová 1992）。然而，这所学校意欲将生产的商品与其地位联系起来，也开设了一门关于斯洛伐克民间艺术的课程（Long 2002a）。

在布尔诺，就像在布拉格一样，建筑的现代主义［称作捷克功能主义（Czech Functionalism）］首先以私人的商业化举措出现。第一次大型展现是 1927~1928 年的当代文化（Contemporary Culture）展览，就像魏森霍夫建筑展一样，这是一次新建成居住建筑的集体亮相。接下来就是"新住宅"（Nový Dům）展览，是由私人投资商赞助，由捷克制造联盟（Devětsil）进行建造的。尽管在财政方面是失败的，但是这次展览使人们注意到这座城市的建筑抱负；与此同时的建筑成就是建造在布拉格的芭芭居住区（Baba estate）项目。然而，在布尔诺，也需要新的公共建筑。总统教育项目［以马萨里克命名的学校（Masaryk schools）］意欲对小学、中学和高等教育进行全面改革，产生按照现代主义风格建造的学校、学院和宿舍。1919 年，布尔诺大学（Brno University）成立了建筑学院。现代主义建筑师，例如布胡斯拉夫·福克斯（Bohuslav Fuchs）和大莫伊米尔·基塞尔卡（Mojmír Kyselka），分别在 1923 年和 1928 年接受该市建筑部门的委任，同时也领导教育建筑项目，他们在该市建造了私人住宅以及商业和公寓建筑（见图 6.4）。

卡雷尔·泰格是一位布拉格的建筑师和城市规划师，并且是包豪斯客座教授和 CIAM 的创始成员。据说他是第一个与包豪斯有联系的捷克人，这种接触是通过格罗皮乌斯的朋友阿道夫·贝恩穿针引线的。显然，他是第一个于 1923 年在捷克杂志《建筑》（Stavba）上发表关于包豪斯信息的人，这是在"包豪斯周"展览之后。这篇文章和此次展览（包括了许多捷克建筑师的作品）使捷克建筑机构接触到包豪斯的理念（Hain 1979）。这篇文章导致在 1924~1925 年冬季学期布尔诺举办了一系列重要讲座，由布尔诺

图 6.4　基塞尔卡（Kyselka）住家工作室，捷克共和国布尔诺托梅索瓦街（Tomešova）4 号，大莫伊米尔·基塞尔卡，1934 年。
图片来源：© 小莫伊米尔·基塞尔卡

的建筑师俱乐部提供支持，格罗皮乌斯、勒·柯布西耶、密斯、阿道夫·路斯（Adolf Loos）、莫霍利－纳吉和其他主要现代主义者都呈现了他们的作品。布尔诺的现代主义建筑师，例如伊日·克罗哈（Jiśí Kroha）20 世纪 20 年代晚期在新成立的布尔诺建筑学院教书，由克罗哈的学生约瑟夫·克兰茨（Josef Krantz）建造的时代咖啡馆（Era Café）登载在希契科克与约翰逊合著的《国际式风格》（International Style）上（Šlapeta 和 Leśnikowski 1996）。在布拉格和布尔诺，各建筑学院于 20 世纪 20 年代修改了课程，将现代主义理念结合进来；建筑教育者，尽管一般都是执业建筑师和这一职业的领导成员（例如泰格），也参加国际性建筑会议。艺术、设计与建筑杂志（例如《建筑》），也成为与包豪斯理念的重要联结。

　　与包豪斯的联结也在相反的方向展开，尤其是在梅耶时期。洛特·贝泽（后来成为马特·斯坦的妻子）在布尔诺为布胡斯拉夫·福克斯工作；彼得·比金（Peter Bücking）和鲁道夫·米勒（Rudolf Müller）尽管都是德国人，但是加入了布拉格左翼阵线（Left Front）组织，1930 年，比金成为捷克在 CIAM 的代表之一（Hain 1979）。汉尼斯·贝克曼也到了捷克斯洛伐克，在 1947 年成为公民，但是，后来他去了美国（Dietzsch 1991：52）。在返回的包豪斯捷克裔学生中，兹德涅克·罗斯曼（Zdeněk Rossmann）

从 1931 年至 1943 年领导布拉迪斯拉发应用艺术学校（School of Applied Arts）的设计、印刷和广告系。在第二次世界大战之后，拉吉斯拉夫·福尔廷（Ladislv Foltýn）成为位于布拉迪斯拉发的斯洛伐克技术大学（Slovak Technical University）的建筑历史与理论研究所教授，伊雷娜·布吕霍瓦（Irena Blühová）积极参与了布拉迪斯拉发的社会纪实摄影（social photography）运动，约瑟夫·豪森布拉斯（Josef Hausenblas）、瓦茨拉夫·兹拉利（Václav Zralý）和约瑟夫·波尔（Josef Pohl）则回到建筑实践领域（Svobodová 2006）。[25] 就像在东欧集团其他地区和中国一样，第二次世界大战之后，建筑、艺术与设计教育始终跟随着社会现实主义（social realism）理念，直到斯大林去世。[26]

土耳其

就像德国、以色列和捷克斯洛伐克一样，土耳其是第一次世界大战之后作为国家而成立的。像德国一样，它是从一个战败的帝国中诞生的。在 1920 年的塞夫勒协议中，土耳其被协约国占领和瓜分。然而，土耳其不像德国那样，在 1922 年受人欢迎的革命中战胜了协约国；在 1923 年的洛桑协议中它被承认为独立国家。这个国家最早的两份法案就是为废除奥斯曼君主地位和伊斯兰国王的职权，抛弃数世纪的——如果不是经历千年的话——旧帝国和宗教历史，声称它是一个世俗的现代化国家（Bozdogan 2001）。就像捷克斯洛伐克一样，国家认同的构建成为核心的关注议题，文化与政治机构结为同盟。教育改革将学校教育从伊斯兰牧师手中移到了新成立的国家教育部，男孩和女孩首次能够同等接受教育。妇女的意象改变了，现在所呈现的妇女形象不再带着面纱。重新转向世俗主义和西方，导致在政治、经济和文化方面的深远变化，现代主义建筑成为这个新国家的认同核心。

19 世纪晚期，以及在第一次世界大战期间，奥斯曼帝国都是与德国结盟的；在独立之后，土耳其与日耳曼语系欧洲的联系在文化层面延续着；1926 年，这个新国家采用了瑞士的民法。然而，在艺术与建筑方面，土耳其的教育体系既跟随德国的先例，也追随法国的先例。最早的土耳其建筑课程于 1847 年在伊斯坦布尔设立，是以综合工科学校为原型的。接着，第二种——巴黎美院体系——课程于 1883 年在伊斯坦布尔美术学校（School of Fine Arts）设立（Baydar 2003）。穆斯塔法·凯末尔·阿塔土克（Mustafa Kemal Atatürk）是土耳其第一任总统，他委托奥地利建筑师克莱门茨·霍尔茨迈斯特（Clemenz Holzmeister）设计总统府（1930–1932 年）和土耳其议会建筑（1938 年），两者都是以现代主义手法设计的（Bozdogan 2001：63）。1933 年，德国雕塑家鲁道夫·贝林（Rudolf Belling）——"十一月小组"和艺术劳工委员会的前任成员——成为重新命名和彻底重构的伊斯坦布尔美术学院（Academy of Fine Arts）雕塑部门的主任。[27] 瑞士建筑师恩斯特·艾克里（Ernst Egli）的功劳是将建筑现代主义引入土耳其，他已经（在 1930 年）被任命领导该学院的建筑部门（引文同上：161）。他的影响由于这一职位的结构而变得更加容易，直到 1938 年（当年阿塔土克去世），该学院建筑部门的主任职位自动地与教育部的设计委托联系起来，使建筑教育者能够将他们所讲授的理念建造出来（Nicolai 1998）。

艾克里本来要被汉斯·珀尔齐希接替，但是后者最终去世了，使得艾克里将这个职位给了布鲁诺·陶特；陶特曾经逃到日本，但是他想回欧洲。他加入了土耳其的一个流散德国人组织，尽管规模很小，但是影响重大，他们共有 800 名德国人。阿塔土克 1933 年实行的教育改革与纳粹对共产党人、犹太人和同性恋的迫害是同时期的；大约有 80 位教授带着 100 位助手在 1933 年逃往土耳其（Nicolai 1998）。这些移民中包括了建筑师。有些人被吸引到美术学院，而其他人（后来）聚集在伊斯坦布尔技术大学（Istanbul Technical University）周围。尽管不是所有人都留在土耳其，但是，他们之中有些人是德国的主要执业建筑师，包括规划师马丁·瓦格纳（Martin Wagner）（后来成为格罗皮乌斯在哈佛大学的同事）、建筑师威廉·许特（Wilhelm Schütte），以及建筑师和法兰克福厨房的设计者格雷特·许特－利霍特茨基（Grete Schütte–Lihotzky）。瓦格纳在这所学院教书，他给艾克里出谋划策，对邀请陶特起了一定影响作用。

陶特在 1936 年加入了这所学院，但是仅仅待了两年，于 1938 年出乎预料地去世了。就像在其他国家的包豪斯移民一样，他遇到了来自土耳其同事的抵抗，包括美术学院的院长布尔汉·托普拉克（Burhan Toprak），但是随着部长托普拉克的反对日渐式微，他也得到支持。一年后，他充满竞争地瞄准哈佛大学的格罗皮乌斯，开设了初步课程，既包括徒手画，也包括对材料的研究（Nicolai 1998）。就像在墨西哥的梅耶那样，他让学生进行实际项目的设计。1937 年，在他的研究生工作室中，学生们对教育部提供的一个项目进行工作，为安卡拉国家专利理事会（Directorate of State Monopolies）的雇员设计住宅。学生们在每一个方案中要设计总平面、住宅户型平面，编写详细设计说明，计算每平方英尺造价、年租金和融资情况。[28] 尽管博兹多安（Bozdogan）认为这是"一种与世隔绝的练习"，但是她确认了陶特为土耳其建筑教育打下的基础；假使他在美术学院的前途并没有嘎然终止的话，这就暗示出他的方向（Bozdogan 2001）。新土耳其的建筑师把握着这个国家的发展需求，通过"新建筑"来呈现其进步面貌，建立其价值——所有专业知识领域对于这个新国家的国际地位来说都是至关重要的。

以色列

在包豪斯的那些信奉共产主义的师傅和学生逃到苏联的时候，包豪斯的犹太学生逃往巴勒斯坦。其中只有一个人是出生于巴勒斯坦的；其他大多是波兰人。在逃往巴勒斯坦之后，加入梅耶时期的包豪斯，在那个时候，社会主义热情呼应着关于成立一个独立犹太国家的争辩。大约25个在其他欧洲进步学校接受训练的建筑师加入了包豪斯团体，形成了后来叫做以色列包豪斯的群体。最著名的人物是埃里希·门德尔松（Erich Mendelsschn），他于1933年前往英格兰，1939年短暂地移民以色列，两年后前往美国，在加利福尼亚大学伯克利分校教书。群体中其他人包括约瑟夫·诺伊费尔德（Josef Neufeld），他在柏林为门德尔松工作，在莫斯科为陶特工作，此外还有泽夫·雷西特尔（Ze'ev Rechter），他是国立路桥学校的学生，受到勒·柯布西耶的影响（见图6.5）。

巴勒斯坦是第一次世界大战之后在奥斯曼帝国的领土上被"创造"出来的，在1922年得到国际联盟的批准。1917年的《贝尔福宣言》（Balfour Declaration）明确了有必要建立"犹太人之家"。到了20世纪20年代晚期和30年代早期，当包豪斯移民到达巴勒斯坦时，大批犹太移民和外国投资已经就绪；在20年间，来自犹太复国主义组织的2亿美元已经流入，其中75%来自个人和私营公司（Avinoam 1987）。由外国人投资的犹太复国组织购置土地，创立了私营房地产市场；与协约国的殖民抱负和犹太复国组织的政治雄心相平行的是，巴勒斯坦成为投资者的商业机遇。

因此，建造委托和机构建筑随着欧洲和北美资本主义市场的扩张以及政治和宗教抱负而兴起——导致西方资本、劳动力和信念的大量流入，接着就是为经济、社会和文化控制权而争斗。巴勒斯坦的阿拉伯人口主要是农业人口，只有少量的城市商业精英；产品的工业化和机构的现代化所需要的资本，主要用于使犹太人口获益（Ben-Porat 1993）。欧洲的犹太移民通过军事、商业和文化机构，创造出新的政治格局，建筑师和艺术家在其中发挥着重要的作用；包豪斯移民通过区域规划政策和文化基础设施，包括在艺术、工程和建筑领域的高等教育，建造出军事资本主义的基础设施。

图 6.5　健康保险基金会医疗中心（Kupat Holim Health Center），以色列特拉维夫市本·阿米街（Ben Ami）14 号，约瑟夫·诺伊费尔德，1937 年。
图片来源：乌尔丽克·帕斯（Ulrike Passe）（摄影）2007 年

　　包豪斯流散者群体的基础是由前一代人奠定的。由国内外犹太复国主义势力所购置的土地，使大规模欧洲犹太人定居地成为可能。为移民提供住房是犹太人领土扩张和巩固的关键，也是民族认同表征的关键；但是，也促进了英国在中东地区的领土利益———一种"托管"新殖民主义形式（Kallus 和 Yone 2002）。建筑、工程和规划方面的高等教育转变为训练新的专业人员，塑造城市和区域政策，所采纳的是德国的技能；奥斯曼帝国在第一次世界大战期间曾经与德国结盟。当时没有高等学校或高等教育机构，学生要到大马士革进行学习（Abu-Saad 和 Champagne 2006）。在 20 世纪早期，德国犹太人基金"本地人"（Ezrah）成立了一所工程学校，作为高等教育改革的一部分；所产生的泰克尼恩以色列理工大学、希伯来大学和魏兹曼科学研究所（Weizmann Institute）三足鼎立的形式，反映出德国高等教育的结构。泰克尼恩以色列理工大学基于德国理工大学模式，希望通过技术研究以及为工程师和技术工人提供职业培训有助于殖民事业，他们需要管理土地垦殖，发展经济，促进工业化，建立国家安全体系，以及巩固犹太人的民族文化。就像其人文主义的（希伯来大学）和科学主义的（魏兹曼研究所）两所兄弟学院一样，它为那些不允许上欧洲大学的犹太人提供教育（Treon 1992）。这所大学有意设在海法，1924 年——泰克尼恩以色列理工大学成立的那一年——该市犹太人口只有 10%。到 1940 年，从这所大学毕业了 1000 名工程师、科学家和技术工人；这对于海法的工业、商业和文化产生了间接影响，导致如此快速的犹太人口增长，以至于在多政府的分裂状态中，海法被指定为新的犹太人州。

泰克尼恩以色列理工大学第一座建筑的建筑师是亚历山大·贝瓦尔德（Alexander Baerwald）。他是 1919 年从德国邀请来的，他留在这所大学并成为第一位建筑学教授。其设计利用了中东地区的母题，这与英国托管地建筑师采用的新殖民手法相似，但是他和助手及后继者尤金·（约翰南）·拉特纳 [Eugene（Johanan）Ratner] 在 1930 年合作，按照现代主义风格完成了一项位于海法的设计委托。拉特纳和贝瓦尔德都没有在包豪斯学习过，但是他们都与德国文化精英有关联。贝瓦尔德在德国的家是德国知识分子和艺术家的沙龙；贝瓦尔德自己曾经与爱因斯坦一起演出四重奏（Alpert 1982：108）。在包豪斯移民中，阿里尔·沙伦和穆尼欧·吉泰·维恩劳布（Munio Gitai Weinraub）后来在泰克尼恩以色列理工大学教书，施罗莫·伯恩斯坦（Schlomo Bernstein）则在泰克尼恩以色列理工大学学习。维恩劳布在柏林和巴黎接受教育时期的伙伴阿尔·孟斯菲德（Al Mansfeld）从 1949 年起在这所大学教书。

泰克尼恩以色列理工大学依赖于外国投资，通过在阿拉伯领土内的规划聚居地促进国家的建设。1929 年，阿拉伯人袭击犹太人社区之后，哈迦纳游击队（Haganah）（保护犹太人利益的准军事团体）招募拉特纳，对犹太人聚居地的防御战略布局提出建议。规划中包括了预制"塔与栅栏"（homa u'migdal），用来保护聚居地，这些材料都是连夜配送并建造起来的，尽管有些记述将这些建议归功于包豪斯学生施米尔·梅斯捷奇金（Shmuel Mestechkin）（Aisenberg 2008；Sharon 1976）。在 1936 年至 1939 年三年间，建造了 45 个这样的设施；这种军事化"预制"使定居者占有西岸不到 2% 的土地，但是却控制着整个疆域——这一步决定了以色列未来的边界（Troen 1992）。

集体农场（基布兹）是将犹太复国主义和社会主义原则与农业生产相结合的集体居住地，它们形成了上述过程的一部分。贝瓦尔德在 1912~1913 年设计了第一座集体农场的原型，即农业合作化的莫沙夫（Merhavia）。到 20 世纪 20 年代晚期，集体农场为包豪斯移民提供了住处和工作机会——阿里尔·沙伦在加恩·施米尔（Gan Schmuel）的集体农场定居，设计了大量的规划图和建筑物，也针对集体农场与包豪斯理念的关系进行写作（Sharon 1976）。在泰克尼恩以色列理工大学，他讲授犹太人定居地历史，包括集体农场。穆尼欧·吉泰·维恩劳布和施米尔·梅斯捷奇金也参与到集体农场的设计项目中。[29]

与此平行的是，城市中心在扩张。在奥斯曼帝国结束时，海法、雅法和耶路撒冷是最大的城市（Gilbar 1990）。在 20 世纪 30 年代早期，由于德国犹太流散者群体的缘故，雅法的犹太人郊区——特拉维夫——的人口增长为 12 万居民，最终被雅法市吸收。特拉维夫的增长为包豪斯的建筑师移民提供了工作机会：该市的住宅、机构建筑和工厂——特拉维夫"白城"，今天因其"具有显著的普遍价值"而被联合国教科文组织列为世界遗产，[30] 并且归功于以色列包豪斯群体的工作。沙伦、维恩劳布、伯恩斯坦和梅斯捷奇金，以及其他包豪斯人——平沙斯·许特（Pinchas Hütt）、埃德加·黑希特（Edgar Hecht）和钱纳·弗伦克尔（Chanan Frenkel）——这一时期都在特拉维夫进行建造工作。[31]

然而，对巴勒斯坦和后来的以色列影响最大的包豪斯移民，是阿里尔·沙伦。沙伦［出生时叫做路德维希·库尔茨曼（Ludwig Kurzmann）］，1920 年从波兰移民到巴勒斯坦，于 1926 年在包豪斯学习，师从梅耶。1928 年，他与当时的妻子、编织作坊女主人根塔·施塔德勒－斯托尔策一起访问了莫斯科国家高等艺术暨技术工场。从 1929 年至 1931 年，他在贝尔瑙工会学校的梅耶事务所工作。1930 年，他没有加入"红色之旅"，而是在 1932 年（一个人）回到了巴勒斯坦，寻求更好的机会。他创办了一个成功的事务所，设计私人住宅、合作社住宅、行政建筑、医院和集体农场。

在独立宣言发表之后，从 1949 年至 1953 年，他成为国家规划署主任和首席建筑师，负责国家物质空间规划（Physical National Plan），直接对总理戴维·本－古里安（David Ben-Gurion）汇报工作。这个规划署团队由将近 200 位经济学家、规划师、建筑师和工程师组成，致力于设计新城镇、农业区域、交通和水资源基础设施和国家公园，项目一直扩展到内盖夫沙漠地区。"沙伦规划"在独立之后一年内完成，即 1948 年，在阿拉伯领土内以色列定居地建设方面发挥了重要的作用（Segal 等 2003）。1954 年，沙伦回到私人执业领域，设计了一些以色列最重要的机构建筑，包括犹太大屠杀纪念馆（Yad Vashem Memorial）。从 20 世纪 60 年代中期开始，他也成为尼日利亚的伊费大学顾问，就以色列的规划和集体农场、伊费大学总体规划，以及以色列和发展中国家的医院建筑撰写书籍。[32] 在

1965 年至 1971 年之间，他成为以色列的工程师和建筑师协会（Association of Engineers and Architects）主席，并且主持召开了在国际技术合作中心（International Technical Cooperation Center）举办的以色列和发展中国家技术发展世界大会。[33]

以色列与欧洲和北美文化团体之间的联结，以及以色列与其他发展中国家的联系，通过建筑出版物而逐渐增加。1934 年，由现代主义建筑师组成的特拉维夫集团（Tel-Aviv Chug）创办了杂志《远东建设》（*Habinyan Bamizrah Hakarow*），社论以希伯来语、阿拉伯语和英语撰写。该组织的国内分部创办了第二份杂志《建造》（*Habinyan*）。这份杂志传播到以色列以外的地区，在第二期（1937 年 11 月）中报道了勒·柯布西耶写给编辑的个人赞扬之词（Le Corbusier 1937：40）。萨姆·巴尔卡伊（Sam Barkai）是《今日建筑》（*L'Architecture D'Aujourd'hui*）的通讯员；他与尤利乌斯·波泽纳（Julius Posener）一起，编写了关于 1937 年巴黎国际博览会的巴勒斯坦建筑专刊（Schör 1999）。这些杂志将巴勒斯坦看作犹太人历史和文化的白板，将实证主义者的民族主义视作可以铭刻历史的工具——这预见了阿里尔·沙伦在 1948 年政府行政区和区划规划委员会（Government Districts and Zones Planning Committee）第一次会议上的宣言[回应西奥多·赫茨尔（Theodor Herzl）[①]和戴维·本-古里安]，将以色列视作"在白板上的、一个全新开始的机会"（引自 Efrat 2004）。

艺术高等教育走的是另一个方向。位于耶路撒冷的贝扎雷美术与工艺学校（Bezalel School of Arts and Crafts）是以色列最重要的艺术院校，就像泰克尼恩以色列理工大学一样，也是在奥斯曼帝国时期借助德国资金扶持成立的。它于 1906 年正式招生，但是由于在第一次世界大战期间没有资金赞助，该学校关闭了一段时间，直到 1935 年才重新开始招生。不论是创始时的机构，还是如今的翻版，都强调对于扎根于历史的犹太认同进行探索（Manor 2005）。课程大纲将德国学院派和工艺传统与绘图、雕塑、金属加工、编织、搪瓷制品和陶瓷等课程结合起来。圣经的知识被当作犹太历史在"希伯来研究"课程内进行讲授，旨在将现在与过去的黄金时期联系起来，"那时我们是此地健康而自由的民族"（Schatz 1909/1910）。与包豪斯一样，每个学习领域的入学资格是受控制的。学院派艺术被视作圣经中的犹太复国价值观，仅仅是为西方学生，尤其是男性艺术家保留的；工艺美术被视作服务导向的劳作，留给妇女、阿拉伯人和非白种移民（Chinski 1997）。因此，

---

① 犹太复国主义的创始人。——译者注

西欧的艺术理想维持了一种经济和文化的劳动分工，将妇女、西班牙籍犹太人和阿拉伯人置于次要的地位。

最重要的包豪斯艺术方面的移民是莫迪凯·阿尔顿（Mordecai Ardon）[出生时叫作莫迪凯·埃利泽·布龙施泰因（Mordecai Eliezer Bronstein）]，他在 1935 年担任新成立的贝扎雷美术与工艺学校绘图教师，1940 年成为该学校主任。阿尔顿在 1921 年至 1924 年期间师从克利、康定斯基、伊顿和费宁格（Vishny 1974）。作为一名犹太人和共产主义者，他在 1933 年逃离德国，到达以色列，作为德国犹太人移居以色列的一员。就像其他包豪斯移民一样，他被吸引到集体农场运动中，在阿拉维姆（Anavim）镇集体农场定居了一段时间，在耶路撒冷的中小学教授艺术，然后加入了新成立的贝扎雷美术与工艺学校。他试图引入包豪斯课程，但是遇到阻力；现代主义艺术流散者势力较弱，学院派艺术的自主性似乎对其实践者来说更为珍贵。在独立宣言之后，他在希伯来大学教书。1952 年，他成为以色列教育文化部艺术顾问。在这个职位上，他帮助形成了中小学艺术教育政策，也组织展览，为以色列艺术家到国外学习创造机会（Katz 1992；Vishny 1974）。

包豪斯在建筑和艺术领域内接受度的这种差异，显示出托管时期的巴勒斯坦和以色列国家的不同功能。贝扎雷美术与工艺学校对圣经历史的浪漫化利用，为犹太复国主义扩张创造了强有力的神话，远甚于在两次世界大战期间的苏联或美国，包豪斯的现代主义也确实象征性地帮助了国家建设。在 1948 年至 1952 年期间，以色列人口翻了一番，达到 140 万；移民人群中 60% 改换了职业；中产阶级中大约 15% 成为工人阶级，然而，还有更多人失业（Ben-Porat 1998）。到 1961 年，人口中超过 40% 是工人阶级，这个比例类似于后殖民时期资源有限的国家。在 20 世纪 60 年代和 70 年代，由于阿拉伯领土内越来越多地提供廉价劳动力，以色列中产阶级增长了，到 1961 年，55% 的人口拥有小学以上教育背景（引文同上）。由于资金主要来自国外，诸如泰克尼恩以色列理工大学这样的学术机构通过使学生毕业走上社会，发展犹太中产阶级价值观，最为重要的是，为新的民族国家规划领土，而助长了上述过程（Troen 1992）。反过来，这个新的民族国家对于英国在北非和中东的殖民主义，以及在第二次世界大战中的军事利益和成果来说都是至关重要的，它也支持着美国和欧洲的冷战议程。[34]犹太人社区的资本来自西方，1948 年以后来自美国和德国政府，后者对个人和国家提供赔偿。在托管时期，以及在独立宣言之后，自由市场吸纳了大量移民，但是，由于移民的增长速度超出预期，国家管理对于控制经济来就显得极为关键。巴勒斯坦和以色列成为中东地区首先是殖民资本主义，接着是后殖民资本主义的"孵化器"（Ben-Porat 1993）。

超级大国

美国

尽管现代主义和现代性跨越了 600 年的历史，但是至少对于历史学家来说，在西方的，或许是全球性的通俗想象中，现代性常常与美国化联系在一起。"美国的世纪"越来越多地用来描述 20 世纪——这个时期，美国获得了未曾预料的经济、政治和文化影响力。在美国及其冷战对手的国家采纳包豪斯理念，形成了上述现象的一部分。到 20 世纪 20 年代，由于第一次世界大战带来的财政获益，拥有强大的工业基础设施，通过移民和残留的奴隶制产生廉价劳动力，以及通过对本土美洲人土地的强取豪夺而产生大量自然资源，美国作为一个全球化超级大国而崛起。[35] 华尔街和芝加哥商品交易所为商品和材料设定全球价格，美国的财富建造出可以匹敌欧洲的文化和教育机构。美国在经济、政治和文化方面信心大增。欧洲数世纪以来一直是美国的典范，如今开始将目光转向西方，将现代性与美国的大众文化联系起来——福特 T 型车、爵士乐、百老汇和好莱坞。然而，现代艺术和建筑学仍然维持着以欧洲为中心，追求精英文化。

美国似乎引领令人着迷的经济生活，直到 1929 年华尔街崩盘。大萧条在每一个层面挑战着这个国家——欧洲"伟大的战争"[①]的美国翻版。在建筑和设计领域，现在的客户要求经济性；联邦立法通过区域规划强化州政府的管理，住房动议创造出新形式的设计委托，建筑师还没有接受过直接针对这类任务的训练。公共事业振兴署（Works Progress Administration）试图借助创造新的艺术机会，解决严重失业问题，在全国将艺术与设计结合到公共建筑中。尽管这些项目在形式上是传统的，在内容上是爱国的，但是体现了国家经济、社会和政治愿景，强调了艺术、设计和建筑的意识形态力量。

现代主义的建筑、艺术与设计只有在第二次世界大战之后才实现了在全世界范围内呈现美国梦，当时美国和苏联成为两个全球化超级大国。但是，它们之间的冷战争斗，受到潜在的灾难性军事对抗所驱动，在日常生活层面，却是通过文化和消费主义而不断抗争的。通过艺术、设计与建筑呈现

---

① 指第一次世界大战。——译者注

出的资本主义发展意象，成为权力的象征。肯尼迪政府在国家艺术基金会（National Endowment for the Arts）、国家人文基金会（National Endowment for the Humanities）和诸如林肯中心（Lincoln Center）这样的机构方面大量投资。《美国军人权利法案》（GI Bill）扩展了教育机会，福布莱特基金促进了美国文化在国外的影响。[36] 美国领导的企业为其建筑设计采用现代主义手法；密斯派玻璃摩天楼的各种变体成为全球范围随处可见的现象。在国内的前沿，部分可以在格罗皮乌斯和其美国事务所中看到现代主义的影响力，它们塑造了城市再开发，彻底改变了［在很多情形中，与种族主义的"白人大迁徙"（white flight）结盟］日渐衰落的美国城市中心。

　　然而，正如前文讨论的，在 20 世纪 20 年代，美国的建筑师、设计师和艺术家在回应欧洲理念方面是迟缓的，起初，包豪斯的影响是也微乎其微的。纳粹的统治使美国成为包豪斯移民的一个重要目的地；尽管格罗皮乌斯不是第一位移民，但他是包豪斯流散者群体中最具影响力的。在大萧条时期，他曾经就与他的朋友弗兰克·默勒（Frank Möller）一起在布宜诺斯艾利斯开设事务所的想法展开过研究，但是最终还是留在了德国（Lescano 2007；Nerdinger 1983）。当 1934 年纳粹关闭包豪斯，并且进一步限制进步建筑师承接设计委托时，他前往英格兰，然后到了哈佛大学，因为他认识到哈佛大学的平台所具有的国际化机遇。

　　大萧条在哈佛大学建筑系学生中引发热烈的争论，有人认为自己应成为重要的政治和文化改革者。1936 年，两年前就已担任建筑系主任的约瑟夫·赫德纳特将哈佛大学建筑、景观和城市规划学院合并，成立了设计研究生院（Graduate School of Design–GSD）。巴黎美院体系的教学模式被去除，建筑系主任让–雅克·哈夫纳（Jean-Jacques Haffner）辞职。赫德纳特和阿尔弗雷德·巴尔［与校长詹姆斯·科南特（James Conant）一起组成了遴选委员会，以取代哈夫纳］跋涉千里到欧洲会见候选人——格罗皮乌斯、密斯和 J·J·P·奥德（J. J. P. Oud）。奥德退出，使密斯成为赫德纳特的首选。然而，密斯坚持成为唯一竞争者，这不太能被遴选委员会接受，他就被礼貌地排除了。在当时，科南特认为格罗皮乌斯是"一位优秀的宣传员"，随后转向格罗皮乌斯，承诺给他委任和自由度来改造课程（Pearlman 1997）。尽管格罗皮乌斯对于城市规划和预制的兴趣激怒了一些学生，他们本来追求的是哈佛大学博学的绅士传统，[37] 但是，格罗皮乌斯一上任就重新关注建筑课程；他从伦敦招来马歇·布劳耶，从土耳其招来柏林城市规划师马丁·瓦格纳。[38] 然而，格罗皮乌斯的理念也与赫德纳特的发生冲撞。这种论争涉及初步课程，现在叫做"设计基础"，这是作为哈佛大学建筑、设计与艺术教育的新基础而提出的。1950 年，格罗皮乌斯短暂地赢得了论争，得到来自教师和哈佛大学的支持——但是失去了他最喜爱的教师艾尔伯斯，后者去了耶鲁大学。当赫德纳特最终在 1952 年成功地剔除"设计基础"课程时，格罗皮乌斯就辞职了。这一冲突是可以理解的；这门课取代了赫德纳特深爱的建筑历史课程；到 1939 年，历史课的必修课从三门减少到一门，到 1946 年，它仅仅成为选修课。[39]

哈佛大学建筑学课程将要引导美国的职业人从巴黎美院体系的绅士转型为国际和美国命运的规划者。1942 年，科南特让格罗皮乌斯参与了德国"去纳粹化"事业，这是预期在战争结束后开展的项目。后来，他作为美国驻西德大使，支持现代主义理念广泛运用在机构建筑、橱窗性质的展览中，例如国际建筑展（Internationale Bauausstellung）（IBA，1975），以及德国住宅的美国化方面；然而，当格罗皮乌斯试图引入快速而经济的美国木材建造方式（木架房屋）时，遭遇到本已经满腔怨恨的德国官僚主义的强烈抵制（Castillo 2001）。

包豪斯来到芝加哥的移民境遇截然不同。密斯·凡·德·罗在 1938 年接受了（只有他一个候选人的）邀请，领导阿莫尔工学院（Armour Institute of Technology）；拉兹洛·莫霍利-纳吉同年也到达芝加哥，成立了一所设计学院，他称之为新包豪斯（New Bauhaus）。格罗皮乌斯和密斯大为不悦；尤其是密斯，他曾经与德绍当局商讨过保留使用包豪斯名称的权利。莫霍利-纳吉的邀请来自于一个进步的中西部工业家团体，自称为艺术与工业联合会（Association of Arts and Industries）。他开设的新学校提供日间和晚间课程，初步课程改名为"初步作坊"。这个学校仅仅维持了一年，学校赞助者对莫霍利-纳吉的诗意教学方法感到失望，无法（或者说选择不去）寻找后续资金。莫霍利-纳吉立刻成立了独立的设计学院（School of Design）。沃尔特·佩普基（Walter Paepcke）是美洲集装箱公司（Container Corporation of America）总裁，并且是一位白手起家的工业家，现在成为赞助者。1944 年，这所学校改名为设计学院（Institute of Design），1949 年，成为伊利诺伊理工大学的设计学院，同时也是密斯的阿莫尔工学院建筑学课程的最终落脚点。因此，竞争的努力最终变成了肩并肩，但是这一切只是发生在 1946 年莫霍利-纳吉最终去世之后。

尽管这样说有点简单化，但是，莫霍利-纳吉和密斯都是被想要见证先进设计改善商业成就的工业家们邀请到美国的；而另一方面，格罗皮乌斯加入的一个世界是将建筑师和设计师视作社会和文化改变的领导者。他受到的邀请来自另一个学术圈，他们将他视作首先是一位强有力的善辩论者，其次才是一位技艺高超的专业人员。在芝加哥，艺术提倡商业化；在麻省剑桥，教育则把"哈佛人"包装为解决大萧条社会问题的人。在芝加哥，密斯的传承不仅仅在伊利诺伊理工大学继续着，尽管在 20 世纪 70 年代受到后现代主义凶猛但短命的挑战，同时也在这座城市的专业圈子中流传下去，因此，使得芝加哥现代主义的离经叛道者——贝特朗·戈德堡（Bertrand Goldberg）（密斯在包豪斯的学生和在柏林的雇员）、沃尔特·内奇（Walter Netsch）和哈里·魏兹（Harry Weese）——边缘化。

芝加哥设计与建筑领域的学生也不同于哈佛学生——他们中很多人来自蓝领背景，半工半读——总的来说，哈佛学生条件更加优越。不像在哈佛那样，空间是有限的——刚开始，密斯在芝加哥美术馆（Art Institute of Chicago）的教室上课，莫霍利 - 纳吉在先前的马歇尔·菲尔德大厦（Marshall Field Mansion）教课，而设计学院就位于夜总会底下一座废弃的面包房。只有在阿莫尔工学院和刘易斯学院（Lewis Institute）合并成立伊利诺伊理工大学，《美国军人权利法案》扩展了教育机会，冷战提升了技术教育的重要性，以及芝加哥市支持大规模城市更新项目之后，芝加哥的现代主义教育才能够以制度化方式取得进展。密斯在 1939 年曾经被要求设计伊利诺伊理工大学校园，但是这个方案只有到了新政策环境下才得以实现；伊利诺伊理工大学的建筑与设计课程这时才获得公认的教学场所（见图 6.6）。在哈佛大学，尽管格罗皮乌斯有着更好的物质资源，但是他仍旧与过去传承下来的课程斗争着；密斯和莫霍利 - 纳吉拥有相对更大的自由度。然而，尽管新包豪斯的赞助者有着强烈的兴趣，但是德绍包豪斯"教育作为商业"的理念没有再次获得生命。戏剧作坊既没有传到芝加哥，也没有传到波士顿。总的来说，美国学生没有被期待作为人类而"改变"自身，或者期待他们成为商品的制造者。

约瑟夫和安妮·艾尔伯斯（Anni Albers）是唯独试图将学生作为"整个人"进行改造的包豪斯人。1933 年，两人被约翰·安德鲁·莱斯（John Andrew Rice）和西奥多·杜埃尔（Theodore Dreier）邀请加入位于北卡罗来纳州阿什维尔的黑山学院。莱斯和杜埃尔是有知识、有原则的富裕人士，他们从罗林斯学院（Rollins College）辞职，这是佛罗里达州历史最悠久的私立文理学院，辞职原因在于董事会干涉学术政策。杜埃尔曾经是牛津大学的罗德学者，并且在芝加哥大学学习过，热衷于杜威的人文主义。他的姑妈凯瑟琳·杜埃尔在现代艺术博物馆董事会中有一些朋友，包括约翰逊和巴尔（她写信给他们介绍过包豪斯）；约翰逊将艾尔伯斯介绍给莱斯和杜埃尔，以担任黑山学院的职位。杜埃尔也认识莱昂耐尔·费宁格，后者在 1945 年追随

图6.6　克朗楼，芝加哥伊利诺伊理工大学校园。路德维希·密斯·凡·德·罗，1939~1958 年。
图片来源：伊戈尔·马里亚诺维奇（摄影）2008 年

艾尔伯斯，也到了黑山学院。

　　该学院是"民主教育"（education in democracy）的试验田，而且就像在包豪斯一样，在工作和游戏之间没有什么分别。除了其他责任之外，学生们还要在学院农场劳动，并建造设计项目（包括 1940~1941 年的研究大楼），因此，大多数课程是在早晚教授的。教师自己管理——不像大多数美国的学院——无须董事会。他们教授自己喜欢的课程：学生的出席是自愿的。课程松散而简单。就像包豪斯的初步课程和作坊序列一样，学院分为初级部和高级部，从低向高的升级取决于口头或书面考试和课程作业，这些任务是根据学生和教师双方同意的教学计划而完成的。然而，不同于包豪斯的是，他们追随了美国文理学院的传统，像文学、数学、哲学、心理学、历史，甚至是拉丁语都要教授。

　　正如在魏玛一样，但是并不像其他受包豪斯影响的美国学院，黑山学院的学生可以自由地与教师展开交往——甚至扩展到性关系。教学将关于自我的浪漫化理念联结到杜威的民主人文主义理想："直接影响态度和气质的形成和生长，从情感、智识和道德的层面"（Dewey 2009）。莱斯强调说："可以说，黑山学院这个团体从心理上剥光了一个人的衣服，他就这样站在那里，展示给所有人，包括他自己——最终就喜欢之"（Katz 2002）。[40] 黑山学院的夏季课程尤其获得了全美和国际知名度，由一些美国最重要的艺术家和思想家来讲课。[41]

尽管该学院奉行理想主义，但是其资金都来自个别慈善家。最著名的是史蒂芬·H·福布斯（Stephen H. Forbes），他就是《福布斯》（Forbes）杂志的创办人，在 20 世纪 30 年代中期曾经在该学院学习；莱斯和杜埃尔各自也很富有。然而，缺乏永久性财政和制度基础，产生了财政方面的困难，并且学院的民主管理也产生了内部分歧；杜埃尔和艾尔伯斯夫妇在 1949 年辞职。艾尔伯斯从 1950 年至 1958 年继续在耶鲁大学领导设计系，在那里，他设立了改版的初步课程。就像德国包豪斯一样，黑山学院也是短命的，仅仅持续了 23 年；尽管后来符合获得《美国军人权利法案》资助的条件，但是还是在 1956 年关闭了。

在第二次世界大战之后，其他包豪斯移民以及在哈佛接受格罗皮乌斯训导的美国学生在美国的教育课程中取得了领导地位。在建筑方面，除了哈佛大学和伊利诺伊理工大学，还包括麻省理工学院和加利福尼亚大学伯克利分校；在设计方面，则是佐治亚理工学院；在艺术方面，是罗德岛设计学院。与包豪斯移民取得有影响力的地位相平行的是，美国在全球文化权威方面的信心不那么空泛了。作为冷战的工具，其"软权力"掩盖了军事纷争，跨越了地球的表面以及（后来）达到平流层。物质商品以及建筑、艺术和设计领域的进步意象，补偿了在这样一个动动手指就能被终结的世界里的生活。

苏联

1930 年，弗里茨·黑塞在不预先通知的情况下，解除了汉斯·梅耶的包豪斯主任职务，据说是因为包豪斯内部的共产主义活动。梅耶在包豪斯的领导工作是研究得最少的，不仅仅是因为这一"令人困窘的"政治历史，而且还因为后来他定居在苏联和墨西哥，这两个国家的文化意义在冷战期间和冷战结束之后都是被轻视的。在包豪斯"品牌"的传播过程中，梅耶时期往好里说，最多也就是包豪斯历史中微不足道的一部分，往坏里说（被格罗皮乌斯和密斯视作）是包豪斯历史上"美丽图画中的一个污点"。

梅耶在被罢职之后，短暂地回到瑞士，但是在同年又移居莫斯科，公开拥护社会主义："我将要在苏联工作，这是一个无产阶级文化逐渐成形、社会主义诞生，以及我们在资本主义制度下为之战斗的社会"（Meyer 1930，引自 Schnaidt 1965）。包豪斯"红色之旅"的七位勇士和他一起加入了一个30 人团体，其领导是恩斯特·梅（法兰克福的城市规划师），其中包括马特·斯坦和格雷特·许特–利霍特茨基；在 20 世纪 30 年代早期，又有 15 位包豪斯人离开包豪斯，前往苏联工作。

梅耶除了担任城市规划师的角色外，还被任命为建筑大学高等建筑房屋学院（VASI）的教授，这是由莫斯科国家高等艺术暨技术工场前任教授成立的一所与包豪斯有着密切联系的教育机构。莫斯科国家高等艺术暨技术工场成立于 1920 年，也就是在包豪斯成立一年之后。它是接替国立自由艺术工房（SVOMAS）的一所学校。国立自由艺术工房是两年前成立的一所学术机构，就像包豪斯一样，是两所学院合并的结果——莫斯科绘画、雕塑和建筑学校（Moscow School of Planning, Sculpture and Architecture）和斯洛格诺夫应用艺术学校（Stroganov School of Applied Arts）（Lodder 1992：198）。斯洛格诺夫应用艺术学校不需要入学考试，对于特定的作坊没有指派指导教师，学生可以自由选择教师；教师中包括康定斯基和卡西米尔·马列维奇（Kazimir Malewich）。莫斯科国家高等艺术暨技术工场更加具有结构性，但是被内部政治斗争弄得四分五裂（Hudson 1994）。该机构的宗旨在于既改变工业，也改变教育——生产方式和生产关系——既要提高工业生产率，也要消除文化和职业阶级的差别："一所专门的教育机构，旨在提供先进的艺术和技术训练，创办目的在于为工业界提供高素质的艺术大师，以及职业和技术教育的教师和指导者"（Lodder 1992）。因此，尽管包豪斯的"新人类"既是生产者也是消费者，但是，莫斯科国家高等艺术暨技术工场这所对等的学校既是产品的生产者，也是无产阶级意识形态的生产者。

在莫斯科国家高等艺术暨技术工场，课程大纲中也包括初步课程，接下来是在专门的材料作坊学习，还有附加的科学、语言和历史课程——受到梅耶在包豪斯引入科学与技术课程的影响。该校 100 位左右的教师（等级也是由学徒到熟练工，再到师傅的一系列进阶）都是俄罗斯重要的艺术家和设计师，例如亚历山大·罗德钦科（Alexander Rodchenko）、卡西米尔·马列维奇、弗拉基米尔·塔特林（Vladimir Tatlin）、埃尔·李西茨基和安托万·佩夫斯纳（Antoine Pevsner）。然而，这两所学校之间的最初联系是试探性的。康定斯基是唯一正式的联结，尽管在 1919 年，格罗皮乌斯寄给国立自由艺术工房一份关于包豪斯课程的说明，这可能对于莫斯科国家高等艺术暨技术工场的创办理念有一些影响。此外，拉兹洛·莫霍利–纳吉在包豪斯教书期间一直维持着密切联系，1927 年在莫斯科国家高等艺术暨技术工场教学楼举办的展览中也包括汉斯·梅耶的作品。

在国家高等艺术暨技术工场注册的学生大约有 2500 名——与包豪斯相比是一所大型学术机构，然而后来几乎没有得到什么国际认可。尽管其宣称"艺术是与生产相伴随的"（Art is one with Production），但是产品从未进入批量生产的阶段（Lodder 1992）。1926 年，这所学校被认为与"西方"设计和建筑实践的原则太亲近，从而转回更为技术导向的莫斯科高等艺术暨技术学院（VKhUTEIN）——与包豪斯仅仅一次被迫辞职就会导致制度的改变不同的是，对于国家高等艺术暨技术工场而言，整个机构就被消除了。

到 1930 年，为了回应政治和经济的重新定位，莫斯科高等艺术暨技术学院转变成为高等建筑房屋学院，服务于新的集体主义规划目标；先前的手工艺作坊改变成工业产品部，其课程大纲跟随着新编制的五年计划。实现这些计划的需求是紧迫的。不像西欧经济那样在 1929 年经济危机中彻底崩溃，苏联的计划经济蓬勃发展，因为与美国贷款没有关联，因此，宏伟的计划不仅看上去是可能的，而且是合理的。梅耶在第一个五年计划中期到达苏联，这个计划需要建造 125 座新城镇。在他于高等建筑房屋学院任教的三年中，先在集合建筑和住宅系教书，然后在农业建筑系，最后到了工业建筑系。从 1934 年至 1935 年，他在新成立的苏联建筑学院（Academy of Architecture）领导住宅顾问委员会。这是一个精英学术机构，在整个苏联只培训 100 位学生，希望他们将来成为主要的专业人员和教育者——专业教育的重要缩减。随着苏维埃建筑与建设组织的重构以及斯大林对西方影响的拒绝，梅耶失去了这些教学职位；直到于 1936 年离开，他都关注于规划项目。

在 1930 年至 1931 年间，梅耶担任苏联技术与高等教育学院建设信托基金会（GIPROVTUS）主任；包豪斯团体致力于莫斯科和高尔基市的学校项目设计，以及技术与高等教育学院建设信托基金会自身的项目。梅耶也成为苏联国家城镇规划学院（GIPROGOR）的规划顾问，为克里木地区的刻赤、白俄罗斯的佳季科沃和俄罗斯的布良斯克和伊凡诺沃－沃斯涅先斯克的发展规划进行设计。同时，他还担任城镇规划信托基金会"标准项目"（Standardgorproyekt）的首席建筑师，为乌拉尔地区的莫洛托夫和下库拉以及乌德穆尔特人民共和国的伊热夫斯克编制发展规划（Schnaidt 1965）。他还致力于比罗比詹的设计，这是一个新成立的俄罗斯犹太人自治州意向中的首府，位于与中国交界的东北部。弗雷德·佛贝特的回忆录提供了对于这种非常危险的高速度饶有兴味的描述，也可以说是带有嘲讽意味的。包豪斯"红色之旅"就是用这种速度四处奔走，勘察这些地点，编制复杂的方案，来实现第一个五年计划目标——在缺乏工业、生产技能和原材料的情况下实现这些目标。[42] 梅耶自己的描述就不那么模棱两可。他认为自己被俄罗斯经历大大地改变了，而且是正面的改变，他拥护社会现实主义，将之视作共产主义社会的理想状态——这一姿态在他离开苏联后得以强化（Richardson 1989）。

1931年，"红色之旅"在莫斯科组织了一次包豪斯展览（见图6.7）。国立新西方艺术博物馆（State Museum of New Western Art）和全苏对外文化交流协会（All Union Society for Cultura Links with Foreign Countries）出版了一份目录，其中有包豪斯的照片、建筑方案（包括德绍校舍的平面）、产品设计、印刷和纺织方面的作品。梅耶对于他的成就颇感自豪，将包豪斯视作"红色学校"，但是——就像莫斯科国家高等艺术暨技术工场一样——他也因其国际主义——对于资本主义的委婉说法——以及包豪斯作品的极端功能主义而受到批评。

这些批评预示着斯大林施政的"大恐怖"（Great Terror）时期的到来，其政策后来导致大范围饥荒、种族清洗，以及迫使外国人离境。早在1932年，共产党中央委员会书记拉扎尔·卡冈诺维奇（Lazar Kaganovic）曾经宣布现代主义就是资产阶级的，而民族传统，或者说社会现实主义，才是苏维埃设计的恰当风格。到1936年，外国人已经不受欢迎，除了少数人之外，大部分德国的现代主义者都离开了这个国家，包括梅耶本人。英美两国对于社会现实主义，以及后来的20世纪苏维埃现代主义的忽略，加上在苏联东

图6.7　在莫斯科举办的德绍包豪斯展览，看向一处展览空间的景象，汉斯·梅耶（设计者），1931年。
图片来源：柏林包豪斯档案馆

欧集团以外的地区相对缺乏宣传，导致直到最近，包豪斯与其最重要的俄罗斯的后继部分几乎没有得到讨论。

革命后的共和国

墨西哥

20 世纪 20 年代和 30 年代，在墨西哥革命之后，墨西哥城成为一个世界性中心，汇聚着来自美国、日本、古巴、法国、德国和俄罗斯等国家的侨民（Osorio 2005 : 216）。[43] 出于支持墨西哥革命后的政权，汉斯·梅耶在1938 年参加了于墨西哥城召开的第 16 届国际住宅与规划峰会（International Summit of Housing and Planning）、工 业 民 主 会 议（Congress for Industrial Democracy），以 及 拉 丁 美 洲 工 人 联 合 会（Confederación Trabajadores de América Latin–CTAL）的成立大会。很有可能他在会上认识了总统拉萨罗·卡德纳斯·德尔·里奥（Lázaro Cárdenas del Río）。教育部长贡萨洛·巴斯克斯·贝拉（Gonzálo Vázquez Vela）邀请他指导新成立的、位于墨西哥城的国立理工学院（Instituto Politécnico Nacional–IPN）城市与规划学院。在这次访问期间，梅耶举办讲座，介绍了他在苏联的工作，很有可能他还会见了的墨西哥建筑师和墨西哥共产党成员；受到鼓舞之后，他和莱娜（Lena）于 1939 年来到墨西哥。然而，尽管他们的访问导致成立了墨西哥社会主义建筑师联盟（Union of Mexican Socialist Architects），但是他们也为梅耶后来遭遇的来自墨西哥建筑机构的敌对种下了祸根。

梅耶在墨西哥的职业生涯跨越了教学、设计与出版，以及为规划政策提供公共服务等，然而，他在国立理工学院的聘期仅仅持续了两年。从一开始，一些主要的墨西哥建筑师就对梅耶持怀疑态度。帕特里夏·里瓦德内拉·巴尔贝罗（Patricia Rivadeneyra Barbero）引用乔治·甘贝罗·卡里比（Jorge Gamberos Caribi）的论述，声称墨西哥城土木建筑学院（Escuela Superior de Ingeniería y Arquitecturea–ESIA）——国立理工学院就位于其体制中——的主任吉耶尔莫·特雷斯（Guillermo Terréz）和该学院创办者和重要人物胡安·敖皋曼（Juan O'Gorman）[里维拉（Rivera）和卡洛（Kahlo）住宅的建筑师——后来设计了许多政府建筑]（见图 6.8）——都将梅耶视作威胁："从一开始，随着国立理工学院的建设得到批准，梅耶就遭遇到来自墨西哥城土木建筑学院主任吉耶尔莫·特雷斯的无数刁难，后者还有胡安·敖皋曼的支持，他想保护其领地，不受到马克思主义建筑意识形态的影响"（Rivadeneyra Barbero 2004）。国立理工学院仅仅在三年前，也就是 1936 年

图 6.8 公共建设工程部大楼外观，大型壁画，墨西哥墨西哥城，胡安·敖皋曼（Juan O'Gorman）（建筑师）1953 年。
图片来源：加利福尼亚大学伯克利分校环境设计视觉资源中心提供版权

才由卡德纳斯·德尔·里奥政府成立；毫不奇怪的是，教职员工都视之为一所脆弱的学术机构。梅耶对于学院课程的设想关注于创造一种新的职业，与经济学家和工程师展开协作，组织城市空间。这一远景与墨西哥城更广泛的社会和经济变化是一致的。在这座城市中，工业化已经导致工人阶级迅速增长，市中心移民人口增加，前所未有的城市增长以及迫切需要建设住宅、学校、医院和行政建筑（Osorio 2005）。

这所新成立的学院招募具有经济学、建筑学和工程学位的学生，组成跨学科团队进行工作，对教授分配的实际项目进行设计。由于强调公共服务精神，这些项目是付报酬的，使那些不富裕的学生也能接受教育。在两年的学习结束之后，学生以规划建筑师、城市建筑师或规划经济师的身份毕业，他们对于社会和经济状况、立法、城市规划、历史架构、地形学、气候与健康问题、城市管理和交通都有着实际的工作知识。第一年更倾向于分析，实践运用很有限，接着在第二年进行整体项目的工作。这些项目有益于国家的公共利益，得到社会学、法律、金融、经济学、卫生工程学、气候学与健康、交通、农艺学、供应管理、城市研究和规划等课程的支持。然而，梅耶的模式没有遵循墨西哥建筑教育界现有的职业构成模式。它远非包豪斯的初步课程和作坊，也不是在墨西哥城土木建筑学院流行的、受巴黎美院体系启发的建筑师 – 工程师的教育体系。正相反，它显示出苏联生产教育的影响，这正是墨西哥建筑精英所惧怕的。特雷斯所处的有利地位使得他在仅仅三年之后就关闭了这所学校；与陶特在土耳其的境遇不同的是，梅耶没有后台，未能成功地打败诋毁他的人。

政治和经济背景已经改变了。在梅耶到达之后没多久，第二次世界大战就爆发了，曼努埃尔·阿维拉·卡马乔（Manuel Ávila Camacho）取代了卡德纳斯。卡马乔不得不为卡德纳斯征收的石油利息而付给美国和英国高额的补偿金。这一成本和拉拢中产阶级的需求导致全国规划动议的削减，以及城市与规划学院的关闭。1941 年，以及从 1946 年至 1949 年，梅耶运营一家私人事务所，度日艰难。1942 年，他被委任为劳动部工人住宅部技术主任；在 1944 年，他担任墨西哥社会保障机构的医院与诊所规划委员会主席；从 1945 年至 1947 年，他负责协调学校建筑全国委员会。然而，他留在墨西哥的最后两年中，所有的工作都逐渐结束，他唯一的社会活动就是在进步的墨西哥邮票出版社（La Estampa Mexicana）担任技术指导。从 1946 年墨西哥经历严重经济危机开始，直到 1949 年他们回到瑞士之前，梅耶夫妇都在极度穷困中生活。但是，由于梅耶担任的墨西哥邮票出版社主任一职，尤其是他在流行图像艺术作坊（El Taller Grafica Popular）——成立于 1937 年的墨西哥进步艺术家团体——所发挥的作用，他和莱娜继续与涉及政治的墨西哥艺术社团一起工作。

尽管梅耶在国立理工学院的精力关注于将社会科学、技术，以及诸如工程和金融等专业知识与建筑和规划的结合，但是，他对于工业美学的兴趣在他到达墨西哥之前就已经日渐消失。在俄国，他学会了拒绝功能主义，将其所推崇的极简主义视作资本主义追逐利益的工具，而现实主义和乡土传统则被视作最适用于革命建筑的（Meyer 1980）。在墨西哥，卡德纳斯政府公开支持现实主义的乡土艺术，以此将革命造成的四分五裂的墨西哥社会统一起来。迭戈·里维拉（Diego Rivera）、何塞·奥罗兹科（José Orozco）、戴维·阿尔法罗·西凯罗斯（David Alfaro Siqueiro）和胡安·敖皋曼的大型壁画在这方面成就中是至关重要的。梅耶赞赏墨西哥民族传统。正如他在晚年写道的，"在我们待在俄国、瑞士和墨西哥的所有岁月中，有一件事极大地使我们担忧，那就是在包豪斯中从未考虑过的：民间传统。"[44]

中国

在民国时期，中国的建筑教育跟随着这个共和国与西欧的结盟，直到 1949 年，之后与苏联的结盟。上海作为例子见证了这种变迁。在 20 世纪早期，中国的建筑师开始在海外（在美国，主要是宾夕法尼亚大学，这是作为义和团运动赔款的一部分）接受教育，从而使得实践和教育都得以职业化。有记载的第一位在美国接受训练的毕业生庄俊成立了中国建筑师学会（Society of Chinese Architects）。1927 年，上海开始了建筑师注册制度。从 1929 年开始，法律规定要求必须注册。1923 年，在东京工艺大学（Tokyo Polytechnic）接受训练的中国建筑师在国立苏州工艺大学（National Suzhou Polytechnic）成立了短暂的建筑系；不同于其效仿的学院，这所学院专注于教授建造。绘图和表现图也不教；与之相反的是，中国建筑师被训练为从属的角色，就像是西方建筑师和中国承包商之间的中间人（Ruan 2002）。1927 年，第一个大学建筑课程在南京中山大学设立了，采取的是国立苏州工艺大学的模式，雇用了该校的一些教职员工，同时他们也是在美国接受教育的新上任教授，主要是追随巴黎美院体系，因此强调设计在课程中的作用。1928 年，第二个专门的建筑课程在沈阳东北大学设立，也是基于巴黎美院体系的工作室模式，但是更强调设计和绘图（引文同上：32）。尽管由于与日本的战争，在 1931 年这一课程取消了，同时取消的还有其他课程，但是，这些变化提升了中国建筑师在建造行业的地位和作用，将他们塑造成主要设计者。欧洲的现代主义者也在上海设立事务所（见图 6.9）。在 20 世纪 20 年代和 30 年代早期，建筑杂志也出现了，这进一步深化了中国建筑师的教育和地位，与西方建筑知识产生关联（Rowe 和 Kuan 2002）。

有两位包豪斯人在 20 世纪 30 年代移民到中国，并留在那里直到 60 年代。理查德·保立克（Richard Paulick）是包豪斯共产主义基层组织成员，他与犹太妻子和兄弟鲁道夫（Rudolf）一起于 1933 年逃到上海。在这个快速政治变迁的时期，他们加入了德国犹太人侨民社区，该社团有超过 2 万名犹太人，后来叫做上海隔都（Shanghai Ghetto）。在 19 世纪 50 年代，欧洲贸易公司在上海以殖民的方式购置土地，产生了德国/美国区、法国区和中国区；这些地区和其他位于天津和汉口的欧洲人聚居地内出现了现代化，之后才是中国其他地区的现代化进程（Zhu 2009：43）。上海重要的规划师大多是在德国或美国接受训练；当 1928 年蒋介石政府将上海指定为直辖市（Special Municipality）时，这座城市采用的是欧美建筑和规划理念。在 20 世纪 30 年代晚期，半自治的上海公共租界（Shanghai International

图 6.9 上海淮海中路盖司康公寓（Gascoigne Apartments），赉·安（Leonard），维赛（Veysseyre）和克鲁兹（Kruze），1935 年。
图片来源：凯利·范思政（音译）（Kerry Sizheng Fan）（摄影），2008 年

Settlement）是少数几个无须护照或签证就可以接受犹太人和共产党人的全球性目的地。很多犹太人乘船（传奇性的豪华邮轮）从一个犹太人定居地到达另一个最终也成为定居地之所。

保立克一家人在上海待了 17 年。理查德先是为一家私营公司"现代家庭"（Modern Home）工作，他和鲁道夫一起创办了其他几家公司（Kögel 2006）。他和孙中山的遗孀宋庆龄一起，为中国民权保障同盟（China League of Human Rights）以及世界反对帝国主义战争委员会远东会议（Far Eastern Congress for the World Committee Against Imperialist War）工作。他以彼得·温斯洛（Peter Winslow）的笔名为《中国之声》（*The Voice of China*）撰文，论述中国大学的危机（引文同上）。在战争期间，理查也为上海的剧场设计舞台布景；战后，他参加了上海中心区总体规划工作，从 1948 年起，他担任该任务的领导（引文同上）。珍珠港事件之后，日本占领上海；很多外国人失去了优越的地位，无国籍难民被指派到"限制区"——作为早期到达的移民，保立克一家逃出了这个贫民区。从 1943 年至 1949 年，理查德也在圣约翰教会学校——美国人在上海开设的圣公会大学——教授室内设计和城市规划，遵循着包豪斯原则（Kögel 2006；Rowe 和 Kuan 2002）。

该校建筑系主任黄作燊（Huang Zuoxin）（亨利·黄）曾经在建筑协会学院学习，并在哈佛大学师从格罗皮乌斯（Rowe 和 Kuan 2002）。[45]1952 年，与苏维埃教育改革相平行，圣约翰大学建筑系与同济大学土木工程系、杭州新教大学（Hangzhou Christian College）以及杭州美术学院合并。黄作燊成为第一届系主任，李德华是保立克在规划系的同事，他担任第四届系主任；新的建筑系大楼由黄作燊的学生设计，是以包豪斯风格建造的，但是包豪斯的影响并没有在课程本身中保留下来（Ruan 2002）。

1948 年，保立克试图移民到美国，但是没有成功。[46]1949 年，通过在圣约翰大学的关系，他申请了佛罗里达大学访问教授的席位，但是，因为来自上海的"令人困惑和矛盾的报告"，他的申请被拒绝了，这可能是因为其参加的政治活动（格罗皮乌斯是知道这些事的；可能也询问了格罗皮乌斯），以及来自圣约翰大学的答复，就像当时被激进的学生占领的其他上海的学院发生的情形一样（Kögel 2006）。保立克失去了国籍（他的护照在1938 年过期了），他在 1954 年回到东德。他指导建筑工程学院（Institut für Bauwesen）住宅系，这个学院由汉斯·夏隆（Hans Scharoun）率领，保立克成为东德主要的建筑师和城市规划师。他拥护社会现实主义，赢得了位于柏林的卡尔·马克思小径片段的设计竞赛，后来整个工程的建造是由他指导的。在斯大林死后，他回到了工业化建造领域，领导着几个预制建造研究机构。在 20 世纪 50 年代早期，他与先前的包豪斯同事恩斯特·卡诺（Ernst Kanow）一起，成为柏林建筑学会（Berlin Academy of Building）的教授。在 20 世纪 60 年代，他发表文章，论述建筑师的角色、教育、建筑学以及城市设计。从 20 世纪 50 年代中期到 60 年代中期，他设计了将近 50 座商品交易会大厦，这是苏联东欧集团全球化成就的一部分，项目位于雅加达、新德里、北平（北京）、开罗、突尼斯市以及贝鲁特等地。

从 1950 年开始，中国与苏联结盟，确保了重要的苏维埃外援。很多中国建筑师当时在苏联接受训练；建筑研究越来越关注于技术，与人文学科分开了（Rowe 和 Kuan 2002）。艺术与建筑的象征功能与社会现实主义走到一起，而现代主义消失了。

冷战国家

德国

尽管有着纳粹统治下的敌对气氛，大多数包豪斯的师傅和学生还是留在德国，从迫害、征兵和国家的四分五裂中生存了下来。[47]其他人在流放之后又回到德国。[48] 政治历史对有些人来说促进了战后的职业生涯，对另一些人来说，则是阻碍；那些先前与纳粹结盟的人，很难维持学院的职位，只能留在蓝领阶层，或者作为自由职业艺术家或设计师工作。参与抵抗组织（或者说共产主义活动，如果他们是在东部地区的话）的包豪斯人很快提升到重要专业地位，并获得行政职位的委任。[49]

　　战后包豪斯的重建在东西德国截然不同。斯大林文化政策拒绝包豪斯的教学法，将之视为资产阶级和形式主义的东西。因此，在魏玛和德绍试图复兴包豪斯的努力是短命的（Thöner 2005）。在魏玛，有一小批包豪斯人在战后的第一个 10 年转回教学岗位，但是在社会现实主义的氛围中苦苦挣扎。[50] 在德绍，1945 年和 1948 年之间，在重新委任的市长弗里茨·黑塞领导之下，胡贝特·豪夫曼率领众人试图修复包豪斯校舍，并招募包豪斯人作为教师。[51] 但是，随着政治的转向，以及豪夫曼被揭发是一名纳粹，导致黑塞和豪夫曼被免职。豪夫曼去了西柏林（Castillo 2006）。在东柏林，有六位包豪斯人在新成立的魏森湖应用美术学院（Hochschule für Angewandte Kunst Weissensee）任教。马特·斯坦曾经领导过德累斯顿艺术学院（Kunstakademie）和工业艺术学院（Hochschule für Werkkunst），这是他第一个，也是不成功的任职。现在他成为魏森湖应用美术学院短命的第一任校长，塞尔曼·塞尔曼纳季奇成为该学院的教授。玛丽安妮·布兰德加入了斯坦和塞尔曼纳季奇的行列，同时加入的还有包豪斯人艾尔伯特·布斯克（Albert Buske）、赫尔伯特·希尔施（Herbert Hirche）和卡尔·赫尔曼·豪普特（Karl Hermann Haupt）。[52] 然而，直到 1951 年，包豪斯教育仍被视作资产阶级和资本主义的东西；1952 年，斯坦的主任一职被撤，他回到了荷兰（引文同上）。[53] 塞尔曼纳季奇一直留在魏森湖应用美术学院担任教授，直到 1970 年。他关注于采用包豪斯的理念，将之运用于社会主义的当务之急。

　　另一方面，第二次世界大战结束之后，现代主义设计在西德成为引领经济复兴的代名词，同时——与"去纳粹化"相一致——被视作其象征。保罗·贝茨写道，"正是在这个时期，设计有效地剥夺了建筑学——在魏玛共和国和第三帝国时期争夺最激烈和意识形态方面负载最大的文化领域——的地位，而成为这一时代创造神话、认同形成和文化焦虑的主要领域"（Betts 2004）。最初，东德和西德都将设计等同于政治。在西部，包豪斯成为权力和消费资本主义所倡导的愉悦的象征；在东部，它成为资本主义阴谋的工具，"以使人们与其出生之地、与其语言和文化分离，这样就能够'采用美国的生活方式'"（引自 Castillo 2001）。[54]

在西德，同盟国害怕再次上演魏玛共和国这样的政治混乱。早在第二次世界大战期间，沃尔特·格罗皮乌斯就被哈佛大学智囊团招募来协助未来的德国美国化，在战后，他被委任为美国最高指挥部将军卢修斯·克莱（Lucius Clay）的重建顾问。他明确否认包豪斯有任何共产主义活动，正式宣布这所学校是民主的标志。然而，他试图通过建筑学（利用美国木板材技术引入预制住宅）来影响改变的努力，遭遇了不动声色的抵抗。更为重要的是，正如格雷格·卡斯蒂略（Greg Castillo）写过的，他在将美因河畔法兰克福设定为德国新首都的秘密计划中扮演着重要角色，这个计划在两德分裂之前提出。他自己在德国分裂之前几个月将该计划泄露给媒体，这一事实激怒了苏维埃政府，进一步将包豪斯等同于资本主义统治的工具（Castillo 2006）。

与之相反的是，工业设计和平面设计成为权宜之计。德国在军事和政治自治方面的丧失，被投射到家庭领域；这个国家的家庭被导向消费。德国男人成为"软"男子气的典范，他们是家用物质舒适的提供者，甚至好像他们被美国的军事和政治统治所阉割（Jeffords 1998）。学术机构的改革有助于转向消费者文化。德意志制造联盟再度出现，在德国各个城市中拥有区域分支机构。这导致 1951 年德国设计委员会（German Design Council）的成立，该机构赞同将设计视作繁荣与自信心重建的工具。德国在 1948 年货币改革中再次恢复出口，重新进入国际市场。不像从美国输入的电影和流行音乐那样，工业设计能够独立于美国的影响而生存和发展，有助于重建德国人的骄傲。

因此，在德国文化中植入消费资本主义的教育机构引发了极大的政治和经济兴趣。正如在日本一样，同盟国在教育方面大力投资。[55] 这种背景有助于主要的包豪斯人成为学术领袖。在西柏林，很多人被吸引到教学中。维利·卡尔·埃伯特（Willy Karl Ebert）、奥托·霍夫曼（Otto Hofmann）和弗里茨·库尔（Fritz Kuhr）、乔治·奈登贝尔格（Georg Neidenberger）、朱斯特·施密特、威廉·华根菲尔德（Wilhelm Wagenfeld）和莉莉·赖希在美术学院（Hochschule für Bildende Künste）教书；奈登贝尔格教授该学院的初步课程，赖希也极大地参与了德意志制造联盟的复兴。华根菲尔德在德国科学院的建造工业研究所（Institut fur Bauwesen der Deutschen Akademie der Wissenschaften）致力于产品标准规范工作。不久之前刚移居过来的城市规划师胡贝特·豪夫曼领导了 1957 年在柏林举办的国际建筑展（Internationale Bauausstellung），后来，他和奥托·霍夫曼一起在美术学会教书，和欣纳克·谢帕一起在技术大学（Technical University）教书。

许多包豪斯人汇聚在汉堡地方艺术学校（Landeskunstschule），该学校短期地称自己为“汉堡包豪斯”（Dietzsch 1991）。古斯塔夫·哈森普夫卢格（Gustav Hassenpflug）曾经于 1946 年在魏玛建筑与美术学院（Hochschule für Baukunst und Bildende Künste）任教，他在 20 世纪 50 年代短暂地担任过地方艺术学校的校长，然后于 1956 年搬迁到慕尼黑工业大学（Technische Hochschule München），加入包豪斯人格哈德·韦伯（Gerhard Weber），成为该校一名教授。他在汉堡担任校长期间，建造了一座展示性住宅，叫做“哈雷住宅”（Haus in der Halle）。住宅建在校园里，以马歇·布劳耶在现代艺术博物馆庭院中建造的一座现代住宅为样板，这座住宅充斥着该学校一群人所建造的各种原型。沃特·皮特汉斯（Walter Peterhans）和弗里茨·施莱费尔（Fritz Schleifer）（20 世纪 30 年代早期在该校教授初步课程）在战后也回来了（general b）。教授陶瓷的奥托·林迪希（Otto Lindig）在 1947 年、教授金属制品的沃尔夫冈·廷佩尔（Wolfgang Tümpel）在 1951 年，以及教授编织的格雷特·莱希哈特（Grete Reichardt）在 1953 年都加入了这个团体。弗拉达斯·斯维帕斯（Vladas Švipas）在卡塞尔的国立造型艺术学院（Staatliche Hochschule für Bildende Künste）担任客座教授长达 30 年（Dietzsch 2009），弗里茨·温特（Fritz Winter）最初是访问教授，然后也成为该学院的教授。库尔特·克兰茨（Kurt Kranz）一开始在汉堡地方艺术学校教书，但是在 1960 年，他成为汉堡艺术学院（Kunsthochschule）的平面设计教授。同样也在汉堡，埃尔泽·莫根林（Else Mögelin）在造型艺术学院（Hochschule der Bildenden Künste）教授编织，而弗拉达斯·斯维帕斯教授初步课程。很多包豪斯人在西德大城市获得了教学职位，包括斯图加特、[56]埃森、[57]明斯特、[58]卡塞尔、[59]达姆施塔特、[①]克雷菲尔德、科隆、[60]萨布吕肯、慕尼黑、埃朗根、奥格斯堡、[61]哥廷根、[62]阿尔费尔德、[63]美因河畔的法兰克福[64]和威斯巴登。[65]在奥地利，马克斯·派弗–瓦腾福尔（Max Peiffer–Watenphul）取代了奥斯卡·柯克什卡，成为萨尔茨堡著名的国际夏令美术学院（International Summer Academy of Fine Arts）的教师。

然而，促进美国利益的最重要的教育举措，也就是肯尼思·弗兰姆普顿（Kenneth Frampton）所说的“自从第二次世界大战以来成立的最重要的设计学院”，就是乌尔姆造型学院（Hochschule für Gestaltung-HfG）（Franpton 1974）。乌尔姆造型学院是 1953 年在美国财政支持下成立的，就像其先例一样，这也是一所短命的学校，仅仅持续了 15 年，在内部意见分歧和外部

---

① 原文中注释 59 应加在卡塞尔之后，经与作者核实，在中文版中更正。——译者注

政治论辩中解散，同样，也像其先例一样，为德国和全世界工业设计留下了深刻的烙印。显然,它想要成为包豪斯的直接续篇;造型学院（Hochschule für Gestaltung）是包豪斯的第二名称。在 1946 年成立之初，这所学校是作为私人投资的"去纳粹化"举措，当时在德国教育机构仍然处于关闭状态。学校创办人英格·肖尔（Inge Scholl）和奥托·艾舍与美国军事管理机构建立了融洽的关系；英格·肖尔家族具有参与抵抗运动各项活动的历史，非常适合美国利益——她父亲罗伯特·肖尔（Robert Scholl）曾经在 1945 年被美国占领军任命为乌尔姆市长——而奥托·艾舍（Otto "Otl" Aicher）是一位艺术家，就像英格·肖尔的兄弟姐妹一样，也是一位抵抗运动斗士。

到 1948 年，只有 30% 的德国人相信同盟国对德国的重建；德国人认为他们自己在文化上优于美国人，全面彻底地改造教育体系为时已晚（Spitz 2002）。军事政府不得不依赖于个人的文化首创行动。肖尔和艾舍关于创办一所重点强调文科的学术机构动议，获得了热烈的接纳，因为这回应了美国的文科教育体系，反对美国人认为的、一直传承下来、过于狭窄的纳粹教育体系。肖尔和艾舍成功获得了来自市政府、州政府和美国政府的资助；尽管仍有阻挠，但是学校于 1953 年成立，这比"去纳粹化"运动结束早一年左右。格罗皮乌斯在成立大会上发表了演讲。乌尔姆造型学院比包豪斯规模小，每年大约有 100 名学生在读。就像包豪斯一样，但是不同于战前和战后的德国大学，这所学校并没有高中升学考试分数的入学要求；正相反，学校希望招收研究生，因此，招生基于本科学历的成绩、申请表和陈述，这些都是为了便于有目标的筛选——以及支付学费的能力。妇女只占总人数的 15%，在建筑系的人数则更少。然而，学校有很多外国学生，大多数是瑞士人和日本人，尤其是在建筑系。

艾舍招募了比尔，他是包豪斯校友和著名的瑞士教师、建筑师、艺术家、雕塑家和工业设计、平面设计以及字体设计师。由他来确定学校的课程，成为乌尔姆造型学院的首任院长。比尔的课程与包豪斯有着重要的不同点。这套课程体系并不强调美术和建筑学，而是关注于产品设计和视觉传播设计。初步课程保留下来作为"试读"学期（Grundkurs），其中包括对色彩和形式的研究。接下来三年的教育在以下四个系之一进行：工业设计（规模最大）、视觉传达、工业建筑和信息。最后一个系最终成为电影系。乌尔姆造型学院要培养的是新的城市规划师、设计师和信息管理者，"将生活转变为艺术"（Frampton 1974，引自 Bill）。因此，新世界的城市、产品和媒体设计成为乌尔姆造型学院的任务。

资金短缺导致教学楼只建成了外壳，就像在黑山学院一样，师生们还要建造室内和家具。学校位于城市郊区，靠近一个先前的拘留营，这个社区几乎是与世隔绝的（Horowitz 和 Danilowitz 2006）。然而，就像其最初来源的学院一样，它也接待许多访问者，他们来自德国、欧洲和世界其他许多地区（Schnaidt 2003）。第一批教师来自战前的包豪斯，包括约瑟夫·艾尔伯斯、沃特·皮特汉斯、海伦妮·施密特－农内（Helene Schmidt-Nonné）和约翰·伊顿。学校早期的领导成员包括肖尔、艾舍、比尔和雕塑家沃尔特·齐斯切格（Walter Zeischegg）。1957 年，内部冲突导致比尔辞职。到 1962 年，包括艾舍和阿根廷画家、设计师和评论家托马斯·马尔多纳多（Tomás Maldonado）在内的三人同盟，成为该学院的主导力量（Kinrose 1988）。马尔多纳多在 1960 年取消了初步课程，声称这门课与技术发展步调不一致（Castillo 2006）。课程转变为更为科学和理论的方法，越来越强调社会变迁——通过设计和质疑平民论的、资本主义的消费主义，而根本性地转变需求。

学生要支付学费，这一点不像西德其他高等教育体系。各个系都会产生校外收入；教授的薪水非常低，以鼓励教授从独立执业中挣得收入。半数教师仅仅受聘两个学期或更短的时间。然而，师生比却很高——第一年达到 1：2，平均低于 1：5。没有分数评定或考试。校外收入来自于各个系担任商业伙伴的研发中心的盈利。这种努力在设计影响方面是成功的——当时尚属稚嫩的博朗公司（Braun）和汉莎航空公司都从与乌尔姆造型学院的合作中获益——但是，快速的通货膨胀去除了学校所有财政获益。随着合作的发展，版权以及与产业秘密相关的议题成为了障碍。此外，由于设计和视觉传达还没有作为职业而存在，这些系的专业知识没有被政治家所理解；缺乏公共关系的活动，导致无法接触到商业界。尽管这个学校发行了杂志，但这是作为一名全职教师兼职承担的心甘情愿的工作（Jacob 1988）。从商业角度来说，比其前身更甚的是，乌尔姆造型学院严重缺乏资金和市场营销。

德国的"经济奇迹"——经济复苏和消费主义的扩张——确认了消费资本主义的教育有效性。这对于学校左翼产生了严峻的挑战。关于设计角色的内部分歧，缺乏资金，越来越保守的州政府以及发生在整个欧洲的巨变，导致乌尔姆造型学院在 1968 年关闭了（见图 6.1 和图 6.10）。然而，就像其先例一样，它预见了德国以及德国以外地区的现代主义设计教育——直到 20 世纪 70 年代，仅剩的其他设计课程据说就在新包豪斯和皇家艺术学院（Spitz 2002）。校友中将近有 20% 的人最终在德国教授设计。由于这所学校比其他德国学校更容易入学，尤其是针对外国人，因此，从该校毕

图 6.10 乌尔姆造型学院的关闭，学生们站在教学楼前，1968 年。
图片来源：柏林包豪斯档案馆

业了许多国际校友，他们在世界其他地区创办了类似的教育机构。该校的课程根植于文科和理科，原则上使设计师成为与科学家、技术人员和商业界人士一样的工业产品参与者；它也将设计师置于需求的创造者地位，而不是需求的仆从，因此也扮演着重要的政治和意识形态角色。尽管强调科学原则，但是它也代表着从工业化批量生产向着为信息和服务型经济提供产品的重要转型。然而，这也成为其失败的一个原因。20 世纪 50 年代后德国的经济繁荣，扩展了消费主义和商业机遇，但是乌尔姆造型学院的资源缺乏意味着这所学校没有竞争力，在马尔多纳多的影响下缓慢转向左倾，也产生了政治上的紧张态势。35 年前包豪斯的终止结局再次上演。乌尔姆造型学院的功能主义意欲成为国际精英的奢华美学，而学校成为了消费资本主义全球扩张的又一个重要的严峻考验。

日本

包豪斯与日本的联系始于 20 世纪 20 年代早期，当时仲田定之助（Nakata Teinosuke）访问了魏玛包豪斯。他撰写的文章，包括"国立包豪斯"（State Bauhaus）和"包豪斯续篇"（Bauhaus Postscripts）于 1924 年在日本刊印出版（Yamawaki 1985）。他和同僚极力促进手工艺教育改革，使得日本与欧洲的发展保持一致。其他的联结还包括山田守（Yamaguchi Bunzo），他是现代主义建筑团体"奏者"（Sousha）的领袖，从 1930 年至 1932 年他为格罗皮乌斯工作，此外，在 20 世纪 20 年代晚期和 30 年代早期，有三位日本学生在包豪斯就读。[66]第一位学生是水谷武彦（Mizutani Takehito），他于 1927年到达包豪斯，与艾尔伯斯一起上初步课程。他后来回到日本，在东京美术学校（Tokyo College of Fine Arts）教授建筑学，其贡献在于撰写了一本有影响力的书，介绍包豪斯初步设计教育的基本原则（Kousei Kyoiku）（Kaneko 2003；Masuda 2003；Woodham 2005）。

山胁岩和他妻子道子（Michiko）从 1928 年开始在包豪斯学习，他们都与艾尔伯斯一起上初步课程；山胁岩后来转到建筑系，而道子加入编织作坊。后来山胁岩又转学摄影，但是，当他们回到日本时，他转回建筑领域，而她则从事编织。他们与新建筑和工业艺术学院（Shin Kenchiku Kogei Gakuin）的创办者川田炼七郎（Renshichiro Kawakita）一起在该学院教书，追随着包豪斯原则；就像其德国机构一样，这所学院也是短命的（1931~1936年），由于日本军国主义兴起而关闭。山胁道子设计了 1933 年在东京举办的包豪斯编织展览，而山胁岩设计了 1939 年世界博览会日本馆的一个展示部分（Smith 1996；Yamawaki 1985）。

还有两个日本艺术家今井 – 小川和子（Kazuko Imai Sasagawa）和山室光子（Yamamuro Mizuko），她们是东京自由学园艺术与工艺美术研究所（Jiyu Gakuen Institute for Arts and Craft Studies）的毕业生，也想在包豪斯学习。她们在 1932 年访问了这所学校，当时包豪斯在德绍就要关闭了，随后她们转到了赖曼学校，后来又转到伊顿学校，深受伊顿对日本文化的兴趣所吸引（Suga 2008）。她们都短暂地跟随伊顿学习过，对于他的体操训练和日本水墨画（Sumi-e）留下了深刻的印象（Kaneko 2003）。山室撰写的著作被认为对《艺术与设计教育》（Kosei-Kyouiku-Taikei）有贡献，这是一本 1934 年出版的关于包豪斯教育的书，后来成为日本艺术教育的基础教科书（引文同上：98）。最后一点，重要的欧洲现代主义者曾经在日本工作过，其中有些人与包豪斯有着密切的关联。布鲁诺·陶特于 1933 年受邀指导国家工业艺术研究所（National Industrial Art Research Institute），直到 1936 年；夏洛特·贝里安（Charlotte Perriand）在 1940 年成为日本工业与商业部顾问（Shoji 2001；Woodham 2005）。弗兰克·劳埃德·赖特前任助理、捷克出生的美国建筑师安东尼·雷蒙德（Antonin Raymond）〔出生时叫做安东尼·赖曼（Antonín Reimann）〕和妻子诺埃米（Noémi）于 20 世纪 20 年代在东京创办了一家成功的建筑与设计公司。

传统中日本艺术家是手工艺匠人。在 19 世纪，欧洲意义上的日本美术的出现是回应了西方的影响。在东京的工部美术学校（Kobu Bijutsu

Gakko）——日本第一所政府资助的艺术学校——意大利艺术家安东尼奥·丰塔内西（Antoni Fontanesi）和温琴佐·拉古萨（Vincenzo Ragusa）教授古典西方艺术，使日本艺术家为国际化的文化做好了准备（Guth 2004）。传统中日本建筑师也是基于手工艺的。这门学科对于 19 世纪西方影响的回应集中体现在教授西方建筑类型，再次形成日本国际化抱负的一部分。在英国接受训练的约瑟夫·康德（Joseph Conder）在工部大学校（Imperial College of Engineering）即后来的东京帝国大学（Tokyo Imperial University–TIU）创办了第一个建筑课程，教授欧洲的历史风格和制图（Coaldrake 1996）。

日本对于现代主义建筑的兴趣产生于 1920 年，当时一群日本建筑师（他们都是东京帝国大学的毕业生）创办了直线派建筑团体（Bunriha Kenchi kukai）。其（欧洲风格的）宣言试图将其脱离于传统，从而面对国际化受众：

> 我们起来了！
> 我们与过去的建筑领域决裂［分离（bunri shite）］，以便我们创建一个崭新的建筑领域，在此我们所生产的所有建筑，都有着独特的重要性
> 我们起来了！
> 为了唤醒所有沉睡在过去的建筑领域的人
> 为了拯救所有正在淹没的人
> 以一种愉悦的状态，我们奉献所有的一切，为了这一理想的实现，我们将充满期待地等待，直到我们倒下死去
> 我们齐声，向世界宣告！
>
> （Reynolds 1998）

与之平行的一个团体新人会（Shinjinkai），也是由东京帝国大学毕业生创办的，追随同样的道路。第三个团体是"奏者"，是由各所技术大学的毕业生和通信部（Ministry of Communications）的工程部门组成。其领导之一是山田守，他在 20 世纪 30 年代早期曾经为格罗皮乌斯工作过，与欧洲先锋建筑师有着重要的关联（Reynolds 2001）。这些团体作为关于日本民族认同激烈争辩的一部分，既接受日本传统，也接受欧洲传统，包括包豪斯。"奏者"团体更倾向于左派；有些人，包括山田守，将建筑与政治视作不可分割的，拥护马克思主义。然而，这一辩论也在教育界之外出现，主要影响了著作、展览和实践。在 20 世纪 30 年代，这些团体解散了，

因为现代主义者越来越与传统主义者分道扬镳，而日本的文化又回归到前现代的传统中。

第二次世界大战之前，现代主义艺术、设计与建筑对日本所产生的缓慢影响，与日本从 1918 年《凡尔赛条约》所建立的、由美国和英国主导的世界秩序中寻求政治和文化自治相关联。在 20 世纪 30 年代，日本试图创建其在东亚的帝国；在 1937 年左右——其顶峰时期，帝国的范围西到缅甸，东到吉尔伯特群岛，北到阿留申群岛和满洲，南到爪哇、苏门答腊和新几内亚。在与中国的 15 年战争中，以及在 1940 年与希特勒和墨索里尼结盟中愈演愈烈的军事化，为这些努力提供了动力；在当时，现代性变得主要与战争技术相关联。就像在德国和苏联一样，文化回归到民间传统和宣传的用途，倡导种族纯粹性和优越性；山胁岩利用包豪斯合成照相技术为日本国防部设计了宣传海报（Tipton 2002）。

日本在 1945 年的战败无疑是政治和心理层面的灾难。就像魏玛共和国在 1918 年一样，日本经历了极度的经济困难；在各个城市，饥饿成为家常便饭。1947 年，美国给日本强加了新宪法（直到今天也没有修正），消除日本拥有自己武装力量的权利；对日本的占领，用美国人的话来说，就是将日本转变为 "四等国"（fourth rate nation）（Tipton 2002）。教育体系进行了改变，追随美国（弗吉尼亚州的）模式。1948 年之后，共产主义在中国兴起，使得美国对日本的控制成为冷战的关键，即便在 1952 年结束占领之后仍然如此。

由美国军队生活方式所启动的消费文化的迅速扩张，改变了日本的产业和日常生活。对中产阶级和消费主义扩张的巨大投入，与西德的马歇尔计划相平行；其核心是重建民族自信心和男性权威，所推销的是由新一代（模式化的）"工薪族"（salarymen）获取家用物品（Roberson 和 Suzuki 2003）。诸如日立和本田这样的企业的领导来到美国，学习工业设计。

建筑与设计成为冷战时期重要的成果。在第二次世界大战前和战争期间，日本的设计和建筑教育主要服务于民族主义抱负；在美国占领期间，这一点有所改变（Masuda 2003）。"奏者"组织的共产主义成员又恢复了地位。在第二次世界大战之前，包豪斯理念曾经努力地影响日本文化，如今终获影响。沃尔特·格罗皮乌斯在 1955 年访问日本之后，成立了造型艺术教育中心（Zokei Kyoiku），将表达性学习的整合扩展到早期儿童教育中（Masuda 2003）。山胁岩回到了东京教育大学（Tokyo Education University）和位于东京的日本大学艺术学部（Nihon University College of Arts）教书，从 1949 年至 1971 年在后者担任教授，追随艾尔伯斯初步课程的原则。1950 年，他策划了东京格罗皮乌斯与包豪斯展览，同时也撰写书籍，介绍莫霍利 – 纳吉、密斯·凡·德·罗和艾尔伯斯，还与妻子一起撰写了一本关于包豪斯团体的书。在第二次世界大战之前，他们在建筑与设计学会（Architecture and Design Academy）的同事桑泽洋子（Kuwasawa Yoko）（也是他们的被保护人）是一位服装设计师，于 1954 年在东京成立了桑泽设计学校（Kuwasawa Design School），这是一所教授工业设计的职业学校，深受水谷著作的影响。[67] 在该机构的创始成员中，有胜见胜（Masaru Katsumi）和高桥正人（Takahashi Masato）；他们二人都发展了设计方法，同样根植于包豪斯的初步课程。高桥重点教授造型（构成）（水谷将德语 Gestaltung 一词翻译成日语构成）原则，例如对于色彩、材料、肌理、光线、运动、节奏和构图的研究（Tsunemi 2004b）。胜见领导着日本的设计运动，创办了国际设计委员会（International Design Committee），率先进行设计教育、研究与实践的整合。设计运动所倡导的艺术与教育相结合的首创行动，包括职业化的桑泽设计研究所、"艺术教育中心"（Art Education Center）（强调大众教育）、推动设计研究的设计科学学会（Society of the Science of Design）以及位于银座（东京）的"优秀设计角"（Good Design Corner）专柜——还有《家居设计杂志》（Living Design Magazine），旨在将公众与优秀设计联系起来（Tsunemi 2004a）。

1966 年，建立在桑泽学校设计研究所的成功基础之上，桑泽和其他人创办了东京造形大学（Tokyo Zokei University–TZU）（一所艺术与设计大学），根植于包豪斯教学法。东京造形大学的目标是将设计与生活联系起来，将设计教育置于自然科学、社会科学和文化科学之内。1962 年，乌尔姆造型学院校友向井周太郎（Mukai Shutaro）在武藏野美术大学（Musashino Art University）创设了设计基础（Kiso Dezain）课程，他也曾经在这所大学学习过。这个课程根植于乌尔姆造型学院的模式。[68] 美国的文科教育对这一课程的影响是显而易见的，这是美国教育战略的另一个例子，使冷战时期日本的重建与德国联系起来。

新兴大国

印度

在德国包豪斯年代，印度是一个殖民国家，这导致其在 1947 年独立后仅仅几十年就正式采用包豪斯的教育模式。在独立之前，印度在艺术与设计方面的高等教育体系是基于英国的教育模式。各所美术学院训练一批有特权的精英，服务于殖民政府，而手工艺教育强调的是复制，以实现殖民生产和出口的利益。建筑委托都交给在英国出生的，并且在英国接受训练的建筑师（Hosagrahar 2002）。这两种教育机构都采用英国或欧洲的美学传统，以"增进民族品味"——就像在以色列的艺术教育中一样，由精英的浪漫现实主义和匠人的平板抽象装饰组成（Mitter 1994）。与之相反的是，1901 年，拉宾德拉纳特·泰戈尔（Rabindranath Tagore）在森蒂尼盖登创办了一所专门的艺术、手工艺与设计大学（引文同上）。森蒂尼盖登大学更注重手工艺，而不是工业，因为泰戈尔将后者联系到西方的主导地位；日本和中国的艺术启发了这一课程。然而，就像在晚期包豪斯一样，森蒂尼盖登大学的学生在"全方位的"环境中学习：绘画、雕塑、手工艺、设计与装饰结合在一起，抹去了艺术家与匠人之间的阶层差别，经常举办世俗节日，将个人与集体认同联结在一起（Baralam 2005）。1922 年，阿巴宁德罗纳特·泰戈尔（Abanindranath Tagore）在其叔叔拉宾德拉纳特对魏玛包豪斯访问之后，在当时的加尔各答组织了一次展览，包括了 150 幅包豪斯平面作品。这座城市是孟加拉文艺复兴（Bengal Renaissance）的中心——这是包豪斯在欧洲以外举办的第一次展览。[69]

　　建筑教育在 19 世纪 50 年代创办的技术学校中出现，为殖民实践准备毕业生。就像在日本一样，传统模式（始终没有受到影响）就是一种从学徒进阶到师傅匠人的模式。这些新的学校将印度制图人员训练成测量员和初级工程师，以服务于英国工程师，发展殖民的建筑和基础设施。20 世纪早期，建筑学校仍然强调职业教育，试图将建筑和工程教育证实为"去文化的"（acultural）。尽管在英国强调建筑教育的艺术和文化维度，但是在印度，这种技术导向的课程是得到英国皇家建筑师学会认证的，给予印度毕业生一定的合法性。钢铁和混凝土作为建筑材料引入殖民建筑，尽管对于印度大部分地区气候来说，这是不可持续的。而且将这些材料结合到建筑与工程教育中，强化了技术作为殖民意识形态的主导性。在早期，也出现过关于英国式还是传统式表现更为适切的辩论；正如评论家所声称的，具有讽刺意味的是，英国人倡导东方主义，而主要的印度从业建筑师却赞赏英国风格（Menon 1998 引用 Ramanathan 1965）。[70]

　　印度 1947 年独立之后，这个新的国家在科学、技术和职业发展方面大力投资。部分印度工商业得以国有化，契约农奴制（bonded serfdom）[①]被

---

① 根据 A. R. Desai 撰写的《印度的农村社会学》（*Rural Sociology in India*），这是一种契约制劳动，在这种系统中，一个人同意通过劳动偿还从借贷人、地主等那里借的钱。尽管所借款项很小，但是需要他终身作为农奴来偿还。而且他儿子也可能通过类似的劳动偿还父亲的债务。本质上这就是一个人出卖自己成为奴隶的状态。——译者根据作者解释注

废除（Lang，Desai 和 Desai 1977）。在塑造民族认同和国际地位中，设计与建筑所发挥的重要作用，导致委托勒·柯布西耶设计新首都昌迪加尔，查尔斯（Charles）和蕾·伊默斯（Ray Eames）撰写关于印度设计的未来的报告。全印度技术教育委员会（All-Indian Council of Technical Education）追随英国皇家建筑师学会的导则，重构了印度的建筑教育。尽管在独立时，印度只有两所建筑学院，但是在接下来的 20 年中，成立了 9 所新的教育机构，以英国和美国的先例为模板，尤其强调工程和技术；接下来，一直到 1972 年才开始颁发执业许可（Hosagrahar 2002；Lang 等 1997）。到 1991 年，一共有 45 所建筑学院，而且数量还在迅速增长（Menon 1998）。由于这些早期的学校都是英国导向的，强调职业教育，它们与包豪斯的联系是间接的。例如，重要的印度现代主义建筑师巴克里斯纳·多西（Balkrishna Doshi）曾经在巴黎与勒·柯布西耶工作过，回到印度后，在格罗皮乌斯先前的同事马克斯维尔·弗莱和他的合伙人简·德鲁的领导之下，监管昌迪加尔的建设。在 20 世纪 70 年代早期，他成立了建筑学院，并担任第一届院长，还创办了许多教育机构，倡导现代主义的艺术与设计，这些机构都位于艾哈迈达巴德。

在设计方面，1958 年由查尔斯和蕾·伊默斯撰写的"印度报告"（India Report）强调了印度设计不断演变的特性，以及传统的重要性。这份报告被采纳得以实现，是因为它赞成印度这个国家的经济、社会和文化需求——工艺产品的商业化发展和小型产业、健康计划的宣传以及社区的社会和经济发展。这份报告提议要成立新的设计教育机构。位于艾哈迈达巴德的国立设计学院（National Institute of Design – NID）得以成立，乌尔姆造型学院在其创办和发展过程中发挥了关键性的影响（见图 6.11）。乌尔姆造型学院的校友苏达卡·那德卡尔尼（Sudha Nadkarni）和 H·库马尔·维亚斯（H. Kumar Vyas）曾经在早期的国立设计学院授课。有三位乌尔姆造型学院的教师帮助形成了这一课程体系，汉斯·古格乐（Hans Gugelot）和赫伯特·林丁格（Herbert Lindiger）负责产品设计，克里斯蒂安·史道堡（Christian Staub）负责摄影课程。赫伯特·奥尔（Herbert Ohl）和盖伊·邦塞佩（Gui Bonsiepe）访问过该研究所（Ranjan 2005）。

国立设计研究所的课程复制了第二次世界大战之前和之后的包豪斯模式中的部分重要元素。基础课程（Foundation Program），包括手绘、构图和色彩，与包豪斯原创体系很相似。然而，这个部分持续三个学期，而不是一个学期，正如在乌尔姆造型学院一样，除了排版、摄影、电影和音乐欣赏（媒体技能）之外，学生们还要学习科学、数学和文科。对文科的采纳

图 6.11 位于印度艾哈迈达巴德的国立设计学院（National Institute of Design），2009 年。
图片来源：未知摄影师

不仅有着政治方面的理由，也有教学法方面的原因；国立设计研究所课程体系的改变至少部分是由福特基金会（Ford Foundation）和其美国顾问提供资金的，其中包括查尔斯和蕾·伊默斯、塞尔·谢苗耶夫、罗伯特·劳森伯格和巴克明斯特·富勒（Weingart 2000）。

　　然而，国立设计研究所的课程并不是亦步亦趋地照抄欧洲和北美先例的。国立设计研究所的主席和勒·柯布西耶的业主高塔姆·萨拉巴伊（Gautam Sarabhai）从一来就避免从工具的角度思考印度的殖民中等教育体系。正相反，国立设计研究所的教学关注于独立思考、批评性分析和自我反思。小班教学、基于项目的学习方式以及跨学科工作占据主导地位；然而，这样的毕业生并不总是能够适应印度结构严谨的产业等级，很多人又回到了企业化的设计实践中。正如在乌尔姆造型学院一样，国立设计研究所的教师保持独立开业，他们的项目都有资助，用来提供给学生结构化的职业经历，进一步推动了企业化。这一点以及其高度国际化的文化资本导致国立设计研究所的课程成为其他印度设计教学机构的范式。除了 100 多所建筑学院之外，地区性的工程学院（Regional Engineering Colleges）和技术培训机构、一些印度的技术研究所（India's Institutes of Technology–IIT）和其他教学机构都提供工业与产品设计、家具与室内设计、传播设计、动画、电影和视频、多媒体、纺织和时装、配件和珠宝设计，以及工业美术设计方面的培训，主要是在南部，这是印度设计经济的集中地。然而，与国立设计研究所整合的课程体系相反的是，大多数机构提供专门化的课程，这与不断进展中的印度建造、制造和工程产业领域的专家与劳工的分工是相平行的（Ranjan 2006）。

巴西

1889 年巴西从葡萄牙手中赢得了独立。1888 年奴隶制的废除，导致大批欧洲移民涌入，加强了与欧洲的联结，但是也导致 1889 年的军事政变。这次政变得到保守派的支持，他们因奴隶制的废除而感到挫败。从 1930 年至 1954 年的军事独裁政府由热图利奥·巴尔加斯（Getúlio Vargas）领导，这与欧洲法西斯主义兴起是平行的。独裁统治在 1954 年因巴尔加斯自杀而告终。从 1956 年至 1961 年，儒塞利诺·库比契克（Juscelino Kubitschek）领导的进步政府引入了一个由国家发起的工业化计划，采纳现代主义的建筑与设计，以此作为巴西国家主义抱负的象征，体现了打造国际经济竞争力的愿景（Holston 1989）。

第二次世界大战之前，包豪斯在南美洲的影响，与勒·柯布西耶的现代主义比起来是微乎其微的。[71] 这块大陆与欧洲操拉丁语国家之间的联结，比起与德国的联结更为牢固，这是可以理解的；在两次大战期间出版的关于现代主义的著述，也鲜有关注于包豪斯的（Fernández 2006）。欧洲的移民建筑师，例如在意大利接受训练的巴西人格利高利·沃尔查复契克（Gregori Warchavchik）在现代主义占据优势地位方面发挥了重要的作用。但是在整个大陆，建造产业尚未工业化，依赖于没有接受过训练的设计专业人员，限制了教育和实践中的新理念，直到第二次世界大战之后出现的大规模城市再开发运动，例如巴西利亚。在艺术领域，同样现代主义有着漫长的历史，但是道路并不平坦；在巴西，其里程碑是 1922 年在圣保罗举办的现代艺术周（Semana de Art Modera）展览，这次展览得到了巴西企业家精英的扶持（Quezado Deckker 2001）。在建筑领域，这块大陆上第一所学校成立于 1781 年（在墨西哥城），是根据西班牙先例而设，源自巴黎建筑学院（Parisian Academie d'Architecture）的传统；这一范式传播到整个南美洲（Torre 2002）。

有几位南美建筑师，例如智利人胡安·马丁内斯·古铁雷斯（Juan Martínez Gutierrez），在 20 世纪 20 年代访问过包豪斯。有些包豪斯人就是南美人；其他人到达南美，是为了逃离纳粹德国。包豪斯校友中包括智利建筑师罗伯托·达维拉·卡森（Roberto Dávila Carson），他信奉包豪斯原则，同时也撰写关于智利现代建筑的文献。格雷特·斯特恩（Grete Stern）在阿根廷运作一个成功的摄影企业。蒂博尔·魏纳（Tibor Weiner）花了将近 10 年，几乎跨越了整个战争年代，在智利进行建筑实践，有两年他在智利圣地亚哥大学教书，创设了一个类似的初步课程。拉兹洛·多博希·邵博（László Dobosi Szabó）在 1949 年来到阿根廷，从 1964 年开始，在马德普拉塔大学（University of Mar de Plata）教授建筑学，从 1967 开始在拉普拉塔天主教大学（Catholic University of La Plata）教授绘画（Szabó 2007）。格罗皮乌斯在 1949 年访问古巴，马丁内斯·因克兰（Martinez Inclán）早在 1932 年就在这里设计了第一批现代主义建筑（Lopez 1983）。然而，包豪斯在巴西的移民没有留下任何记录；在这个国家，学术机构通过与乌尔姆造型学院和伊利诺伊理工大学之间的联结，间接地信奉包豪斯现代主义。

在 20 世纪 50 年代，在库比契克执政时期，巴西成为 "发展主义"（developmentalism）[①]的焦点，这是由联合国拉丁美洲经济委员会（United Nations Economic Commission for Latin America–ECLA）传播到整个大陆的政策，在巴西，是由巴西研究高等学院（Superior Institute of Brazilian Studies–ISEB）进行宣传和推广。这项政策的目的在于克服至少在先前 20 年里的发展落后问题——"5 年走过 50 年"（50 anos em 5）。受到 CIAM 启发的巴西利亚市（1956~1960 年）位于人口稀少的中部高原，这是政府一项重要的雄心计划，也是这一政策的产物；作为一种进步的象征（例如印度的昌迪加尔和巴基斯坦的达卡），其目的在于将经济发展引入巴西内地，在现代材料和建造（尤其是钢铁）、公路工程学、水力发电和通信媒体方面引领研究和创新（Holston 1989）。

与此同时，包豪斯遗产与南美洲之间的联结出现在工业设计这一新兴领域。在 20 世纪 50 年代和 60 年代，设计方面的教育课程出现在阿根廷、巴西、智利、哥伦比亚、古巴、墨西哥、秘鲁和委内瑞拉，回应了联合国的工业化压力。但是在建筑教育内部遭遇阻力，这些课程以乌尔姆造型学院为模板，很有可能是由于其与美国和南美的双重联结。南美洲代表团越洋过海，到达乌尔姆，学习其在工业化产品和设计教育方面的改革。接着，

---

①　发展主义是以阿根廷经济学家劳尔·普雷维什为代表的拉丁美洲经济委员会关于拉丁美洲和其他发展中国家经济发展的主张。认为世界经济体系的中心是发达国家，发展中国家依附这些中心，属于它们的外围。中心经济的多样化决定外围经济的单一化和不平衡地畸形发展，因此，必须进行国际经济关系的改革，调整经济结构，发展 "外围" 国家的工业化，使其提高到 "中心" 国家的水平。——译者注

包豪斯、新包豪斯，以及后来的乌尔姆造型学院的校友和教师访问南美或回到南美。[72] 尽管阿根廷人托马斯·马尔多纳多在 1955~1964 年间担任乌尔姆造型学院院长，他在前往欧洲之前，发表了很多文章，参与文化组织，并担任教学任务，但是，巴西是第一个采用现代主义设计教育的南美国家。

巴西的工业设计教育早在 1951 年就在圣保罗当代艺术学院（Instituto de Arte Contemporânea-IAC）中开展了。当代艺术学院在国际化日益提高和国民经济日益稳定的时期出现在巴西工业化发展最好的城市，其代表性事件是 1950 年马克斯·比尔在圣保罗艺术博物馆（Museu de Arte de São Paulo-MASP）举办的展览，以及一年后在这座城市第一次举办的双年展上他的作品得到了认可。圣保罗艺术博物馆先前曾经举办过亚历山大·考尔德（Alexander Calder）和勒·柯布西耶的展览。1950 年，该馆开始发行杂志《栖居》（Habitat），其特色是现代主义的建筑、艺术与设计。进一步的现代主义论辩出现在联合报业集团（Diários Associados）的报纸上，这些报纸归报刊经营者阿西斯·沙托布里昂（Assis Chateaubriand）所有。

当代艺术学院课程的目标是"设计出其形式的品位和理性能够配得上进步与现代性的产品"（general 1950）。该学院的课程追随新包豪斯，但是设立了三套初步课程：第一套是形式理论与研究（数学、透视、手绘和构图）；第二套是材料、方法和机器方面的知识（材料、技术和生产方法）；第三套是文化要素（建筑学、艺术史、心理学和社会学）。前两套课程代表了第一年的学习转向形式与产品教学，在德国包豪斯，这些课程仅在作坊教授。第三套初步课程回应了美国的文科教育，第二年，学生专门学习工业设计或传播设计，第三年仅由选修课组成，最后一年是自我指导的项目设计（引文同上）。意大利艺术史学家彼得罗·巴尔迪（Pietro Bardi）（圣保罗艺术博物馆董事）、建筑师和工业设计师丽娜·博·巴尔迪（Lina Bo Bardi）（当代艺术学院创办者和《栖居》杂志编辑）和雅各布·鲁赫蒂（Jacob Ruchti）（来自于伊利诺伊理工大学设计学院）成为当代艺术学院第一批教师。比尔在 1953 年回来了，为新成立的乌尔姆造型学院招募了亚历山大·胡尔勒（Alexander Wollner），他是当代艺术学院的一名学生。但是当代艺术学院在同一年因缺乏支持而关闭了，表面上的理由是毕业生在一个尚未意识到工业设计重要性的市场上缺乏机会。

到 1956 年，里约热内卢现代艺术博物馆（MAM）馆长尼奥马尔·莫尼兹·索德雷·比当古（Niomar Moniz Sodré Bittencourt）与马克斯·比尔和托马斯·马尔多纳多进行了交流，在里约热内卢创办了一所设计学校，马尔多纳多、艾舍和胡尔勒在 1959 年和 1960 年教授这里刚起步的课程。胡尔勒和他在乌尔姆造型学院的同学卡尔·海因茨·贝格米勒（Karl Heinz Bergmiller）加入了该校的创办任务，其结果是于 1962 年成立了高等工业设计学院（Escola Superior de Desenho Industrial–ESDI）。这所学校强调在设计中科学与技术的重要性，就像乌尔姆造型学院一样，奠定了后来巴西设计教育的基础。然而，巴西的建筑教育继续尊崇在 20 世纪 20 年代设立的、经过修改的新殖民巴黎美院模式。现代主义者卢西奥·科斯塔担任巴西国立美术学校（Escola Nacional de Belas Artes）校长仅仅 9 个月，尽管他任命的一些教师，例如沃尔查复契克留下来了（Guillén 2004；Quezado Deckker 2001）。

　　在 20 世纪 70 年代和 80 年代，当南美洲国家试图在国际市场上竞争时，美国导向的外交政策常常支持军事独裁（以及相应的家长制结构），在整个大陆的许多地区都放缓了工业化进程。反之，对美国进口物资的依赖和高利贷款是得到鼓励的；再通过（越来越萎缩的）出口收入偿还，后者进一步加剧了经济衰退，以及军事统治的需要（Fernández 2006）。因此，尽管文化领袖试图进行教育改革，以重新获得文化自主性，并且影响南美洲在国际经济领域的地位，但是政客仍然欢迎美国商品的"软"引诱——可获取性是不均衡的——将之作为被强加的"硬"军事基础设施的缓冲。就像冷战时期的德国和日本一样，空间的现代化居于次要地位，位列消费现代化之后，带有相伴随的家长制特征。

第四部分

后　　记

第7章 结论：父亲屋

我们正在见证建筑教育中的均质化，同时伴随着愈加严重的地方趋势的碎片化。

查莉普·史力丽（eynep Çelik）"讲授建筑史：一种全球化的质疑 III——编者的结论"（Teaching the History of Architecture：A Global Inquiry III-Editor's Concluding Notes）（Çelik 2003：121）

试图跨越无数学术领域和创造性实践，为早已浩瀚广阔的历史时期（现代性）和空间过程（全球化）撰写出结论，以构成总结性、批评性的论证，从某种层面上来说是荒谬的。然而，在将包豪斯在地方、国家和国际层面呈现出的多种形式进行历史化、理论化和空间化的过程中，出现了一些共同的主题。

"首先，人要被构建起来……"

包豪斯的教育涉及的领域跨越了认同形成、商业实践、公众宣传和子代机构等，既不是性别、种族、空间中性的，也不是阶级中性的。第一次世界大战提供了从先前帝国的沉睡之梦中"苏醒"的震撼。对集体认同的意识导致对其进行肢解和重构的试验。认同的幻想——梦意象——随处可见。男性气概、资产阶级特权以及白人至上分崩离析。历史被拒绝了。惯习成为评论的焦点以及玩乐式的转型，但是，最终，"被压抑的""父亲的法律"（Law-of-the-Father）上场了。初步课程、戏剧以及后来的建筑学使得"新人类"得以制度化。对于包豪斯而言独特的是，它是戏剧——认同得以排演的地方——和建筑学——其居所——的职业看门人。包豪斯在国际范围内被采纳（如果说加上适应地方性的调整的话），强化了学校解散和重建的重要性。施莱默的戏剧课程巩固了认同。"新人类"是雌雄

189

图 7.1　与洛乌（Lou）和扬（Jan）在一起的阳台照片，德绍包豪斯，大约 1927 年。
图片来源：欣纳克·谢帕（摄影）柏林包豪斯档案馆 © 柏林谢帕住宅保护机构（Scheper Estate）

同体的、没有历史背景的、从空间上来说是去文脉的，并且是缄默的——普适的人类主体——一个被崇拜的对象，使得女性的和其他人的劳动都视而不见。建筑学（德绍校舍）占据了包豪斯宣传阵势的主导地位，这是另一种迷恋物，因为建筑系直到 1928 年以前都不存在。惯习延伸到建筑场地和工厂。高端艺术（"必需品而不是奢侈品"）和精英主义（"建筑师死了"）

遭到拒绝。在子代学院（除黑山学院）中，戏剧课程被取消，意味着认同的改革——对包豪斯计划来说是核心的——变得太"显而易见"和"非理性"（"他者的"），以至于难以容忍。"人"已经被重构；包豪斯物化的文化资本已经就位。

"……只有到那时，艺术家才能够给他制作华美的新装"

身体认同先于组织认同。"新人类"被包豪斯的宣传所培育，被赋予"常规服装"。这个学术机构成为商品生产的研究和开发部门。包豪斯教育，起初是强制性地拥护商业化。在作坊中，形式与技术的统一是包豪斯的另一个创举，使学生沉浸于为他们的产品——物品化的文化资本——创造交换价值，因为包豪斯并没有真正的资本用于大量的材料和产品系列或生产线。与之相对应的是，学校的名称转变为商业产品，本身成为一种商品。初步课程的目标在于将学生从"死板的常规"中解放出来，"将整个人打造为创造性的存在"，以及"认识到心理表现的可能性"——将人格投射到无生命的形式中——折射出商品拜物教（Itten 1963）。包豪斯的名称和标识成功地蕴含了复杂的愿景和产品系列，被经由包豪斯印刷和广告作坊而建立起来的组织认同所强化，在包豪斯和其他出版物中得以再生产。一个精心管理的公司创造、营销和出售越来越盈利的产品系列。证书将包豪斯名称与个别学生联系在一起。这种集设计教育、商品生产和市场营销为一体的模式，在那个时期的教学机构中是独特的。

"……实现一个新人类……"

身体和组织认同注入到包豪斯的宣传机器中——塑造了该学校的国内和国际可视性，并预见其全球化蔓延的未来。包豪斯的试验与激进的魏玛共和国政治元素结盟，越来越成为国际展览和出版物的主题，成为德国文化和后来的国际文化象征。格罗皮乌斯的大量图片和文字档案产生于必然，得到了精心的培育，与国际支持者网络一起，注入到这一过程中。国际化的社会资本有助于产生国际化的文化资本。包豪斯师傅在国际上的主导地位得到广泛的网络和创造性写作、出版、教学和演讲活动的推动，有助于启迪包豪斯校友、历史学家和倡导者所开展的类似活动。大量的文章、书籍、贸易展览和市场营销目录将包豪斯名称和声誉传遍各地，大大促进了全球化的影响。

访问者和具有影响力的赞助人将这所学校与德国、欧洲和国际的媒体景象联系起来。包豪斯的师傅足迹遍布世界（例如，美国、中美洲、南美洲和亚洲），部分原因是本国缺乏工作机会。但是，最密集的网络运作是在学校关闭之后；很多师傅和学生不得不利用国际关系网络来维持职业生活。他们的国际化的社会资本以及学校的制度化的文化资本将包豪斯的产品和专业人士传播并置入全球化的市场。

"……一种普适的、人的生命形式"

身体、组织和传播方面的成就将包豪斯彻底转变为一个国际化现象。包豪斯人作为被纳粹制度强加的，并且由不均等的国际移民法规所塑造而成的教育领域散居国外的人群，他们移居到世界各地，主要跟随着欧美殖民的路径。一个多面性的，由第二、第三代学院组成的"制度"形成了，将包豪斯的认同、商务、宣传策略和教学法传播到由艺术家、设计师、建筑师、政治家、历史学家、赞助者和消费者组成的新的国际化做梦群体中，如果说这一过程伴随着强大的、本土性转变和当地阻挠的话。然而，不论是该学校的认同试验（除了黑山学院），还是商业模式（除了乌尔姆造型学院）都没有在子代学院中采纳。尽管很多现代主义建筑师、设计师和艺术家为工业服务，或者与工业界合作，但是在男性和"他者的"，以及生产方式和生产关系之间的结构划分都太强大。最初，仅仅是包豪斯的图像通过地理空间与包豪斯人的流动相伴随——当包豪斯设计达到批量生产时（包豪斯墙纸），产品的制造就出现在独立的商业实体中。就像戏剧作坊一样（最初是挑战父权制），艺术和商业合二为一太危险了（威胁着职业垄断）。文化资本，而不是实际的资本，以其客体化的、社会的、制度化和物化的形式，产生了今天包豪斯的教育、学术、零售和旅游现象——在现代性熔炉中以炼金术制造的黄金。

现代性与全球化

西欧的艺术、建筑与设计教育的历史显示出艺术、建筑与设计教育是如何进入现代性的。随着中世纪的原型资本主义（proto-capitalism）发展成为殖民工业资本主义，教士、君主、帝国和民族国家先后登场，成为职业垄断的保证人。从中世纪直到包豪斯，父权制作为一种潜在的常理始终存在，限制妇女和外国人接受建筑、美术和手工艺（而不是专为妇女开设的编织课程）教育。父权制下的普适人的主题，以及"他的"产品的抽象概念，有助于后帝国的、殖民的、后殖民的、冷战的以及"软权力"的利益。建筑学、设计与艺术（及其教育机构）在父权制和种族主义的再生产中占据了不同的，然而却是重要的地位。因此，举例来说，在巴勒斯坦，在"软的"白城和"硬的"塔与栅栏中，父权制与建筑结盟，并且（在贝扎雷美术学校）与"意识形态的"美术结盟。这些象征性地和空间性地构筑了以色列的国家地位，控制着阿拉伯的边界和文化，有助于劳动力的性别分工和种族划分，都是令人伤心的"被压抑的回归"——欧美种族主义的幸存者，转了一圈，指向了"东方"。父权制与工业设计结盟，就像是冷战时期美国领导的"软的"家庭富足，通过在被征服的国家恢复劳动力性别分工，抚慰了被阉割的德国和日本男人。父权制和种族主义在这些历史片段中的顽固性，表明二者都继续藐视资本主义的"所有固体融化于空气中"（Max和 Engels 2006）。在这种语境中，对包豪斯作为形式和技术的权力之屋的公认理解，突然似乎像在显微镜中那样变窄了，这意味着其教学法是服务于现代性的"新"人类的"旧"地位，或者说，充其量也就是被这种"旧"地位所指派的。

如果父权制持续为常态，那么现代性中所包含的殖民主义、帝国主义、民主制政体、独裁统治、工业化、资本主义和意识形态——其种族图景、媒体图景、技术图景、财政图景和意识形态图景——在整个地理范围和历史片段中都改变了。包豪斯的理念从政治和经济上来说，适应了极为丰富的文脉，如资本主义的美国、革命的苏联、英联邦的澳大利亚、种族隔离的南非，以及后帝国和后来美国占领的德国和日本，等等。包豪斯的去历史性在殖民和后殖民资本主义的建筑、艺术与设计教育的现代化历程中发挥了核心作用，并且在国家和文化的现代化中也扮演着重要的角色。新兴的民族国家找寻新的政治、经济和文化基础设施——例如，魏玛共和国、捷克斯洛伐克、土耳其、以色列和南非——它们迅速吸纳包豪斯的理念，在国际政治和经济舞台上呈现出进步的认同。在第二次世界大战之后，包豪斯理念也服务于后殖民和冷战的利益。在乌尔姆造型学院，包豪斯和文科教学法促进美国的资本主义和民主；在欧洲之外（南非，以及在程度上略逊的印度），乌尔姆造型学院的理念将消费主义的"软权力"带给了正在工业化的国家，与美国的军事、经济和文化影响相得益彰。

工业化并不总是等同于艺术、设计与建筑教育或实践的现代化；英国和美国是第一次世界大战前工业化最发达的国家，在设计教育改革方面比魏玛共和国、土耳其和南非更慢（Guillén 2006）。科学理性的理想渗透建筑与设计教育，但是在美术教育领域内遭遇抵抗——贝扎雷美术与工艺学校就是最好的例子。因此，抽象表现主义的自发个体性主导着冷战时期的美国艺术教育和实践，对抗着共产主义的社会现实主义的集体舆论。艺术与共情——一个人的人格的出借[①]——发生着共鸣,推动的不仅仅是商品拜物教,而且也推动着"美国世纪"中(全面武装的)一家之主的个人(消费者)欲望和单边(政治)权力。

第二次世界大战之后,包豪斯通过诸如德意志制造联盟这样的国内组织、建筑史学家,如吉迪翁、佩夫斯纳和班纳姆,以及 CIAM 内部的国际辩论和大量的战后"展览、出版物、电影以及建成景观"获得了重要的公众声音。然而,其他的历史学家和评论家迅速起来挑战包豪斯的梦意象。今天,尽管有着受包豪斯启发的跨国关注议题的出现,例如宜家家居(IKEA),但是全球消费者还是主要诉诸传统来要求商品设计,而且发达国家的主要文化精英和中产阶级都赞赏包豪斯的消费美学。教育、艺术与生活之间的裂隙依旧存在。

艺术、设计与建筑教育

• 建筑、设计和艺术教育的模式如何与社会、经济和文化变迁相关联而产生?

• 空间实践、经济结构、社会和制度网络以及表征系统如何在建筑、设计与艺术教育内部影响着认同的形成?

• 建筑、设计与艺术教育的模式如何随时间、在空间内变化?

• 建筑、设计与艺术教育如何影响现代化和全球化?

• 批评性社会理论如何对建筑、设计与艺术教育提供信息?

包豪斯在 20 世纪的现代性与全球化中所发挥的关键性作用是难以争辩的。曾几何时,包豪斯使得"危险的知识"公之于众,并且挑战社会规范。最终它也重新确认了这些规范;在向机构献上学生们的身体和心灵的过程中,学生们的身心成为新的、越来越全球化的主导性虚构故事中的主体和客体。包豪斯的雌雄同体和去历史性适应于工业、殖民主义和全球化的私人、公共和组织利益,将社会问题与视觉和空间实践拉开距离。尽管包豪斯的创建者拒绝巴黎美院体系的形式主义,将现代(产品)技术提升到空间和视觉形式的工具的高度,可以说在其社会和政治影响力方面是根本性的,但是,社会关系始终是沉默的话语。正相反,包豪斯成为(正如密斯

---

① 艺术与商品消费中的共情是将一个人的人格投射到物体上,或者说将一个人的人格借给物体的过程,这样人们就感觉到在情感上与之相联系,尽管它仅仅是物体。这也是一种信奉商品拜物教的过程——消费者相信批量生产的物品拥有生命,能够在我们身体内产生欲望。——译者根据作者解释注

所充分意识到的）一种商品——一个"品牌"。"这难道不是一种背叛，允许资产阶级剥削，控制剩余资源和离间工人，并一直持续下去吗？"[1] 是的，并且继续如此。

然而，这种评论不能仅仅被导向包豪斯。通过被压制的话语——即关于批评性社会历史和理论——来研究该学校、其先例和子代学院，警告我们小心革命性的主张。更广泛的历史研究表明，由奇特的设计物品及其创造者所提供的创造性自由和激进的、具有社会影响的主张，在政治、社会和经济语境中分崩离析，这远远超出创意专业人员和教育者的影响范围。然而，包豪斯的试验也使得艺术、设计与建筑教育得以对经济、社会、文化和空间公正做出贡献所借助的重要工具变得显而易见。它们在过去所做的共同选择并不意味着在未来的历史和地理中也同样不可避免。它们始终是有益的。

假使包豪斯从未出现过，艺术、设计和建筑中的现代性和全球化还会是同样的吗？如果没有拜耶或比尔的包豪斯历史片段，平面设计和工业设计还会是同样的吗？或者说，如果没有康定斯基或克利的历史，艺术又会怎样呢？艺术、设计与建筑学院会没有初步课程吗？假使格罗皮乌斯和密斯没有受到包豪斯的培育，会有其他人领导哈佛大学建筑学课程吗？父权制资本主义的社会心理、经济和教育需求会导致类似的教育模式和领导人吗？当我们把一个个别的学院提升到一个全球性的因果关系地位时，是有必要慎重的。在第二次世界大战之前，包豪斯的影响是有限的——就像法兰克福学派一样，它是作为有国际影响力的学术机构，以一种在政治上受到限制的第二次生命的形式而再度出现的。在国际建筑实践中，柯布西耶的现代主义更具有影响力。抽象表现主义比康定斯基和克利的表现主义更具有全球的影响力。很多视觉与空间教育机构在构建自身现代性时，使用了包豪斯的教学法，但是很多其他学院拒绝使用这种教学法。

今天，设计、艺术和建筑教学在一个全球性的劳动分工之内运作。然而，其全球性的经济和政治影响仍然主要存在于英国殖民中心，并且需要个人的关联。在美术领域，英美艺术家主导着艺术市场。大多数全球性的建筑与设计公司，以及大多数具有影响力的建筑学院，是欧美文化范式的，联系着文化精英。[2] 除了少数人，大多数都是在男性白人领导之下的。[3] 当代建筑与设计教育在结构和内容方面仍然主要是同质性的。在建筑学领域，美国和英国（及其先前殖民地或保护国）的严格注册标准保护了危险的知识，维护了世界性的认同。仅举几个例子，如对性别和种族，以及对经济学、社会学与合作实践的研究，在建筑学工作室中是很少见的。语言在欧美语境中不成问题；大多数美国建筑师学习海外课程都是在欧洲，尤其是在意大利，跟随着古典传统。最后一点，在建筑学院，第一年的工作室和总体来说的工作室文化，仍旧继续作为去除学校教育和再教育的过程，并带有"充耳不闻窗外事"，使人精疲力竭的工作强度。[4]

包豪斯使得视觉与空间的教育和实践变得可见，将其作为潜在地面对所有学生、机构和社会的过程，并且这些过程也是由所有的学生、机构和社会所决定的。其"生动的平等交换"，假如否认其普适性的话，也仍然是教育者、学生和专业人员成为制度建构者和社会变革的代表的一个积极模式。在本书中讨论的教育策略，没有一个天生就是解放的或压抑的；它们是由个人、其所属的社团、国家以及越来越全球化的环境所塑造的。它们出现在能够为变革提供机遇的高度特定的学术机构，即便受到独特的历史、地理、制度甚至是个人的限定。

然而，尽管个人和机构是可以改变的，但是，更广泛的限制是不能被忽略的。包豪斯没有实现其潜力，是因为它无法，也不被允许继续进行试验，或者说适应于"权力政治"（realpolitik）。这所学校在极端的经济和社会条件下生存和终结，这些经济和社会条件远远大于单个的机构或国家。这个例子表明改革并不总是可持续的。它是有可能失败的，因此要得到明智的和热情的保护。改革必须是战略性的，在或大或小的外部世界中斡旋。它可以充满游戏的乐趣，但是也必须具有批评性和现实地利用政治、商业和媒体等等的社会话语。改革总是不断妥协，有可能并且应当挑战主导性的虚构故事。那么，这就是包豪斯留下的积极方面的教训。

大规模的经济、社会和文化创伤有必要去把握舆论的脆弱性和机构的权力吗？在一个层面，正如包豪斯历史所表明的，答案是"是的"。然而，答案也同样是"不"。断裂是一种日常经验，是个人和集体认同所固有的，被全球化移民、战争、饥荒和剥削所加剧，因为这些都与个人、团体和国家交织在一起。所导致的对认同和差异的意识，有可能产生变化，或积极或消极。正如魏玛共和国的后果所表明的，认同政治也可以服务于恶魔的目标。

包豪斯遗产会不可避免地成为资本主义和父权制的代理吗？正如本文所努力表明的那样，在包豪斯教学中并没有固有的"真理"；其工具可以，也曾经在不同的语境中被不同地使用过。今天，艺术、设计与建筑学作为实践、制度和知识领域，继续通过客体、空间、图像和信息，以及行动——其客户、用户、实践者、教师和学生的行动——影响着国家和文化的表征。同样是这些个人也可以挑战文化的刻板印象、被动的空间和消费者行为，以及对于人类和物质资源的剥削。一种与艺术、设计和建筑教育格格不入的批评性意识仍然有可能威胁着辩证的苏醒，在包豪斯梦之屋的历史、空间和社会想象中蓄势待发（*in potentia*）。

结语

"包豪斯：1919~1928 年"展览目录的封面图片和布局设计是一张德绍包豪斯校舍，屋顶和阳台上站满了奇怪的、像梦一样的人物。他们从上方带着一点胁迫的样子凝视着摄影机。每个人都戴着面具。每个人手里拿着一个功能不明确的支柱形东西，摆出一个姿势。最低处的一个人，戴着面具的脸处于阴影中，一只手拿着指挥棒，另一只手拿着地球仪，似乎朝着摄影机猛冲过来。摄影机所取的低位，使得包豪斯人物和校舍相对于观者来说处于主导性位置，产生一种无力感和不安的感觉。平涂的红色天空（目录中唯一出现的双色印刷的例子），主导图片顶部和右手这一侧。摄影机的垂直校正使透视角度就像鸟瞰轴测。轴测和红色是结构主义所偏爱使用的——尤其是切尔尼科夫（Chernikov），他将轴测作为"来自工程师的"形式而运用。在他的《幻想图》（*Fantasies*）中，当他需要两种颜色时，他选择红色和黑色。这种关联微妙地使人从封面想到文化和政治革命的隐含意思——然而，后来这些颜色也成为纳粹的色彩。最后一点，形成图片的三个边的凸起曲线，将照片本身扭曲为旗帜的形状。因此产生了双重解读——作为戏剧性幻象和红色的旗帜，一个梦意象和一个政治图标。在两种情形中，设计都强调了图片的二维性和巧妙性。

与主要由巧妙的图像组成的目录内容不同的是，封面呈现了一种"做梦的集体"——包豪斯的学生们——及其"梦之屋"——包豪斯校舍。人物和建筑物是主导。所传递的信息是，认同和空间的转变成为表征包豪斯的关键议题。

但是，这幅图片流露出不安。面具、服装和姿态的抽象性使包豪斯的学生呈现非人化，像机器一样。站在中间阳台的那个人可能更像一具雕塑，而不是人类；它被物体化了。然而，这些形象暗示着运动；有一个人就要跳到摄影机上，其他人看上去就像旗语。尽管这个集体展现出顺从，集体性地扮演着舞蹈设计的脚本，但是它并不是在一种精神失常的白日梦中。这个"梦之屋"并不像本雅明所说的迷思化的建筑梦意象。正相反，这是一种技术的潜在性部分实现的意象。首先，包豪斯校舍似乎被其中的人物行动所取代；占据建筑的人，更确切地说，他们的舞蹈编导，似乎控制了这个空间；照片看上去被舞台化了。第二点，建筑物上几乎没有装饰。就像其占据者的服装一样，它体现的是匿名性和抽象性。实际上，初看起来，这幅图片上的建筑根本不值得配上梦之屋的标题。消除了装饰的表面，其光秃秃的形式反映出建筑的占据者是一代新人类，其身体也拒绝着装和面部特点所体现的历史传统。

　　然而，尽管将封面解读为一种革命的形式和课程的象征，但是，它仍然是梦意象。它没有将这座校舍表征为日常空间，而是表征为一种戏剧性的背景。它没有展示包豪斯学生的日常活动，而是就像包豪斯展览本身一样，依赖于壮观的场景，来暗示人们只能将梦意象的革命性承诺实现为虚构的故事、幻想、戏剧，实际上，占据包豪斯校舍的人物全都是施莱默"三人芭蕾"中的角色。通过建筑和戏剧，而不是通过从此以后与学校是同义词的展览中的许多工业物件来呈现包豪斯的决定，暗示了目录作者意识到这种在构筑包豪斯的公众形象中，对建筑形式、戏剧性壮观场景和认同形成的肯定。

　　封面图片的潜在含义是，对于这些作者来说，包豪斯作为教育机构，就是要创造一个充分的环境，在其中，空间和社会试验得以上演。它确认了包豪斯不仅操弄空间和人工制品，也摆弄着人的身份。但是，图片中的社会关系没有作为日常现实而上演；正相反，建筑和人的形式是冻结住的，被剥夺了传统。这些人物没有性别、种族和年龄的区分。就像机器一样，他们是从基本形式中构建出来的。只有一个例外（屋顶上的那个人），面具没有孔洞——没有眼睛、耳朵和嘴巴。他们盲目地上演着一个脚本，至少在象征层面，不带有彼此之间的即兴交流。通过窗户看不到任何日常生活的迹象。就像这些人物的面部一样，建筑也几乎没有揭示任何室内的景象。

　　这就是包豪斯的做梦过程。

注　释

导　论

1　本书中我没有涉及艺术、工艺与建筑教育／训练的其他传统模式，例如在土耳其、印度、中国和日本这些国家里的教育模式。

第 1 章　描图屋

1　我以一名建筑师的身份——担任一所艺术学院的主任，最近又作为一名建筑师被聘为芝加哥艺术学院的院长，以及在英国被聘为皇家学院的主席。这些任职证明了这一学科的关联性，至少从建筑学关联到美术和应用美术。

2　我感谢汤姆·马库斯（Tom Markus）提供这些洞见；汤姆·马库斯发给作者的电子邮件，2009 年 9 月 27 日。

3　进入包豪斯学习的学生在 1287~1436 名之间（有些学生没有明确的记录，所以数字有出入）。在人数少的这部分中，有些只参加了初步课程（227 名学生），其他学生仅仅是旁听了课程，或者注册为访问学生；根据迪奇（Dietzsch）的数据，有 743 名学生通过了初步课程，能够升入作坊继续学习（Dietzsch 1991：27–30）。有一个学期中有些学生被除名，进一步使记录错综复杂。在这个领域还需要做很多工作。

第 2 章　梦之屋

1　由于本书所有理论素材都来自于欧美的源头，我意识到利用它来探究各民族文化所取得的人类成就，而几乎不涉及其形成过程，是具有讽刺意味的。

第 3 章　藏尸屋

1　据记载，只有大约 160 名包豪斯学生曾经参与第一次世界大战（Dietzsch 1991：52）。

2 玛兹达教（Mazdaznan）在美国由奥托·哈尼施（Otto Hanisch）[后来改称奥托
曼·扎–阿度什·哈–阿尼什（Otoman Zar-Adush Ha-anish）] 创立于19世纪。
这个教派以拜火教创始人琐罗亚斯德的教义为基础，但宣扬的是系统而科学地
获取身体和心灵健康的方法，通过瑞士美国人戴维和弗里达·安曼（David and
Frieda Amman）传播到欧洲。这个教派的总部在瑞士，可能伊顿就是在那里遇
到这个教派的，它与那个时期颂扬心灵和身体改造的其他流行信仰体系是相关
的，例如神智论和艺术体操。

3 当然，很少理发，缺乏硬领和长袜也可以有经济方面的解释，但是也可以转变
成对认同的挑战，正如前文提出的。

4 这些统计数据仍然出现在1938年包豪斯展览的目录上。目录中表明，仅有的两
名非德国血统注册学生是匈牙利人，这个数据是不准确的。这也提示了对外国
人的恐惧症仍然是包豪斯在美国面临的一个问题。

5 艾斯·格罗皮乌斯在"包豪斯：1919~1928年"展览目录中的边缘化，甚至比
可能呈现的更为复杂，因为格罗皮乌斯的传记作家雷金纳德·伊萨克斯（Reginald
Issacs）暗示，她与展览目录的设计者赫伯特·拜耶有着长期的暧昧关系，仅仅
在展览几年前才结束这样的关系（Otto 2009：195-196；Isaacs 1983：166-173）。

6 关于包豪斯女学生的活动的文献越来越多，但是该领域仍需进一步研究
（Baumhoff 2001；Droste 1987，1993；Müller 2009；Weltge 1993）。在师傅委员会
的一些会议中对这些活动有所提及，偶尔在一些言论中也有涉及。

7 在1925年，德绍的7万名强劳力人口中，大约有3.3万名被雇佣；52%是蓝领
工人（Machlitt 1976：476）。

8 关于格罗皮乌斯在1919年演讲的两个略有不同的版本分别保存在柏林包豪
斯档案馆（Gropius 1919c）和魏玛的图林根国立中央档案馆（Thuringischer
Hauptstaatsarchiv）（Gropius 1919d）。

第4章　商品屋

1 在合同草案（未署名a）中，格罗皮乌斯出资5千金马克，萨默菲尔德出资1.5
万金马克（极度通货膨胀已经结束，因此数额降低了），同时以相同的比例进行
利润分配。但是，这些出资仍然要以黄金来支付。

2 关于这个时期的经济活动几乎没有资料涉及；我在第6章中讨论了其原因。

3 有些包豪斯学者，包括克里斯蒂安·沃尔斯多夫（Christian Wollsdorff），争辩
道，梅耶时期是包豪斯历史中最有经济生产力的时期（Hahn 和 Wollsdorff 1985：
183）。

4 在数年之前，也就是1924年，梅耶曾经是戏剧的一个积极倡导者；他的论文

"戏剧 – 合作社"（Theatre Co-op）包含了一个以布莱希特风格形式的脚本大纲，不采用言语，这被看作是"手势世界语"（Esperanto of gestures）（Meyer 1980：25）。

5 在 1954 年，纪念包豪斯墙纸生产 25 周年的活动，导致成立了达姆施塔特的包豪斯档案馆，这是柏林包豪斯档案馆和哈佛大学布希 – 雷辛格档案馆（Busch–Reisinger）的前身（Hahn 1995：9）。

第 5 章　社团屋

1 将工业与艺术结合的国际组织在 19 世纪就已经出现。其中包括瑞典工业设计协会（Svenska Slöjdföreningen）（成立于 1845 年）、芬兰工艺与设计协会（Finnish Society of Crafts and Design）（1879 年）、艺术工作者行会（Art Workers' Guild）（1884年）、艺术与手工艺展览协会（Arts and Crafts Exhibition Society）（1888 年），以及英国设计与工业联盟（British Design and Industries Association）（1915 年）（它们都位于英国），匈牙利装饰艺术学会（Magyar Iparművészeti Társulat）（1885年）、波兰应用美术学会（Polish Applied Arts Society）（1901 年）、荷兰手工艺和艺术产业协会（Nederlandsche Vereeniging voor Ambachts en Nijverheidskunst）、丹麦艺术与手工艺及工业设计学会（Danish Society of Arts and Crafts and Industrial Design）（1907 年），以及美国的全美艺术与工业联盟（National Alliance of Art and Industry）（1912 年）（Woodham 1997：165）。

2 CIAM 在阿尔及利亚、阿根廷、奥地利、巴西、加拿大、哥伦比亚、捷克斯洛伐克、丹麦、法国、德国、希腊、匈牙利、以色列、意大利、摩洛哥、荷兰、挪威、波兰、葡萄牙、罗马尼亚、西班牙、瑞典、瑞士、苏联以及南斯拉夫都有分支机构。尽管格罗皮乌斯、吉迪翁和约瑟普·路易斯·塞尔特（Josep Lluis Sert）尽了最大努力，但是仍然不能在美国建立起能够运作的分支机构。

3 尤恩对包豪斯在乌尔姆造型学院的重生提出异议，与该校第一任校长进行争辩，认为对于包豪斯遗产的任何制度化，都是对其原则的背叛（Baumeister 和 Lee 2007：176）。

4 柏林包豪斯档案馆仅存有《交流》杂志的 1919 年 5 月至 6 月出版的刊物。

5 在第二种情形中，1922 年有一期风格派杂志《M–É–C–A–N–O》嘲弄了发生在包豪斯的神秘主义与功能主义之间的冲突；封面上有两幅图片，一幅显然受到抽象几何图形的启发，另一幅标题为"看蓟的人"（Distelseher）的图片明显受到自然形态的启发，它们彼此对峙；"看蓟的人"这幅图片指的是伊顿，因为他的学生常常不得不画蓟。

6 亚历山大·杜尔纳是一个同道的德国人和先锋艺术收藏家。在那一年晚些时候，他被任命为罗德岛设计学院博物馆主任。

7 到 1929 年，巴尔在他 30 出头的时候，已经担任刚刚成立的现代艺术博物馆的主任；一年以后，约翰逊在他 24 岁时，成立了该博物馆的建筑与设计部。亨利·罗素 – 希契科克通过为哈佛大学的学生杂志《猎犬与号角》(*Hound and Horn*) 撰文倡导现代艺术，他与约翰逊一起在 1932 年国际式展览目录中共同撰写了具有重大影响的文章，他们两个也共同主办这次展览。相关的书籍也呈现了四位包豪斯领袖，他们后来都在美国成功地发展了职业生涯：艾尔伯斯、布劳耶、格罗皮乌斯和密斯。三年以后，就像莫霍利 – 纳吉撰写的《新视线》(*New Vision*) 一样，格罗皮乌斯的《新建筑和包豪斯》(*New Architecture and Bauhaus*) 也被翻译成英语。

8 格罗皮乌斯使用露西娅·莫霍利拍摄的照片一事，在《包豪斯建构：认同、话语和现代性的形成》(*Bauhaus Construct：Fashioning Identity，Discourse and Modernism*) 的前言中有所讨论（Saletnik 和 Schuldenfrei 2009：6-7）。

9 正如安东尼·金所注意到的，这次展览并不是真正国际化的，而是在主要由男性、欧美白人组成的建筑职业内的一个特定意识形态团体的展览（King 2006/2007）。

10 在 20 世纪 20 年代和 30 年代，由诸如美国建筑师学会或纽约建筑联盟（Architectural League of New York）这样的专业组织举办的建筑展览，也成为商业性的"理想住宅"（Ideal Home）展览首创行动的一部分，越来越以现代主义作品为其特色（Fan 2000）。

11 这种相对的自治使得展览能够在充满动荡的 20 世纪 30 年代期间影响着国际文化对话。

12 有人推测，密斯在美国建立了新的职业发展道路之后，不希望重新唤起他在欧洲担任包豪斯校长期间引发的争议。

13 据报道，《现代设计的先驱》一书是发给英国军队的；与一位英国退役军人乔治·W·希尔（George W. Hill）的谈话，大约 1995 年。

14 拉舍甚至成立了一家出版社，叫做拉舍印刷与出版公司（Rasch Druckerei und Verlag），来制作这些出版物。拉舍赞助了展览，因而就成立了达姆施塔特包豪斯档案馆，接下来就使得拉舍能够在 1962 年出版一份关于包豪斯文献的大型册子，这份作品集为 1968 年的"包豪斯 50 周年"巡回展进行了重印，1975 年又一次重印；这本受欢迎的书的所有三个版本都是由拉舍出版社出版的。

15 日本的建筑公司 SANAA（妹岛和世与西泽立卫建筑事务所）计划大规模扩建这些设施。

16 www.das–bauhaus–kommt.de/neuesbauhausmuseum.php，2009 年 6 月 21 日登录。

17 据我所知，汉斯·梅耶的个人文件作为档案保管不是保存在一处的。

18　到 1977 年，斑驳陆离的包豪斯校舍成为一座博物馆和档案馆，而这批藏品成为其中的一部分，对外开放；只有到 1986 年，在建筑部（Ministry for Architecture）资助下，包豪斯校舍才得以修复。在 1990 年两德统一之后，德绍包豪斯成为有限公司（Aynsley 1991：43）。今天，设计与规划学院每年都举办庆典。

19　海纳·雅各布（Heiner Jacob）声称，20 年前，乌尔姆造型学院的校友和友人捐赠了一批文献和实物给乌尔姆市政府。柏林包豪斯档案馆也参与竞争，征求乌尔姆造型学院的项目和文件。最后，第三批藏品属于一个关注于工业设计师尼克·利奥兰特（Nick Roericht）的团体（Jacob 1988：30）。

20　尽管不是成员，彼埃·蒙德里安（Piet Mondriaan）和特奥·凡·杜斯堡也写信支持学校。

21　当时搬迁到德绍的成员，除了萨默菲尔德之外，还有马克·夏加尔（Marc Chagall）、彼得·贝伦斯、阿尔伯特·爱因斯坦、盖哈特·豪普特曼（Gerhart Hauptmann）、阿诺德·勋伯格（Arnold Schönberg）、弗朗茨·威夫（Franz Werfel）、伊戈尔·斯特拉文斯基（Igor Stravinsky）、汉斯·珀尔齐希、奥斯卡·柯克什卡（Oskar Kokoschka）和约塞夫·霍夫曼（Josef Hoffman）。

22　举例来说，在 1927 年，小本赛特会见了凯瑟琳·杜埃尔。

23　参与萨默菲尔德住宅施工的学生包括约瑟夫·艾尔伯斯、马歇·布劳耶、弗雷德·佛贝特、德特尔·黑尔姆（Dörte Helm）、欣纳克·谢帕和朱斯特·施密特，有些学生是在学徒的帮助下工作的。

第 6 章　学院屋

1　据说，在第二次世界大战之前，将近 60 位包豪斯人（占包豪斯人口的 5%）在德国教书；战后，在两个德国共和国有同样比例的包豪斯人在教书。第二次世界大战之后，至少有 23 位在美国教书，9 位在瑞士教书，荷兰和英国各有 5 位在教书，3 位在日本和当时的捷克斯洛伐克教书，在奥地利、法国、以色列、意大利和南斯拉夫各有两位教师，在澳大利亚、比利时、巴西、加拿大、丹麦、匈牙利、尼日利亚、南非和苏联至少有 1 位包豪斯教师（Dietzsch 1991：49–50）。

2　他们包括来自俄国的贝拉·舍夫勒（Béla Scheffler）（书记），来自南斯拉夫的伊万纳·托姆利诺维奇（Ivana Tomljenović）和塞尔曼·塞尔曼纳季奇（Selman Selmanagić），来自捷克的拉吉斯拉夫·福尔廷（Ladislav Foltýn）、英德日赫·科赫（Jindřich Koch）（他后来短期领导过位于哈雷艺术与设计学院的摄影系）、兹德涅克·罗斯曼（Zdeněk Rossmann）和瓦茨拉夫·兹拉利（Václav Zralý），来自荷兰的扬（Jan）和凯斯·范·德·林登（Kees Van der Linden）兄弟，来自巴勒斯坦的伊萨克·魏因费尔德（Issac Weinfeld）和来自匈牙利的胡迪特·考劳斯（Judit Karasz）。

3　1933 年，桑迪·沙文斯基逃到米兰，在 1936 年加入了黑山学院（Black Mountain College），于 1938 年辗转到了纽约。出生于美国的莱昂耐尔·费宁格于 1936 年到了美国。沃尔特和艾斯·格罗皮乌斯夫妇于 1937 年经过英国到了美国。密斯和莫霍利－纳吉于 1937 年到达芝加哥；路德维希·希尔伯塞墨(Ludwig Hilberseimer）也于 1938 年到达。

4　他们包括设计师赫伯特·拜耶、赫·布莱顿迪克（Hin Bredendieck）和马利·埃尔曼（Marli Ehrmann），他们都是新包豪斯的教师，还有画家保罗·维格哈特（Paul Wieghardt）和摄影师伊蕾娜·拜尔（Irene Bayer）；布莱顿迪克后来创办了佐治亚理工学院（Georgia Institute of Technology）的设计课程。埃尔曼成为密斯的纺织品顾问。拜尔从 1946 年开始在阿斯彭研究所（Aspen Institute）任教，在这里创办了具有影响力的国际设计研讨会（International Design Conference），后来搬迁到纽约。维格哈特成为芝加哥艺术学院（Art Institute of Chicago）附属学校的人像绘画教授，并且在伊利诺伊理工大学教授写生。伊蕾娜·拜尔作为一名摄影师，同时还是翻译。回来的学生包括霍华德·迪恩斯迪纳（Howard Dearstyne），他成为黑山学院的教师，后来成为伊利诺伊理工大学的建筑学教授，还有伯特兰·戈德堡（Bertrand Goldberg）和比尔·普里斯特利（Bill Priestley），他们两个都成为执业建筑师，有一段时间合伙工作（Heiss 1992；Marjanović 和 Rüedi Ray 2010）。

5　他们包括建筑师马歇·布劳耶、费迪南德·克拉默和罗尔夫·斯克拉雷克（Rolf Sklarek）、设计师维尔纳·德鲁斯（Werner Drewes）、艺术史学家赫尔穆特·冯·埃尔法（Helmut von Erffa）、艺术家 T·勒克斯·费宁格、桑迪·沙文斯基、弗朗斯（Frans）和玛格丽特·维尔登海茵（Marguerite Wildenhain）、莫尼卡·贝拉－布罗内尔（Monika Bella-Broner）、赫伯特·拜耶和后来到达的（途径加拿大）安多尔·魏宁格尔（Andor Weininger）。布劳耶取道伦敦到达纽约，在哈佛大学任教，并与格罗皮乌斯一起工作，直到 1945 年他开始自己的执业实践。克拉默运作一个独立的事务所，在 1952 年回到德国。斯克拉雷克为维克托·格鲁恩(Victor Gruen）工作，后来与诺尔玛·梅里克·斯克拉雷克（Norma Merrick Sklarek）结婚，后者是第一位取得执照的非洲裔美国女性建筑师。德鲁斯在 1946 年成为华盛顿大学圣路易斯分校的设计教授。冯·埃尔法也是哈佛大学和普林斯顿大学的校友，他成为罗格斯大学（Rutgers University）的艺术史教授，后来成为系主任。沙文斯基在 1941 年搬到纽约，成为一名独立的艺术家；第二次世界大战后，他在纽约城市大学(City College New York）和纽约大学教授制图和绘画。弗朗斯·维尔登海茵在罗彻斯特理工学院（Rochester Institute of Technology）教授陶瓷艺术和雕塑，而贝拉－布罗内尔成为企业的纺织品设计师。

6　他们包括玛格丽特·克勒－比特克（Margarete Köhler-Bittkow）和 T·勒克斯·费宁格，后者在莎拉劳伦斯学院（Sarah Lawrence College）和哈佛大学福格博物馆（Fogg Museum）进行教学工作，从 1961 年至 1975 年，在波士顿美术博物馆（Boston Museum of Fine Arts）教授制图和绘画。第二次世界大战之后，紧接着是第二轮移民潮。沃尔特·阿兰于 1949 年到达此地，成为《财富杂志》的艺术总监，后来在帕森斯设计学院（Parsons School of Design）教书。汉尼斯·贝克曼成为古根海姆博物馆的摄影师；后来他在纽约艺术与建筑学院（New York School of Art and Architecture）（柯伯联盟学院（Cooper Union））教授初步设计，同时也是耶鲁大学的讲师。包豪斯纽带在美国继续延伸，例如，格罗皮乌斯和布劳耶设计了位于宾夕法尼亚州巴克斯县的费舍住宅。

7　美国的移民人数限制在总人口的 2%，对于犹太人几乎没有配额，试图进入美国的犹太裔包豪斯人常常遭拒绝，有些人，例如奥蒂·贝格尔，最终死于集中营。

8　她们包括伊雷妮·霍夫曼（Irene Hoffmann）、希尔德·胡布赫（Hilde Hubbuch）、露特·凯泽－科恩（Ruth Kaiser-Cohn）（来自以色列，10 年后又回去）、克莱尔·科斯特利茨（Claire Kosterlitz）和埃伦·奥尔巴赫（Ellen Auerbach）。大多数人都作为艺术家展开实践工作。格里特·卡林－费舍（Grit Kallin-Fischer）于 1934 年和在包豪斯接受训练的丈夫爱德华（Edward）一起来到美国，战后短暂地在欧洲工作了一段时间，先后与雕塑家赫尔曼·胡巴赫（Hermann Hubacher）一起在瑞士工作，和马里诺·马里奇（Marino Marini）一起在米兰工作（Kallin-Fischer 等 1986：2）。她和伊冯娜·帕察诺夫斯基－博布罗维克斯（Yvonne Pacanovsky-Bobrowics）［后者在德雷赛尔大学（Drexel University）教书］最后成为宾夕法尼亚人；玛格丽特·维尔登海茵－弗里德兰德（Marguerite Wildenhain-Friedlander）到达加利福尼亚州，在位于奥克兰的加利福尼亚工艺美术学院（California College of Arts and Crafts）指导陶瓷艺术课程，设立了“池塘农场”（Pond Farm）艺术家聚居地；这个群体解散后，她继续运作该学院的陶瓷艺术作坊，直到 1979 年。

9　保罗·克利 1940 年死于瑞士。有些非瑞士裔的包豪斯人——维尔纳·格拉夫（Werner Graeff）、设计师弗里茨·许夫纳（Fritz Hüffner）和纺织艺术家露特·瓦伦丁（Ruth Vallentin）——获得临时政治避难。大部分返回的瑞士籍包豪斯人成为教师或文化领袖。约翰·伊顿指导着苏黎世的美术工艺学院（Kunstgewerbeschule）和纺织高等专科学校（Textilfachschule）；根塔·斯托尔策运作一个手工编织企业［与包豪斯人格特鲁德·普赖斯维尔克（Gertrud Preiswerk）和海因里希－奥托·许尔利曼（Heinrich-Otto Hürlimann）共同创办〕。最突出的是马克斯·比尔（Max Bill），他从 1949 年开始在苏黎世的美术工艺学院教授造型理论，直到 1953 年转到乌尔姆造型学院。汉斯·贝尔曼（Hans Bellmann）开设建筑与设计事务所，并在苏黎世和巴塞尔的美术工艺学院教书。维尔纳·布里（Werner Burri）在伯尔尼的陶瓷高等专科学校（Keramische Fachschule）教授陶瓷艺术，并成立了瑞士陶瓷艺术家协会（Arbeitsgemeinschaft Schweierischer Keramiker-ASK）。汉斯·费施里（Hans Fischli）开设建筑事务所，直到他成为苏黎世工艺美术博物馆（Kunstgewerbemuseum）的馆长。勒内·门施（René Mensch）从莫斯科和土耳其回来，开设建筑事务所。

10 瓦西里·康定斯基于 1944 年死于巴黎。其他到巴黎的人包括建筑师伊萨克·魏因费尔德和艺术家玛丽安娜·阿尔费尔德（Marianne Ahlfeld）、吉特尔·戈尔德（Gitel Gold）、弗洛伦斯·亨利（Florence Henri）、耶切斯基尔·达维德·基斯赞鲍姆（Jecheskiel Dawid Kieszenbaum）、让·莱皮恩（Jean Leppien）、亨利·努沃（Henri Nouveau）、阿尔贝·曼策尔-弗洛孔（Albert Manzel-Flocon）、雷·索保特（Ré Soupault）、沃尔夫冈·舒策（Wolfgang Schulze）（沃尔斯（Wols））和摩西·（巴赫尔夫）·巴热尔（Moses（Bahelfer）Bagel）；巴热尔在 20 世纪 70 年代早期在巴黎美院短暂地教过书。

11 他们包括保加利亚的尼古拉·迪乌尔赫洛夫（Nicola Diulgheroff），他是都灵的一位建筑师，还有斯洛文尼亚的艺术家奥古斯特·切尔尼戈伊（Avgust Černigoj），他在的里雅斯特工作。

12 保罗·西特罗昂在阿姆斯特丹成立了短命的新艺术学校（De Nieuwe Kunstschool）（1933~1941 年）。从第二次世界大战之后直到 1960 年，他在海牙皇家艺术学院（Royal Art Academy）教授受包豪斯启发的初步课程（Dietzsch 1991：52）。尼格曼（Niegeman）成为阿姆斯特丹应用艺术教育学院（Instituut voor Kunstnijverheidsonderwijs）建筑室内设计的教授，他可能是受到斯坦的邀请，后者从 1938 年至 1945 年是该系的主任；洛特·贝泽-斯坦（Lotte Beese-Stam）成为鹿特丹的城市规划师。利斯贝特·比尔曼-厄斯特赖歇尔（Lisbeth Birman-Oestreiche）、格雷滕·内特尔-克勒（Greten Neter-Kähler）以及赫尔曼（Hermann）和基蒂·费舍尔（Kitty Fischer）夫妇也在此地安顿；基蒂·费舍尔在阿姆斯特丹美术工艺学院任教，而内特尔-克勒在该学院运作一个纺织设计作坊。

13 该组织包括梅耶后来的妻子海伦妮（莱娜）·伯格纳（Héléne（Lena）Bergner）、菲利普·托尔茨纳（Phillip Tolziner）、康拉德·皮舍尔（Konrad Püschel）、安东·乌尔班（Anton Urban）、勒内·门施、克劳斯·莫伊曼（Klaus Meumann）、蒂博尔·魏纳（Tibor Weiner）、贝拉·舍夫勒和弗雷德·佛贝特。欣纳克·谢帕从 1929 年至 1931 年独立在莫斯科工作。包豪斯学生帕尔·福尔戈（Pál Forgó）也来到莫斯科，就像安东·乌尔班一样，最后死于莫斯科。乌尔班从 1931 年至 1938 年在莫斯科高等建筑房屋学院（VASI）教书，1934 年在莫斯科建筑学院（Moscow Architecture Academy）教书。弗拉迪米尔·内梅切克（Vladimír Němeček）于 1936 年到达莫斯科，同年又离开此地。马克斯·克拉耶夫斯基于 1931 年来到莫斯科，一直居留此地，直到 1971 年去世。古斯塔夫·哈森普夫卢格（Gustav Hassenpflug）前往苏联三年，尽管日期不详。其他的包豪斯人——荷兰人约翰·尼格曼（Johan Niegemann）、他的妻子格尔达·马克斯（Gerda Max）以及洛特·贝泽 – 斯坦——与法兰克福城市规划师恩斯特·梅一起来到莫斯科。在 20 世纪 30 年代早期，至少有 5 位格罗皮乌斯的雇员在苏联工作，他们中的很多人都是包豪斯人。布鲁诺·陶特为莫斯科市政府建造了办公楼。两位包豪斯人——美国人迈克·范·博伊伦（Mike van Beuren）和德国人克劳斯·格拉贝（Klaus Grabe），尽管不是苏维埃团队的成员，但还是跟随梅耶一起到了墨西哥。

14 勒内·门施后来在当时的波斯工作（Baumeister 和 Lee 2007：172）。康拉德·皮舍尔回到东德后，为北朝鲜再开发项目进行设计工作（Püschel 1997）。

15 在以色列的包豪斯人包括建筑师穆尼欧·吉泰·维恩劳布（Munio Gitai Weinraub）、埃德加·黑希特（Edgar Hecht）、钱纳·弗伦克尔（Chanan Frenkel）、施罗莫·伯恩斯坦（Schlomo Bernstein）、海因茨·施威林（Heinz Schwerin）和施米尔·梅斯捷奇金（Schmuel Mestechkin）、摄影师纳夫塔利·阿夫农（Naftaly Avnon）、埃伦·奥尔巴赫、埃里希·科梅里纳（Erich Comeriner）和里卡达·施威林（Ricarda Schwerin）、舞蹈教师卡拉·格罗施（Karla Grosch）和艺术家埃里希·格拉斯（Erich Glas）、沃尔夫·（泽夫）约费（Wolf（Ze'ev）Joffe）、耶切斯基尔·达维德·基斯赞鲍姆、格哈特·里希特（Gerhard Richter）和露特·凯泽 – 科恩，后者于 20 世纪 60 年代在比沙利艺术学校（Bezalel School of Art）教书。里希特后来在杜克大学（Duke University）教授木工技艺。

16 蒂博尔·魏纳于 1948 年从智利返回匈牙利。法尔卡斯·莫尔纳于 1937 年组织了第一届匈牙利的 CIAM 东半球会议，他一直参与这个组织，直到匈牙利加入东欧集团。帕普（Pap）从 1927 年至 1933 年在柏林伊顿学校（Ittenschule）教书，然后回到匈牙利，从 1947 年至 1949 年在大毛罗什人民绘画学院（Nagymaros People's College for Painting）教书，从 1949 年至 1962 年担任布达佩斯美术大学（Budapest University of Fine Arts）教授（未署名 1983；Dietzsch 1991：50）。胡迪特·考劳斯从丹麦回来，担任布达佩斯应用艺术博物馆（Budapest Museum of Applied Arts）的摄影师。目前尚缺乏著作来阐述匈牙利建筑与设计现代主义的批评性历史，并研究其主要倡导者，例如贝拉·洛伊陶（Béla Lajta）、奥托·巴特宁（Otto Bartning）、弗吉尔·博尔比罗（比尔鲍尔）（Virgil Borbíro（Bierbauer））、艾尔诺·卡洛伊（Ernö Kállai）、拉约什·科兹马（Lajos Kozma）、贝拉·马尔瑙伊（Béla Malnai）、戈尔杰·凯普斯（György Kepes）和约塞夫·瓦戈（Jószef Vágó），以及匈牙利裔包豪斯人，包括山多尔·博尔特尼克（Sándor Bortnyik）、马歇·布劳耶、约塞夫·费舍尔（Jószef Fischer）、弗雷德·佛贝特、艾尔诺·利希滕塔尔（Ernö Lichtenthal）、法尔卡斯·莫尔纳、拉兹洛·莫霍利－纳吉、久洛·帕普（Gyula Pap）和安多尔·魏宁格尔，还有学术机构，例如博尔特尼克成立的、受包豪斯启发的穆赫利（Mühely）学院之间的联系。约翰·麦克赛（John Macsai）和亚诺什·邦塔（János Bonta）撰写的文章，收录在《东欧的现代主义：两次世界大战之间捷克斯洛伐克、匈牙利和波兰的建筑》（*East European Modernism*：*Architecture in Czecheslovakia*，*Hungary and Poland Between the Wars*）（Leśnikowski 1996），则成为一个开端。在南斯拉夫的一批人也是具有影响力的。切尔尼戈伊成立了构成主义团体"坦克"（Tank）；克罗地亚的古斯塔夫·博胡廷斯基（Gustav Bohutinský）（是萨格勒布遵循现代主义的伊布勒学院（Ibler School）的校友）回国后在萨格勒布技术学院（Zagreb Technical Faculty）教授工业建筑课程，伊万纳·托姆列诺维奇－梅勒（Ivana Tomljenović-Meller）在贝尔格莱德和萨格勒布教授制图。塞尔曼纳季奇留在德国，贝格尔死于集中营，而对于马斯·鲍劳尼奥伊（Mas Baranyai）则所知甚少（Djurić Suvaković 2003：20；Blagojević 2003：180–181；Dietzsch 2009）。

17 一个单独的学生谢非·纳基·哈利勒·贝（Sefi Naki Halil Bey）似乎曾经是土耳其人；据说他曾在包豪斯学习，但是我无法找到这位波斯学生的名字。弗雷德·佛贝特到了瑞典，成为城市规划专家，在斯德哥尔摩理工大学（Stockholm Technical University）教书。

18 在来到英国之前，亚当－特尔切于 1936 年参加过西班牙内战（Dietzsch 1991：53）。

19 卢埃林－戴维斯在 20 世纪 60 年代早期，以科学导向的、基于研究的模式取代了巴特雷特学院的巴黎美院教学体系（Crinson 和 Lubbock 1994：136）。

20 福多尔夫妇逃离了德国，因为福多尔是一位共产党员（部分隶属于包豪斯共产主义基层组织，他在柏林运作一份地下报纸）。在匈牙利出生的米塔格－福多尔是犹太人；她叔叔是一位具有影响力的南非商人，与塞西尔·罗德（Cecil Rhodes）关系非常近，他发出邀请，提供资金担保以及福多尔夫妇进入这个国家所需的资金，如果没有这些帮助，他们早就被遣返回国了［米夏埃尔·米塔格（Michael Mittag）与作者的电话交流，2009 年 9 月 11 日］。

21 汉娜·勒·鲁（Hannah Le Roux）发给作者的电子邮件，2009 年 8 月 3 日。雷克斯·马丁森（Rex Martienssen）旅行到了欧洲，访问了斯图加特的魏森霍夫建筑展，在巴黎与勒·柯布西耶见了几次面，但是没有访问包豪斯（Herbert 1974：103）。回来以后，他在约翰内斯堡大学建筑学院教书，但是这个在威特沃特斯兰德大学的首席建筑学教授席位最终失去了，让位于接受英国的巴黎美院体系训练的罗马学人（Rome Scholar）伦纳德·W·桑顿（Leonard W. Thornton）（引文同上：55）。

22　弗莱和德鲁也与勒·柯布西耶一起工作，设计印度新首都昌迪加尔。

23　我有意错误地引用了马克·克鲁森（Mark Crinson）的话，他将这个术语用于描述新德里。

24　匈牙利的情形有所不同。匈牙利帝国的经济主要是农业，不像捷克共和国那样，中产阶级中包括了很多乡村地主。受苏维埃启发的工人革命被镇压了，在 1920 年签订的特里亚农条约（Trianon Treaty）中，匈牙利失去了超过三分之二的领土和 60% 的人口。其后果就是这个国家最重要的艺术家群体最终都到了罗马尼亚，在那里，这个群体日渐式微。一个强有力的保守寡头统治政府出现了，天主教在将这个分崩离析的国家统一起来方面发挥了关键作用。这个国家的领导，就像邻国奥地利那样，充满怀旧情绪地将目光投向帝国时代，将之视作包含文化和经济现代性的进步元素。在这个国家的现代主义建筑比捷克斯洛伐克少。

25　福尔廷和布吕霍瓦曾经与敌后游击队员并肩作战，因此具有政治背景（Dietzsch 1991：54）。

26　自从铁幕政治衰落以来，现代主义再次涌现。现代主义当代版本的广受欢迎，与布拉格和布尔诺为文化旅游目的而重新包装的捷克功能主义建筑是平行的。

27　这件事是作为从该学院最初的巴黎美院体系彻底转向的一部分而发生的；法国人利奥波德·雷维（Leopold Levy）领导绘画部门，其作品风格涵盖了从印象派和野兽派到立体派的广泛领域。

28　土耳其采用英制而不是欧洲普遍采用的公制计量。

29　维恩劳布在海姆（Haim）镇集体农场进行住宅设计，在哈尔兹联合集体农场（Ha'artzi）进行莫沙夫定居地设计。

30　参见联合国教科文组织世界遗产网址 http：//whc.unesco.org/en/list/1096，于 2009 年 6 月 11 日登录。

31　梅斯捷奇金从 1959 年至 1963 年担任以色列工程师与建筑师协会（Israeli Association of Engineers and Architects）的主席。

32　沙伦也担任新德里和缅甸的发展顾问。

33　在接受英国皇家建筑师学会、国际建筑师协会、美国建筑师学会、德国建筑师协会以及柏林艺术学院的荣誉委任之后，1975 年，沙伦加入了柏林包豪斯档案馆的顾问董事会（Curatorium）。他举办的展览"集体农场 + 包豪斯：一位建筑师的新世界之路"（Kibbutz + Bauhaus：an architect's way in a new land）在德国埃森、慕尼黑和斯图加特、瑞士苏黎世、墨西哥城以及美国华盛顿特区、纽约、费城和芝加哥巡回展出。

34 早在托管时期，大量资本投资已经导致工业和土地投机的扩张，主要是在犹太地区，一部分也出现在阿拉伯地区（Ben-Porat 1998：30）。

35 在 1870 年至 1920 年期间，移民造成美国人口翻了一番，只有在 1890 年，边境才被宣布"关闭"（Chafe 2009：2）。

36 1944 年通过的《美国军人权利法案》为美国参加第二次世界大战的退伍军人提供免费高等教育和住房补贴。

37 菲利浦·约翰逊在格罗皮乌斯上任后不久就加入了哈佛大学研究生课程。经过现代艺术博物馆 1932 年举办的"现代主义建筑：国际式展览"（Modern Architecture：International Exhibition）之后，他与亨利 – 罗素·希契科克就已经成为现代主义的重要倡导者。约翰逊更欣赏密斯的作品，断然拒绝格罗皮乌斯提倡的社会住宅，认为这是平民性的合理模式，但是，就像希契科克和巴尔一样，他承认格罗皮乌斯体系的重要性，形成了支持包豪斯理念的重要圈子。

38 布劳耶留在哈佛大学，直到 1941 年；他的学生包括菲利浦·约翰逊、保罗·鲁道夫（Paul Rudolph）和艾略特·诺伊斯（Eliot Noyes）。约翰逊从 1932 年至 1934 年担任现代艺术博物馆建筑与设计部主任，从 1949 年至 1954 年，再次担任这一职位；诺伊斯成立了现代艺术博物馆工业设计部。瓦格纳留在哈佛大学，直到 1951 年；他的学生包括威廉·沃斯特（未来的麻省理工学院建筑学院院长，以及后来的加利福尼亚大学伯克利分校建筑学院院长）以及沃斯特的妻子凯瑟琳·鲍尔，她是著名的可负担住宅活动家。其他重要的现代主义者，例如贝聿铭，在战争期间也在那里学习。

39 据报道，格罗皮乌斯下令将哈佛大学收藏的石膏模型全部销毁。

40 这一点，以及艾尔伯斯有可能影响了格罗皮乌斯，他和艾斯将唯一的女儿阿提（Ati）·格罗皮乌斯送到那里（后来到了芝加哥设计学院）。

41 这些教师包括露丝·阿什瓦（Ruth Asawa）、约翰·凯奇（John Cage）、莫斯·康宁汉（Merce Cunningham）、巴克明斯特·富勒（Buckminster Fuller）、弗兰茨·克莱因（Franz Kline）、威廉·德库宁（Willem de Kooning）、罗伯特·马瑟韦尔（Robert Motherwell）、阿梅德·奥藏方（Amedeé Ozenfant）、本·沙恩（Ben Shahn）和彼得·沃克思（Peter Voulkos）。肯尼思·诺兰（Kenneth Noland）和罗伯特·劳森伯格（Robert Rauschenberg）是该学院的学生。

42 弗雷德·佛贝特关于"红色之旅"的回忆录保存在斯德哥尔摩建筑博物馆中，在柏林包豪斯档案馆存有复制品。

43 他们中包括爱德华·韦斯顿（Edward Weston）、蒂娜·莫多提（Tina Modotti）、约翰·多斯·帕索斯（John Dos Passos）、D·H·劳伦斯（D. H. Lawrence）、列夫·托洛茨基（Leon Trotsky）和安德烈·布勒东（André Breton）。

44 奥斯卡·萨利纳斯·弗洛雷斯（Oscar Salinas Flores），"包豪斯在墨西哥的流放；"（Bauhaus exiles in Mexico）原来有这段引文的网址不存在了。

45 其他中国的学院，例如杭州（之江）大学，早在 20 世纪 30 年代就已经在试验现代主义了。

46 保立克写信给格罗皮乌斯（他曾经在第二次世界大战前为其工作），询问关于前往美国的可能性，但是格罗皮乌斯并不鼓励他，大概是因为保立克同情共产主义的立场。

47 将近 70 位包豪斯人在第二次世界大战中作战，有些在反希特勒阵营中，其他的人在法国外籍军团，更多的人参加了抵抗组织。我几乎找不到在德国军队中参战的包豪斯人信息。据报道，包豪斯人也有在战争中丧生的，也有些人后来死于战争的创伤。

48 这些人当中包括特奥·鲍尔登（Theo Balden）[出生时的姓名是奥托·克勒（Otto Kähler）]、维尔纳·格拉夫、费迪南德·克拉默、玛格丽特·克勒 – 比特克、豪约·罗泽（Hajo Rose）和弗里德里希·沃德伯格·吉尔德沃特（Friedrich Vordemberg–Gildewart）（Dietzsch 1991：52）。

49 弗兰茨·埃尔里希（Franz Ehrlich）成为德累斯顿城市规划师和出口部的建筑师；弗里德里希·卡尔·恩格曼（Friedrich Karl Engemann）成为东德文化部工业造型委员会（Council for Industrial Form）代表；而恩斯特·卡诺在北朝鲜时致力于规划和工业教育项目，回到德国后成为区域规划部门的党委书记（Dietzsch 2009）。

50 包豪斯人古斯塔夫·哈森普夫卢格、彼得·凯勒（Peter Keler）、特奥·鲍尔登、埃玛努埃尔·林德纳(Emanuel Lindner)、鲁道夫·奥特纳（Rudolf Ortner）、康拉德·皮舍尔以及先前的伊顿学校教师汉斯·霍夫曼 – 莱德勒（Hans Hofmann–Lederer）回到了魏玛（Dietzsch 1991：15）。皮舍尔在魏玛的建筑与美术学院（Hochschule für Baukunst und Bildende Künste）教授区域、城市和乡村规划，并且和霍夫曼 – 莱德勒一起教授受到包豪斯启发的初步课程，这所学院是在包豪斯旧址上成立的新的学术机构。霍夫曼 – 莱德勒在 1950 年移民到西德。彼得·凯勒一直担任展览与照明设计教授，直到 1963 年；特奥·鲍尔登从 1947 年至 1963 年在伊尔姆瑙工程学院（Ilmenau Ingenieurschule）教书。

51 在德绍建筑与美术学院（Hochschule für Baukunst und Bildende Künste），这些教师包括弗里德里希·卡尔和埃尔泽·恩格曼（Else Engemann）夫妇、卡尔·费格（Carl Fieger）、卡尔·马克斯、威廉·雅各布·赫斯（Wilhelm Jakob Hess）、阿道夫·门格（Adolf Menge）、乔治·奈登贝尔格（Georg Neidenberger）、弗里茨·普法伊尔（Fritz Pfeil）、罗尔夫·拉达克（Rolf Radack）、欣纳克·谢帕、库尔特·施托尔普（Kurt Stolp）和马克斯·于尔森（Max Ursin）。沃尔特·普夫（Walter Puff）在德绍的技术高中（Polytechnische Oberschule）教书（Dietzsch 1991：14–15；Castillo 2006：174）。

52 豪普特在东柏林的科学院（Akademie der Wissenschaften）教书，威廉·华根菲尔德（Wilhelm Wagenfeld）也在这个学院致力于产品标准规范的工作。盖特尔德·魏斯（Gertrud Weiss）在工程学院（Ingenieurhochschule）教书，恩斯特·卡诺在柏林建筑学院（Bauakademie）任教，维尔纳·吉勒斯和理查德·奥尔茨（Richard Oelze）都是美术学会（Akademie der Buildenden Künste）的成员。

53 同样也在东部，有三位包豪斯人前往哈雷艺术与设计学院。沃特·丰卡特（Walter Funkat）成立了该学院的平面设计系，在 1950 年成为系主任，后来成为院长。弗里德里希·卡尔·恩格曼和埃里希·孔塞米勒是哈雷市的城市规划师，同时也在这个学院教书。韦拉·梅耶-瓦尔德克（Wera Meyer-Waldeck）活跃在德意志制造联盟，他在德累斯顿工业艺术学院教授家具和室内设计。豪约·罗泽在德累斯顿艺术学院教授平面设计，后来在莱比锡应用美术职业学校（Fachschule für Angewandte Kunst）教书。

54 这是包豪斯学生埃德蒙·科莱因的话，他是柏林建筑学院的副院长，在莫斯科接受了"再教育"。

55 在两次世界大战期间，由于经济方面的原因，并且由于教育的扩张受到纳粹阻止，学生注册人数下降到 1913 年的水平（Windolf 1992：3）。录取名额限制体系意味着在精英竞技场中，只有三分之一的毕业生可以升到大学。在 1931 年，所有大学学生中只有 19% 是女性（引文同上：17）。在第二次世界大战之后，教育成为重塑德国经济、政治和文化图景的核心；就像在日本一样，高等教育扩张直接与国民生产总值呈相反的趋势（引文同上：9–11）。

56 克劳斯·鲁道夫·巴泰梅斯（Claus Rudolf Barthelmess）在斯图加特美术学院担任代课教师，汉斯·诺伊纳（Hannes Neuner）在这里教授初步课程，后来成为制图和绘画教授；赫尔伯特·希尔施成为该学院教授，后来成为院长；艾达·克科尔维尔斯（Ida Kerkovius）是学院教授和荣誉会员。诺伊纳也在萨尔布吕肯州立艺术学校（Staatliche Kunstschule）教授平面设计和摄影。

57 维尔纳·格拉夫在埃森的福尔克旺艺术学院（Folkwangschule）教书。

58 埃米尔·贝尔特·哈特维希（Emil Bert Hartwig）在明斯特应用技术大学（Fachhochschule）设计系担任代课教师。

59 弗里茨・许夫纳在卡塞尔州立工业艺术学校（Staatliche Werkkunstschule）教书。

60 伊丽莎白・卡多（Elizabeth Kadow）从 1940 年至 1971 年，在克雷菲尔德纺织工程学校（Textilingenieurschule）教书。她和丈夫格哈德一起（Gerhard），在克雷菲尔德工业艺术学校教授初步课程和纺织课程，后来成为科隆同类学校的绘画教授。

61 鲁道夫・奥特纳指导着哥达州立工程学校（Staatliche Ingenieurschule），在 1951 年搬迁到西德，以便在慕尼黑工业大学以及位于埃朗根和奥格斯堡的大学开展设计实践和教书。

62 汉斯・皮斯托留斯（Hans Pistorius）在哥廷根教育学院（Pedagogische Hochschule）教授艺术教育。

63 库尔特・施瓦尔特菲格（Kurt Schwerdtfeger）担任阿尔费尔德教育学院艺术教育的教授，他的著作《美术和教育》（*Bildende Kunst und Schule*）成为标准课本。

64 费迪南德・克拉默在美因河畔法兰克福的歌德大学（Johann Wolfgang von Goethe University）指导建造运作。

65 文森特・韦伯（Vincent Weber）在位于威斯巴登的工业艺术学校教书。

66 山胁（Yamawaki）认为除了他的妻子，还有另外一位日本学生在包豪斯就读（Yamawaki 1985 : 56）。迪奇（Dietzsch）声称有四位日本学生；我一直没有办法找到这第四位学生的名字（Dietzsch 1991 : 34）。

67 在那一年沃尔特和艾斯・格罗皮乌斯到日本旅行时，桑泽作为东道主接待了他们夫妇。

68 汉娜・勒・鲁发给作者的电子邮件，2009 年 8 月 13 日。

69 《印度》（*Hindu*），2001 年 7 月 8 日，星期天刊，在线网址：www.hinduonnet.com/2001/07/08/stories/13080072.htm，2009 年 6 月 13 日登录。

70 教育的文化分工所呈现的技术 / 文化和国际 / 传统这样的区分一直持续下去，西方教育机构强调对传统历史的研究，而印度专业人员主要学习职业技能，服务于国际化的市场（Menon 1998）。

71 勒・柯布西耶在 20 世纪 20 年代晚期访问南美，并发表演讲。1930 年，他设计了位于智利萨帕亚尔的伊拉苏酒厂大厦（Maison Errazuriz）；1936 年，他与卢西奥・科斯塔（Lúcio Costa）和奥斯卡・尼迈耶一起设计了里约热内卢的国民教育和公共健康部大厦；1948 年，他设计了阿根廷拉普拉塔市的库鲁切特住宅（Curutchet House）；1959 年，他再次与科斯塔合作，设计了位于巴黎大学城的巴西馆（Maison du Brésil）。

72 共有 31 位南美洲学生在乌尔姆学习：10 位来自巴西、9 位阿根廷人、5 位墨西哥人、3 位智利人、两位来自哥伦比亚，委内瑞拉和秘鲁各有一名学生（Fernandez

2006：3–4）。

第7章　结论

1　汤姆·马库斯（Tom Markus），发给作者的电子邮件，2009 年 9 月 27 日。

2　俄罗斯、印度或南非的专业辅助人员这一"工薪阶层"以低价提供劳动，拥有不同的专业合法性；这个阶层不得不维持这样的价格。

3　美国的女性建筑专业人员仍然仅仅构成了美国建筑师学会和英国皇家建筑师学会注册会员的 10% 多一点；在美国，非洲裔美国人仅仅占据了 1% 多一点。

4　例如，在美国，尽管有着美国国家建筑认证委员会（National Architectural Accrediting Board–NAAB）对于工作室文化的新类目，这是美国建筑学生协会（American Institute of Architecture Students–AIAS）在 2004 年颁布的，但是建筑学院仍然继续支持或者说容忍"熬通宵的人"。有些建筑评论家在其评论文章中仍然是很无情的。美国国家建筑注册委员会颁布的 2009 年注册条件中，现在强调了"积极的和尊重人的学习环境"，并且要求认证的课程应当致力于"与健康相关的问题，例如时间管理"和"提供给教职员工——不论种族、民族、宗派、出生国度、性别、年龄、身体能力或性取向——一个文化方面丰富的环境，在其中，每个人都能够平等地学习、教学和工作。"（NAAB 2009：1.1.2）。

缩略语表

AA   Architectural Association
建筑协会学院

AIA   American Institute of Architects
美国建筑师学会

AIAS   American Institute of Architecture Students
美国建筑学生协会

AKhRR   Assotsiatsia Khudozhnikov Revolutsionnoi Rossi（Association of Artists of
Revolutionary Russia）
俄国革命艺术家协会

ARBKD   Assoziation Revolutionärer Künstler Deutchlands（Association of German
Revolutionary Artists）
德国革命艺术家协会

ARS   Artists Rights Society
艺术家权益协会

ASK   Arbeitsgemeinschaft Schweizerischer Keramiker（Association of Swiss
Ceramic Artists）
瑞士陶瓷艺术家协会

BdA   Bund deutcher Architekten（Association of German Architects）
德国建筑师协会

CIAM   Congrés International d'Architecture Moderne（International Congress of
Modern Architecture）
国际现代建筑协会

CIRPAC   Comité International pour la Résolution des Problèms de l'Architecture
Contemporaine（International Committee for the Resolution of Problems in

Contemporary Architecture）

当代建筑学问题国际研究委员会

CTAL Confederación Trabajadores de América Latin（Confederation of Workers of Latin America）

拉丁美洲工人联合会

ECLA Economic Commission for Latin America

拉丁美洲经济委员会

ESDI Escola Superior de Desenho Industrial（School of Industrial Design），Rio de Janeiro

里约热内卢工业设计学院

ESIA Escuela Superior de Ingenieríay Arquitectura（School of Engineering and Architecture），Mexico City

墨西哥城土木建筑学院

GI US army soldier

《美国军人权利法案 》

GIPROGOR The State Institute of Town Planning，the USSR

苏联国家城镇规划学院

GIPROVTUS Trust for Construction of Institutes of Technology and Higher Education，the USSR

苏联技术与高等教育学院建设信托基金会

gM Goldmark

金马克

GmbH Gestellschaft mit beschränkter Haftung（Limited Liability Company）

有限责任公司

GSD Graduate School of Design，Harvard University

哈佛大学设计研究生院

HfG Hochschule f ü r Gestaltung Ulm（School of Design，Ulm）

乌尔姆（造型）设计学院

IAC Instituto de Arte Contemporânea（Institute of Contemporary Art），São Paulo

圣保罗当代艺术学院

IBA Internationale Bauaustellung（International Building Exhibition），Berlin，1957

柏林 1957 年国际建筑展览

IIT Illinois Institute of Technology

伊利诺伊理工学院

IIT	Illinois Institutes of Technology
	伊利诺伊理工学院
IKAS	Internationaler Kongress für Architektur und Stätebau（International Congress for Architecture and Urbansim）
	国际建筑与城市化大会
IPN	Instituto Politécnico Nacional（National Polytechnic Institute），Mexico City
	墨西哥城国立理工学院
ISEB	Instituto Superior de Estudios Brasileños（Superior Institute of Brazilian Studies）
	巴西研究高等学院
KdT	Kammer der Technik（Chamber of Technology），East Germany
	东德技术委员会
MAM	Museu de Arte Moderna（Museum of Modern Art），Rio de Janeiro
	里约热内卢现代艺术博物馆
MARS	Modern Architectural Research Group
	现代建筑研究小组
MASP	Museu de Arte de Sâo Paulo（Sâo Paulo Museum of Art）
	圣保罗艺术博物馆
MIT	Massachusetts Institute of Technology
	麻省理工学院
MoMA	Museum of Modern Art，New York
	纽约现代艺术博物馆
NAAB	National Architectural Accrediting Board
	美国国家建筑认证委员会
NID	National Institute of Design，Ahmedabad
	印度艾哈迈达巴德国立设计学院
NSDAP	Nationalsozialostische Deutche Arbeiterpartei（National Socialist German Workers' Party or Nazi Party）
	国家社会主义德意志工人党或纳粹党
RIBA	Royal Institute of British Architects
	英国皇家建筑师学会
rM	Reichsmark
	德国马克
SVOMAS	Svobodniye Masterskiye（State Free Art Studios），the USSR

苏联国立自由艺术工房

TAC   The Architects Collaborative

建筑师合作事务所

TIU   Tokyo Imperial University

东京帝国大学

TZU   Tokyo Zokei University

东京造形大学

UCT   University of Cape Town

开普敦大学

UIA   Union Internationale des Architectes（International Union of Architects）

国际建筑师协会

VASI   Vyshii Architecturno–Stroitelnii Institut（Higher Architectural Building Institute），Moscow

莫斯科高等建筑房屋学院

VdID   Verband deutscher Industrie Designer（Association of German Designers）

德国工业设计师协会

VdK   Verband deutscher Künstler（Association of German Artists）

德国艺术家协会

VKhUTEIN   Vysshiye Khudozhestvenno–Tekhnicheskii Institut（Higher Artistic–Technical Institute），Moscow

莫斯科高等艺术暨技术学院

VKhUTEMAS   Vysshiye Khudozhestvenno–Tekhnicheskiye Masterskiye（Higher State Artistic–Technical Studios），Moscow

莫斯科国家高等艺术暨技术工场

词汇对照

AA　建筑协会学院

Abstract Expressionism　抽象表现主义

Abstraction-Création　抽象性创作

Académie Royale d'Architecure　皇家建筑学院

Academy for Graphic Arts and Letterpress Printing, Leipzig　平面艺术和凸版印刷学院，莱比锡

Accademia (Academy of Art): Florence; Rome; San Luca　艺术学院：佛罗伦萨；罗马；圣路卡

Adams-Teltscher, Georg　乔治·亚当-特尔切

admission: Bauhaus; HfG　招生：包豪斯；乌尔姆造型学院

Adorno, Theodor W.　西奥多·W·阿多诺

Africa, African; British East; colonies; East; South *see* South Africa, South African　非洲，非洲人的；英属东非；殖民地；东部；南部参见南非，南非人的

African American　非洲裔美国人

Ahlfeld, Marianne　玛丽安娜·阿尔费尔德

Ahmedabad　艾哈迈达巴德

AIA　美国建筑师学会

AIA Journal　《美国建筑师学会会刊》

AIAS　美国建筑学生协会

Aicher, Otl　奥托·艾舍

Akademie der Bildenden Künste (Academy of Fine Arts): Berlin; Stuttgart　美术学院：柏林；斯图加特

Akademie der Wissenschaften (Academy of Sciences), Berlin　科学院，柏林

AkhRR　俄国革命艺术家协会

Albers, Anni　安妮·艾尔伯斯

Albers, Josef　约瑟夫·艾尔伯斯

Alberti, Leon Battista　莱昂·巴蒂斯塔·阿尔伯蒂

Albert Langen München Verlag　慕尼黑阿尔伯特·朗根出版社

Aleutian Islands　阿留申群岛

Allgemeiner Deutscher Gewerkschaftsbund (General German Trade Union Congress)　德国工会联合会

Algeria　阿尔及利亚

Algiers　阿尔及尔

Aliya, German　犹太人移居以色列，德

Arndt，Alfred　阿尔弗雷德·阿恩特

Art Institute of Chicago（Chapter 1）　芝
加哥美术馆（第 1 章）　·

Art Workers' Guild　艺术工作者行会

Arts and Crafts；schools　艺术与手工艺；
学院，学校

Arts and Crafts Exhibition Society　艺术与
手工艺展览协会

Artwork　《艺术作品》

Asawa，Ruth　露丝·我泽

Asheville，North Carolina　阿什维尔，
北卡罗来纳州

Asia，Asian　亚洲，亚洲的

ASK　瑞士陶瓷艺术家协会

Asmara（Ethiopia）　阿斯马拉（埃塞俄
比亚）

Aspen Institute　阿斯彭研究所

Association of Arts and Industries　艺术与
工业联合会

Association of Engineers and Architects，
Israel　工程师与建筑师协会，以色列

Atatürk，Kemal　凯末尔·阿塔土克

Auerbach，Ellen　埃伦·奥尔巴赫

Auerbach，Johannes Ilmari（John I.
Allenby）　约翰内斯·伊尔马里·奥
尔巴赫（约翰·I·艾伦比）

Aufsichsrat，Bauhaus *see* business，Bauhaus，
supervisory board　监事会，包豪斯，
参见商业，包豪斯，监事会

Augsburg，University of　奥格斯堡大学

Austausch，*Der*　《交流》

Australia，Australian　澳大利亚，澳大
利亚的

Australian Council of Art Education　澳大
利亚艺术教育委员会

Austria，Austrian；Werkbund　奥地利，
奥地利的；制造联盟

Austria–Hungary　奥匈帝国

Ávial Camacho，Manuel　曼努埃尔·阿
维拉·卡马乔

Avnon，Naftaly　纳夫塔利·阿夫农

Baba estate，Prague　芭芭居住区，布拉格

Baerwald，Alexander　亚历山大·贝瓦
尔德

Bagel（Bahelfer），Moses　摩西·（巴赫尔夫）·巴热尔

Baj，Enrico　昂立克·巴耶

Balden，Theo，（Kähler，Otto）　特奥·鲍
尔登（奥托·克勒）

Balfour Declaration　《贝尔福宣言》

Bandel，Hans　汉斯·班德尔

Banham，Reyner　雷纳·班纳姆

Baranyai，Mas　马斯·鲍劳尼奥伊

Bardi，Lina Bo　丽娜·博·巴尔迪

Bardi Pietro　彼得罗·巴尔迪

Barkai，Sam　萨姆·巴尔卡伊

Barr，Alfred　阿尔弗雷德·巴尔

Bartlett School，University College London
巴特雷特学院，伦敦大学学院

Barthelmess，Claus Rudolf　克劳斯·鲁
道夫·巴泰梅斯

Bartning，Otto　奥托·巴特宁

Basel（Switzerland）　巴塞尔（瑞士）

Basic Course（Vorkurs）：Academy of Fine
Arts Istanbul；Academy of Fine Arts
Stuttgart；Bauhaus（Chapter 1）；Black
Mountain College；Geelong grammar
school，Australia；Harvard University；

Bauhauswoche（Bauhaus Week，exhibition，1923） 包豪斯周（展览，1923 年）

Bauhaus Zeitschrift für Gestaltung 《包豪斯设计杂志》

Bauhütte 建筑工棚

Baumhoff，Anja 安雅·鲍姆霍夫

Bayer，Herbert 赫伯特·拜耶

Bayer，Irene 伊蕾娜·拜尔

BdA "德国建筑师协会"

Beckmann，Hannes 汉尼斯·贝克曼

Beese-Stam，Lotte 洛特·贝泽-斯坦

Behne，Adolf 阿道夫·贝恩

Behrens，Peter 彼得·贝伦斯

Beirut 贝鲁特

Belarus 白俄罗斯

Belgium，Belgian 比利时，比利时的

Bella-Broner，Monika 莫尼卡·贝拉-布罗内尔

Belling，Rudolf 鲁道夫·贝林

Bellmann，Hanns 汉斯·贝尔曼

Belvedere Palace，Weimar 美景宫，魏玛

Beneman，Maria 玛丽亚·贝内曼

Benevolo，Leonardo 莱昂纳尔多·贝纳沃罗

Bengal Renaissance 孟加拉文艺复兴

Ben-Gurion，David 戴维·本-古里安

Benjamin，Walter 瓦尔特·本雅明

Benscheidt，Karl，Jr. 小卡尔·本赛特

Benscheidt，Karl，Sr. 大卡尔·本赛特

Berger，Otti 奥蒂·贝格尔

Bergmiller，Karl Heinz 卡尔·海因茨·贝格米勒

Berlage，Hendrik P. 亨德里克·P·伯拉吉

Berlin 柏林

Bernau Trade Union School 贝尔瑙工会学校

Bernstein，Schlomo 施罗莫·伯恩斯坦

Betts，Paul 保罗·贝茨

Beuren，Mike van 迈克·范·博伊伦

Beyer，Lis 丽兹·拜尔

Bezalel School of Arts and Crafts，Jerusalem 贝扎雷美术与工艺学校，耶路撒冷

Bill，Max 马克斯·比尔

Birman-Oestreicher，Lisbeth 利斯贝特·比尔曼-厄斯特赖歇尔

Birobidzhan 比罗比詹

Bittencourt，Niomar Moniz Sodré 尼奥马尔·莫尼兹·索德雷·比当古

Black Mountain College 黑山学院

Blaue Reiter，Der 青骑士社

Blühová，Irena 伊雷娜·布吕霍瓦

Bohle，Professor（possibly Hermann） 博勒教授（可能是赫尔曼）

Bologna，Academy of 博洛尼亚学院

Bolshevism，Bolshevik 布尔什维克主义，布尔什维克

Bombay，University of 孟买大学

Bonn 波恩

Bonsiepe，Gui 盖伊·邦塞佩

Bonta，János 亚诺什·邦塔

Bonwit Teller，department store 邦威特·特勒百货公司

Borbíró（Bierbauer），Virgil 弗吉尔·博尔比罗（比尔鲍尔）

Bortnyik，Sándor 山多尔·博尔特尼克

Bourdieu，Pierre 皮埃尔·布迪厄

Bourgeois，Stephan 斯特凡·布儒瓦

managing director ; supervisory board
（Aufsichtsrat） 商业，包豪斯；合同；
许可证；管理主任；监事会

Buske, Albert 艾尔伯特·布斯克

Buzás, Stefan 斯特凡·布扎什

Cage, John 约翰·凯奇

Cairo 开罗

Calcutta Bauhaus exhibition（1922） 加
尔各答包豪斯展览（1922 年）

California College of Arts and Crafts, Oakland
加利福尼亚艺术与工艺美术学院，奥
克兰

Camberwell School of Arts and Crafts 坎
贝威尔艺术与工艺美术学院

Canada, Canadian 加拿大，加拿大的

Canberra 堪培拉

Cárdens del Río, Lázaro 拉萨罗·卡德
纳斯·德尔·里奥

Carnegie Institute 卡耐基学院

Carson, Roberto Dávila 罗伯托·达维
拉·卡森

Castillo, Greg 格雷格·卡斯蒂略

Catholic 天主教徒

Catholic Center Party（German） 天主教
中心党（德国的）

Catholic University of La Plata, Argentina
拉普拉塔天主教大学，阿根廷

Central School of Art, London 中央艺术
学院，伦敦

Černigoj, Avgust 奥古斯特·切尔尼戈伊

Cézanne, Paul 保罗·塞尚

Chagall, Marc 马克·夏加尔

Chandigarh 昌迪加尔

Chateaubriand, Assis 阿西斯·沙托布
里昂

Chermayeff, Serge Ivan 塞尔·伊万·谢
苗耶夫

Chiang Kai-Shek 蒋介石

Chicago（Chapter 1） 芝加哥

Chicago School, First 芝加哥学派

Chicago Tribune Tower competition 芝加
哥论坛报大厦竞赛

Chile, Chilean 智利，智利的

Chilean Ministry for National Education,
Palace for 智利国民教育部，大厦

China, Chinese 中国，中国的

China League for Human Rights 中国民
权保障同盟

Christian Church, Hangzhou 基督教教堂，
杭州

Chug, Tel-Aviv 特拉维夫集团

CIAM 国际现代建筑协会

CIAM-East 国际现代建筑协会远东分会

CIRPAC 当代建筑学问题国际研究委
员会

Citroen, Paul 保罗·西特罗昂

City College of New York 纽约城市大学

classicism, classical 古典主义，古典的

Clay, General Lucius 卢修斯·克莱将军

clothing 衣服

Coates, Wells Wintermute 韦尔斯·温
特穆特·科茨

Cold War ; nations 冷战；国家

College of Fine Arts, Tokyo 东京美术学院

Collein, Edmund 埃德蒙·科莱因

Colombia 哥伦比亚

Comeriner, Erich 埃里希·科梅里纳

commissions 委托

Communist；Japanese　共产主义者；日本人

Communist cell, Bauhaus *see* Bauhaus Communist cell（KoStuFra）　共产主义基层组织，包豪斯参见包豪斯共产主义基层组织

Communist Party：German；Mexican；Russian；of South Africa　共产党：德国的；墨西哥的；俄国的；南非的

Conant, James　詹姆斯·科南特

Concordia University, Montréal, Canada　肯考迪亚大学，蒙特利尔，加拿大

Conder, Joseph　约瑟夫·康德

Congress for Industrial Democracy, Mexico City　工业民主会议，墨西哥城

Consemüller, Erich　埃里希·孔塞米勒

constructivist　构成主义者

Container Corporation of America　美国集装箱公司

Contemporary Culture（exhibition, Brno, 1927–1928）　当代文化（展览，布尔诺，1927–1928 年）

Cooper Union for the Advancement of Science and Art, The　先进科学与艺术联盟

copyright　版权

corporate identity　组织认同

Costa, Lúcio　卢西奥·科斯塔

Creative Journal　《创意杂志》

Crimea　克里米亚

Crysler, C. Greig　C·克雷格·克里斯勒

CTAL　拉丁美洲工人联合会

Cuba, Cuban　古巴，古巴的

Cubism　立体主义

Cultural Revolution, the　文化大革命

Cunningham, Merce　莫斯·康宁汉

curriculum；crafts instruction；form instruction　课程；工艺指导；形式指导

Cvijanovic, Alexander　亚历山大·茨维亚诺维奇

Czechoslovakia, Czech　捷克斯洛伐克，捷克的

Czech Functionalism　捷克功能主义

Czech Werkbund *see* Devêtsil（Czech Werkbund）　捷克制造联盟参见 Devêtsil

Dadaism, Dadaist　达达主义，达达主义者

Dakka　达卡

Dalí, Salvador　萨尔瓦多·达利

Damascus　大马士革

Dangelo, Sergio　塞尔焦·丹杰洛

Daniel, Charles　查尔斯·丹尼尔

Danish Society of Arts and Crafts and Industrial Design　丹麦艺术与手工艺及工业设计协会

Darmstadt　达姆施塔特

Dartington Hall　达灵顿庄园

da Vinci, Leonardo　李奥纳多·达·芬奇

Dawes Plan　道威斯计划

Dearstyne, Howard　霍华德·迪恩斯迪纳

Debord, Guy　居伊·德波

De Maistre, Roy　罗伊·德·梅特

"denazification"　"去纳粹化"

De Nieuwe Kunstschool（New Art School）, Amsterdam　新艺术学校，阿姆斯特丹

Denmark　丹麦

Department for Workers Housing, Ministry of Labor, Mexico　工人住宅部门，劳

工部，墨西哥

Design Fundamentals，Harvard University *see also* Basic Course（Vorkurs） 设计基础，哈佛大学也参见初步课程

Dessau 德绍

De Stijl 风格派

Detroit 底特律

Deutsches Reich *see also* Germany 德意志帝国也参见德国

Deutsche Werkbund 德意志制造联盟

Deutschland（newspaper）《德意志》

Devĕtsil（Czech Werkbund） 捷克制造联盟

Dewey，John，Deweyan 约翰·杜威，杜威哲学的

Diários Association 联合报业集团

Diatkovo 佳季科沃

diet 节食

Diulgheroff，Nicola 尼古拉·迪乌尔赫洛夫

Doesburg，Theo van 特奥·凡·杜斯堡

Dorner，Alexander 亚历山大·杜尔纳

Doshi，Balkrishna 巴克里斯纳·多西

Dos Possos，John 约翰·多斯·帕索斯

Dreier，Katherine 凯瑟琳·杜埃尔

Dreier，Theodore 西奥多·杜埃尔

Dresden 德累斯顿

Drew，Jane 简·德鲁

Drewes，Werner 维尔纳·德鲁斯

Drexel University 德雷赛尔大学

Dritte Reich，*Das* 《第三帝国》

Droste，Magdalena 玛格达莱娜·德罗斯特

Duchamp，Marcel 马歇尔·杜尚

Dulwich College Preparatory School 达利奇学院预备学校

Durand，Jean-Nicholas-Louis 让-尼古拉-路易·迪朗

Düsseldorf 杜塞尔多夫

Dutch *see also* Netherlands，the 荷兰也参见尼德兰

Eames，Charles and Ray 查尔斯和蕾·伊默斯

East Africa 东非

East Asia 东亚

Eastern Bloc 前东欧集团

Eastern Europe，European 东欧，欧洲的

East Germany，East German；Ministry of Culture，Council for Industrial Form；Ministry of Export 东德，东德的；文化部，工业形式委员会；出口部

Ebert，Willy Karl 维利·卡尔·埃伯特

ECLA 拉丁美洲经济委员会

École des Beaux Arts，Paris 美术学院，巴黎

École des Ponts et Chaussées 国立路桥学校

École du Corps Royale du Génie 皇家工兵学校师团

École Polytechnique 综合工科学校

École Royale Militaire 皇家军事学院

Egli，Ernst 恩斯特·艾克里

Ehrenburg，Ilya 伊利亚·爱伦堡

Ehrlich，Franz 弗兰茨·埃尔里希

Ehrmann，Marli 马利·埃尔曼

Einstein，Albert 阿尔伯特·爱因斯坦

Ellis，Clifford 克利福德·埃利斯

Empire；American；British；German；

Five Year Plan, First 五年计划，第一个

Fogg Museum, Harvard University 福格博物馆，哈佛大学

Folkwangschule Essen 福尔克旺艺术学院

Foltýn, Ladislav 拉吉斯拉夫·福尔廷

Fontanesi, Antonio 安东尼奥·丰塔内西

Forbát, Fréd 弗雷德·佛贝特

Forbes, Stephan H. 史提夫·H·福布斯

Ford : factories ; Foundation ; Henry ; motor car 福特：工厂；基金会；亨利；汽车

Fordism 福特主义

Forgó, Pál 帕尔·福尔戈

Form, Die 《造型》

Fortune Magazine 《财富杂志》

Frampton, Kenneth 肯尼斯·弗兰姆普顿

France, French ; Empire ; Foreign Legion ; North Africa *see* Africa, North ; Revolution 法国，法国的；帝国；外国军团；北非参见 非洲，北部；大革命

Franciscono, Marcel 马塞尔·弗兰奇斯科诺

Frankfurt ; Kitchen ; School, The ; School of Art 法兰克福；厨房；学派；艺术学校

Franks, Wilfred 威尔弗雷德·弗兰克斯

Freeman, The 《自由人》

Freikorps "自由军团"

Frenkel, Chanan 钱纳·弗伦克尔

Freud, Sigmund 西格蒙德·弗洛伊德

Freytag-Loringhoven, Mathilde Freiin von 马蒂尔德·冯·弗赖塔格－洛林霍芬男爵夫人

Fry, Maxwell 马克斯维尔·弗莱

Fuchs, Bohuslav 布胡斯拉夫·福克斯

Fulbright fund 福布莱特基金

Fuller, Richard Buckminster 巴克明斯特·富勒

Funkat, Walter 沃特·丰卡特

Furner, Stanley 斯坦利·弗纳

furniture 家具

Futurists 未来主义

Gamberos Caribi, Jorge 乔治·甘贝罗·卡里比

Gascoigne Apartments, Shanghai 盖司康公寓，上海

Gebrauchsgrafik 《广告艺术》

Geddes, Patrick 帕特里克·盖迪斯

Georg Institute of Technology 佐治亚理工学院

German, Germany ; West *see* West Germany, West German 德国的，德国；西部参见西德，西德的

German army 德国军队

German Book Industry Association 德国书业协会

German Design Council 德国设计委员会

German Empire 德意志德国

German Independent Social Democratic Party（USPD, Unabhängige Sozialdemokratische Partei Deutscherlands） 德国独立社会民主党

German nationalism 德国民族主义

German National People's Party（Deutsch-Nazionale Volkpartei） 德国国家人民党

German People's Party（Deutsche Volkpartei） 德国人民党

工程学院；技术培训学院；技术学院

"India Report，The" "印度报告"

Ingenieuhochschule（Engineering College）
Berlin 工程学院，柏林

Ingenieuschule（Engineering School）
工程学校

Institut für Bauwesen der Deutschen Akademie
der Wissenschaften，Berlin 柏林建筑
工程学院

Institute of Design，Chicago；IIT，Chicago
设计学院，芝加哥；伊利诺伊理工学
院，芝加哥

Institute of Technology，Munich 技术学
院，慕尼黑

Instituut voor Kunstnjverheidsonderwijs
（Institute for Applied Arts Education）
应用艺术教育学院

Internationale Architektur（exhibition and
publication） 《国际建筑》（展览和出
版物）

Internationale Sommerakademie der
Bildenden Künste（International
Summer Academy of Fine Arts）Salzburg
国际夏令美术学院，萨尔茨堡

International Exhibition（Paris 1937） 国
际式展览（巴黎，1937 年）

International Movement for an Imaginist
Bauhaus，The 包豪斯印象运动国际

International Style（exhibition and
publication）《国际式风格》（展览和
出版物）

International Summit of Housing and
Planning，Mexico City 国际住宅与
规划峰会，墨西哥城

International Technical Cooperation Center
World Congress on Technological
Development of Israel and Developing
Countries 国际技术合作中心以色列
和发展中国家技术发展世界大会

IPN 墨西哥城国立理工学院

Ireland 爱尔兰

ISEB 巴西研究高等学院

Ishevsk 伊热夫斯克

Islam，Islamic 伊斯兰，伊斯兰的

Israel，Israeli；Ministry of Education and
Culture；National Planning Agency；
Physical National Plan 以色列，以色
列的；教育和文化部；国家规划署；
国家物质规划

Israeli Bauhaus 以色列包豪斯

Italy，Italian；colonies；Fascism，Fascist；
Futurists see Futurists；Rationalism，
Rationalist；Triennale of Decorative and
Applied Arts 意大利，意大利的；殖
民地；法西斯主义，法西斯主义的；
未来主义者参见未来主义者；理性主
义，理性主义的；装饰与应用美术三
年展

Itten，Johannes 约翰·伊顿

Ittenschule（Itten School），Berlin 伊顿
学校，柏林

Ivanovo–Vosnesensk 伊凡诺沃－沃斯涅
先斯克

Jaffa 雅法

Jakarta 雅加达

James Cubitt and Partners 詹姆斯·丘比
特及合伙人公司

Japan，Japanese；militarism 日本，日

Ha'artzi；Kiryat Anavim；Kiryat Haim　集体农场（基布兹）；加恩·施米尔；哈尔兹；阿拉维姆镇；海姆镇

Kingdom of Serbs, Croats and Slovenes　塞尔维亚、克罗地亚和斯洛文尼亚王国

Kingdom of Yugoslavia　南斯拉夫王国

Kingston University　金斯顿大学

Kirszenbaum, Jecheskiel Dawid　耶切斯基尔·达维德·基斯赞鲍姆

Kiso Dezain（Fundamentals of Design）设计基础

Klee, Felix　费利克斯·克利

Klee, Paul　保罗·克利

Kline, Franz　弗兰茨·克莱因

Koblenz, federal archives in　科布伦茨，联邦档案馆

Kobu Bijutsu Gakko（Art School of the Ministry of Public Works）, Tokyo　工部美术学校，东京

Koch, Jindřich　英德日赫·科赫

Kocher, Lawrence　劳伦斯·科赫尔

Köhler–Bittkow, Margarete（Koehler–Bittkow, Margaret）玛格丽特·克勒 – 比特克

Kokoschka, Oskar　奥斯卡·柯克什卡

Kokusai Kenchiku（Modern Architecture）《现代建筑》

Kolbe, Georg　格奥尔格·科尔贝

Köln（Cologne）科隆

Koninklijke Aacademie van Beeldende Kunsten（Royal Academy of Fine Arts）, The Hague　皇家美术学会，海牙

Kooning, Willem de　威廉·德库宁

"Kosmos Weimar"　"魏玛大都会计划"

Kosterlitz, Claire　克莱尔·科斯特利茨

KoStuFra *see also* Bauhaus Communist cell（KoStuFra）共产主义学生支部也参见包豪斯共产主义基层组织

Kousei Kyoiku（Basic Design Education）基础设计教育

Krajewski, Max Sinowjewitsch　马克斯·西诺耶维奇·克拉耶夫斯基

Kramer, Ferdinand　费迪南德·克拉默

Krantz, Josef　约瑟夫·克兰茨

Kranz, Kurt　库尔特·克兰茨

Krefeld　克雷菲尔德

Kreis der Freundes Bauhauses *see* Bauhaus Circle of Friends（Kreis der Freundes Bauhauses）包豪斯之友协会参见包豪斯之友协会

Kubitschel, Juscelino de Oliveira　儒塞利诺·德奥利韦里亚·库比契克

Kuhr, Friedrich　弗里德里希·库尔

Kunstakademie（Academy of Fine Arts）: Dresden；Weimar　艺术学院：德累斯顿；魏玛

Kunstgewerbemuseum（Arts and Crafts Museum）Zürich　艺术与工艺博物馆，苏黎世

Kunstgewerbschule（School of Arts and Crafts）: Amsterdam；Basel；Düsseldorf；Weimar；Zürich　美术工艺学院 / 艺术与工艺学校：阿姆斯特丹；巴塞尔；杜塞尔多夫；魏玛；苏黎世

Kunsthochschule（College of the Arts）Hamburg　艺术学院，汉堡

Kunst– und Gewerbschule（School of Arts and Crafts）Breslau（Wrocław）布雷

Little Review 《小评论》

Liverpool University 利物浦大学

Living Design Magazine 《家居设计杂志》

Llewellyn–Davis, Richard 理查德·卢埃林–戴维斯

Loew, Heinz 海因茨·勒夫

Lombardi, Edmund 埃德蒙·兰巴迪

London 伦敦

London College of Printing 伦敦印刷学院

Loos, Adolf 阿道夫·路斯

Lubetkin, Berthold 贝洛特·莱伯金

Lufthansa 汉莎航空公司

Luxembourg 卢森堡

Luxemburg, Rosa 罗莎·卢森堡

Mackensen, Fritz 弗里茨·马肯森

Macsai, John 约翰·麦克赛

Magyar Iparművészeti Társulat (Hungarian Decorative Arts Society) 匈牙利装饰艺术协会

Mahler, Alma 阿尔玛·马勒

Maldonado, Tomás 托马斯·马尔多纳多

Malewich, Kazimir 卡西米尔·马列维奇

Malnai, Béla 贝拉·马尔瑙伊

MAM 里约热内卢现代艺术博物馆

Manchuria 满洲

Mandel, Ernest 厄内斯特·曼德尔

manifesto(1919) 宣言（1919 年）

Mannesmann Werke 曼内斯曼钢管厂

Mansfeld, Al 阿尔·孟斯菲德

Manuckian, Myriam Marie–Louise 马里亚姆·玛丽–路易斯·马努奇安

Mao Zedong (Mao Tse Tung) 毛泽东

Marcks, Gerhard 格哈特·马克斯

Marini, Marino 马里诺·马里奇

Marion, Massachusetts 马里恩，马萨诸塞州

marketing and sales ; chair catalog ; logo ; product sales card 市场推广和销售；椅子目录；标志；产品销售卡

MARS 现代建筑研究小组

Marshall Field Mansion, Chicago 马歇尔·菲尔德大厦，芝加哥

Marshall Plan 马歇尔计划

Martienssen, Rex 雷克斯·马丁森

Martínez Gutierrez, Juan 胡安·马丁内斯·古铁雷斯

Martínez Inclán, Pedro 佩德罗·马丁内斯·因克兰

Marx, Carl (Bauhaus student) 卡尔·马克斯（包豪斯学生）

Marx, Gerda 格尔达·马克斯

Marx, Karl(author) 卡尔·马克思(作家)

Marxian 马克思主义的

Marxism, Marxist 马克思主义，马克思主义者

Masaru Katsumi 胜见胜

Masaryk schools 以马萨里克命名的学校

MASP 圣保罗艺术博物馆

masters ; of crafts ; of form ; of production ; signatures of 教师；工艺美术的；形式的；产品的；的签名

May, Ernst 恩斯特·梅

Mazdaznan ; "cures" (drawing) "玛兹达教派"；"疗法"（绘画）

McAndrew, John 约翰·麦克安德鲁

M-É-C-A-N-O (journal) 《M-É-C-A-N-O》杂志

South African Architectural Record 《南非建筑实录》

South America, South American 南美，南美的

Soviet, soviets；Revolution；Union 苏维埃，苏维埃主义者；革命；苏联

Spain, Spanish；Civil War 西班牙，西班牙的；内战

Spartacus movement 斯巴达克斯运动

Staatliche Hochschule für Bildende Künste（State School for Fine Arts）Kassel 国立造型艺术学院，卡塞尔

Staatliche Ingenieurschule（State Engineering School）Gotha 国立工程学校，哥达

Staatliche Kunstschule（State Art School）Saarbrücken 国立艺术学校，萨布吕肯

Staatliche Werkkunstschule（State School of Industrial Art）Kassel 国立工业艺术学校，卡塞尔

Staatsbank（State Bank of Thuringia） 图林根州立银行

Stadler–Stölzl, Gunta *see* Stölzl, Gunta 根塔·施塔德勒–斯托尔策 参见根塔·斯托尔策

stage *see* workshops, theater 舞台参见作坊，戏剧

Stalin, Stalinist 斯大林，斯大林主义

Stam, Mart 马特·斯坦

Standardgorproyekt "标准项目"

Standard–Möbel 标准家具

State Museum of New Western Art, Moscow 国立新西方艺术博物馆，莫斯科

Staub, Christian 克里斯蒂安·史道堡

Stavba 《建筑》杂志

Stellenbosch 斯泰伦博斯

Stern, Grete 格雷特·斯特恩

Stieglitz, Alfred 阿尔弗雷德·史迪格利茨

Stockholm Technical University 斯德哥尔摩理工大学

Stoke–on–Trent 特伦特河畔斯托克

Stolp, Kurt 库尔特·施托尔普

Stölzl, Gunta 根塔·斯托尔策

Stravinsky, Igor 伊戈尔·斯特拉文斯基

Stroganov School of Applied Arts, Moscow 斯洛格诺夫应用艺术学校，莫斯科

students, Bauhaus 学生，包豪斯

Sturm, Der 《狂飙》

Stuttgart 斯图加特

Subsistence Production Society, Monmouthshire 自给生产协会，蒙默斯郡

Sullivan, Louis 路易斯·沙利文

Sumatra 苏门答腊

Sumi–e painting 水墨画

Sun Yatsen 孙中山

Suprematists 至上主义者

Surrealism 超现实主义

Svaz Českého Díla（Czech Werkbund） 捷克制造联盟

Svenska Slöjdföreningen（Swedish Society of Industrial Design） 瑞典工业设计协会

Švipas, Vladas 弗拉达斯·斯维帕斯

SVOMAS 苏联国立自由艺术工房

Sweden, Swedish 瑞典，瑞典的

Switzerland, Swiss 瑞士，瑞士的

体戏剧"参见艾尔温·皮斯卡托

Tower and Stockade（homa u'migdal） "塔与栅栏"

trade fairs；Berlin；Breslau；Dresden；Frankfurt；Leipzig；Stuttgart 商品交易会；柏林；布雷斯劳；德累斯顿；法兰克福；莱比锡；斯图加特

"Triadic Ballet" "三人芭蕾"

Trianon，Treaty of 特里亚农条约

Trieste 的里雅斯特

tropical architecture 热带建筑

Trostky，Leon 列夫·托洛茨基

Tsentrifuge "离心机"小组

Tucker，Albert 阿尔伯特·塔克

Tümpel，Wolfgang 沃尔夫冈·廷佩尔

Tunis 突尼斯

Turin 都灵

Turkey，Turkish；Director of State Monopolies；Ministry of National Education 土耳其，土耳其的；国家垄断主任；国民教育部

Tutbury 塔特伯里

TZU 东京造形大学

Udmurt People's Republic 乌德穆尔特人民共和国

Uganda 乌干达

UIA 国际建筑师协会

UK see Britain，British；England，English 英国参见不列颠，不列颠的；英格兰，英国的

Ulm Museum，City of 乌尔姆城市博物馆

Union of Mexican Socialist Architects 墨西哥社会主义建筑师联盟

Unit One（group） 第一单元（小组）

Universitätsarchiv der Bauhaus–Universität

Weimar 魏玛包豪斯大学的大学档案馆

University College London 伦敦大学学院

University of：Birmingham；Cape Town；California at Berkeley（UC Berkeley）；Chicago；Erlangen；Fine Arts，Budapest；Florida；Illinois at Chicago；Mar del Plata，Argentina；Nigeria，Nsukka；Pennsylvania；Santiago de Chile；Sydney；the Witwatersrand 大学：伯明翰大学；开普敦大学；加州大学伯克利分校；芝加哥大学；埃朗根大学；布达佩斯美术大学；佛罗里达大学；伊利诺伊大学芝加哥分校；马德普拉塔大学，阿根廷；尼日利亚恩苏卡大学；宾夕法尼亚大学；智利圣地亚哥大学；悉尼大学；威特沃特斯兰德大学

Urals，the 乌拉尔地区

Urban，Anton 安东·乌尔班

Ure–Smith，Sidney 西德尼·尤尔–史密斯

Ursin，Max 马克斯·于尔森

USA，US 美国

USSR 苏联

Utzon，Jórn 约翰·伍重

Vágó，Jószef 约塞夫·瓦戈

Vallentin，Ruth 露特·瓦伦丁

Vanbrugh，John 约翰·范布勒

Van de Velde，Henri 亨利·范·德·维尔德

Vargas，Getúlio Dxornelles 热图利奥·巴尔加斯

VASI 莫斯科高等建筑房屋学院

Vázquez Vela，Gonzálo 贡萨洛·巴斯

Weston, Edward 爱德华·韦斯顿

"White City", Tel-Aviv "白城"，特拉维夫

Whitehead, Alfred North 阿弗烈·诺夫·怀海德

Whitford, Frank 弗兰克·惠特福德

Whitney, Gertrude Vanderbilt 葛楚·范德伯尔特·惠特尼

Wieghardt, Paul 保罗·维格哈特

Wildenhain, Frans 弗朗斯·维尔登海茵

Wingler, Hans Maria 汉斯·玛利亚·温格勒

Winslow, Peter（Richard Paulick）see Paulick, Richard 彼得·温斯洛（理查·保立克）参见理查·保立克

Winter, Fritz 弗里茨·温特

Wittwer, Hans 汉斯·威特沃

W?lfflin, Heinrich 海因里希·沃尔夫林

Wollner, Alexander 亚历山大·胡尔勒

workshops ; carpentry ; dance ; glass ; metal ; mural ; pottery ; printing and advertising ; sculpture ; stone ; theater ; weaving ; wood 作坊；木工；舞蹈；玻璃；金属；壁画；陶器；印刷和广告；雕塑；石材；戏剧；编织；木工

Works Progress Administration 公共事业振兴署

Worpswede 沃普斯韦德艺术家聚居地

Wren, Sir Christopher 克里斯托弗·雷恩爵士

Wright, Frank Lloyd 弗兰克·劳埃德·赖特

Wrocław 弗罗茨瓦夫

Wurster, William 威廉·沃斯特

Yad Vashem 犹太大屠杀纪念馆

Yale University, Design Department 设计系，耶鲁大学

Yamaguchi Bunzo 山田守

Yamamuro Mitsuku 山室光子

Yamawaki Iwao 山胁岩

Yamawaki Michiko 山胁道子

Yugoslavia ; Kingdom of see Kingdom of Yugoslavia 南斯拉夫；王国参见南斯拉夫王国

Zehner-Ring "十环学社"

Zeischegg, Walter 沃尔特·齐斯切格

Zevi, Bruno 布鲁诺·赛维

Zhongshan University, Nanjing 中山大学，南京

Zhuang Jun 庄俊

Zionism, Zionist 犹太复国主义，犹太复国主义的

Zokai Kyoiku（Plastic Art Education Center） 造型艺术教育中心

Zralý, Václav 瓦茨拉夫·兹拉利

Zürich 苏黎世

译者简介

邢晓春，英国诺丁汉大学建筑环境学院毕业，获可持续建筑技术理学硕士，东南大学建筑系本科毕业。现任南京市建·译翻译服务中心总经理，专业从事建筑、城市规划和心理学的翻译工作。

作为主译，已出版的译著有：《美观的动力学——建筑与审美》、《为气候改变而建造——建造、规划和能源领域面临的挑战》、《尖端可持续性——低能耗建筑中的新兴技术》、《怎样撰写建筑学学位论文》、《适应气候变化的建筑——可持续建筑设计指南》、《课程设计作品选辑——建筑学生手册》。

其中《为气候改变而建造》《尖端可持续性》和《适应气候变化的建筑》获 2010 年中国出版协会引进版科技类优秀图书奖。

联系方式

Email：jane2109@hotmail.com，jane_xing@126.com